랑데뷰
N 제

킬러극킬
수 학 I

수능 대비 수학 문제집 **랑데뷰N제 시리즈**는 다음과 같은 난이도 구분으로 구성됩니다.

1단계 – 랑데뷰 쉬삼쉬사 [pdf : 아톰에서 판매]

⇨ 기출 문제 [교육청 모의고사 기출 3점 위주]와 자작 문제로 구성되었습니다.
어려운 3점, 쉬운 4점 문항

교재 활용 방법

① 오르비 아톰의 전자책 판매에서 pdf를 구매한다.
② 3점 위주의 교육청 모의고사의 기출 문제와 조금 어렵게 제작된 자작문제를 푼다.
③ 3~5등급 학생들에게 추천한다.

2단계 – 랑데뷰 쉬사준킬 [종이책]

⇨ 변형 자작 문항(100%)
쉬운 4점과 어려운 4점, 준킬러급 난이도 변형 자작 문항 (쉬사준킬의 모든 교재의 문항수가 200문제
이상)이 출제유형별로 탑재되어 있음

교재 활용 방법

① 랑데뷰 [기출과 변형] 문제집과 같은 순서로 유형별로 정리되어 기출과 변형을 풀어본 후 과제용으로
   풀어보면 효과적이다.
② [기출과 변형]과 병행해도 좋다. [기출과 변형]의 단원별로 Level1, level2까지만 완료 한 후 쉬사준킬의
   해당 단원 풀기
③ 준킬러 문항을 풀어내는 시간을 단축시키기 위한 교재이다. N회독 하길 바란다.
④ 학원 교재로 사용되면 효과적이다.
⑤ 1~4등급 학생들에게 추천한다.

3단계 – 랑데뷰 킬러극킬 [종이책]

⇨ 변형 자작 문항(100%)
킬러급 난이도 변형 자작 문항(킬러극킬의 모든 교재의 문항수가 100문제 이상)이 탑재되어 있음

교재 활용 방법

① 랑데뷰 [기출과 변형]의 Level3의 문제들을 완벽히 완료한 후 시작하도록 하자.
② 킬러 문항의 해결에 필요한 대부분의 아이디어들이 킬러극킬에 담겨 있다.
③ 1등급 학생들과 그 이상의 실력을 갖춘

조급해하지 말고 자신을 믿고 나아가세요. 길은 있습니다. [휴민고등수학 김상호T]

출제자의 목소리에 귀를 기울이면, 길이 보입니다. [이호진고등수학 이호진T]

부딪혀 보세요. 아직 오지 않은 미래를 겁낼 필요 없어요. [평촌다수인수학학원 도정영T]

괜찮아, 틀리면서 배우는거야 [반포파인만고등관 김경민T]

하기 싫어도 해라. 감정은 사라지고, 결과는 남는다. [떠매수학 박수혁T]

Step by step! 한 계단씩 밟아 나가다 보면 그 끝에 도달할 수 있습니다. [가나수학전문학원 황보성호T]

너의 死活걸고. 수능수학 잘해보자. 반드시 해낸다. [오정화수학 오정화T]

넓은 하늘로의 비상을 꿈꾸며 [장선생수학학원 장세완T]

진인사대천명(盡人事待天命) : 큰 일을 앞두고 사람이 할 수 있는 일을 다한 후에 하늘에 결과를 맡기고 기다린다.
[수학만영어도학원 최수영T]

자신의 능력을 믿어야 한다. 그리고 끝까지 굳세게 밀고 나아가라. [서울대치수학교습소 김 수T]

그래 넌 할 수 있어! 네 꿈은 이루어 질거야! 끝까지 널 믿어! 너를 응원해! [수학공부의장 이덕훈T]

Do It Yourself [강동희수학 강동희T]

인내는 성공의 반이다 인내는 어떠한 괴로움에도 듣는 명약이다 [MQ멘토수학 최현정T]

남을 도울 능력을 갖추게 되면 나를 도울 수 있는 사람을 만나게 된다. [최성훈수학학원 최성훈T]

지금 잠을 자면 꿈을 꾸지만 지금 공부 하면 꿈을 이룬다. [이미지매쓰학원 정일권T]

1등급을 만드는 특별한 습관 랑데뷰수학으로 만들어 드립니다. [이지훈수학 이지훈T]

지나간 성적은 바꿀 수 없지만 미래의 성적은 너의 선택으로 바꿀 수 있다.
그렇다면 지금부터 열심히 해야 되는 이유가 충분하지 않은가? [칼수학학원 강민구T]

작은 물방울이 큰바위를 뚫을수 있듯이 집중된 노력은 수학을 꿰뚫을수 있다. [제우스수학 김진성T]

자신과 타협하지 않는 한 해가 되길 바랍니다. [답길학원 서태욱T]

무슨 일이든 할 수 있다고 생각하는 사람이 해내는 법이다. [대전오엠수학 오세준T]

부족한 2% 채우려 애쓰지 말자. 랑데뷰와 함께라면 저절로 채워질 것이다. [김이김학원 이정배T]

네가 원하는 꿈과 목표를 위해 최선을 다 해봐! 너를 응원하고 있는 사람이 꼭 있다는 걸 잊지 말고~
[매천필즈수학학원 백상민T]

'새는 날아서 어디로 가게 될지 몰라도 나는 법을 배운다'는 말처럼 지금의 배움이 앞으로의 여러분들 날개를 펼치는 힘이 되길 바랍니다. [가나수학전문학원 이소영T]

꿈을향한 도전! 마지막까지 최선을... [서영만학원 서영만T]

앞으로 펼쳐질 너의 찬란한 이십대를 기대하며 응원해. 이 시기를 잘 이겨내길 [굿티쳐강남학원 배용제T]

"최고의 성과를 이루기 위해서는 최악의 상황에서도 최선을 다해야 한다!!" [샤인수학학원 필재T]

지금 내가 랑데뷰에서 푸는 문제가 수능 시험 문제라고 생각하고 집중하고 푸세요.
그리고 성공하면 꼭 다른 사람을 위해서 살아주세요. [오직예수 최병길T]

매일매일 규칙적으로 꼼꼼하게 학습하여 원하는 수학성적을 성취하자. [대치모든수학 박준석T]

수학은 정직하다. [반포파인만고등관 박형민T]

생각한 만큼 실력이다! [인사이트영재학원 전우진T]

출제자들이 하는 말은 표현의 차이일 뿐 우리가 아는 내용임에 틀림 없습니다. 출제자와 싸워서 이깁시다.
[김앤황수학학원 황채범T]

열심히 하는 고통보다 실패의 고통이 더 큽니다. 최선을 다합시다. [방이기적수학학원 장기석T]

랑데뷰
N 제

하루 중 90%는 겸손하게 10%는 자신있게...

목차

랑데뷰
N 제

하루 중 90%는 겸손하게 10%는 자신있게 ...

지수로그함수

1

실수 a $(a > 1)$와 정수 k에 대하여 함수 $f(x)$가

$$f(x) = \begin{cases} a^{-x} + k & (x \leq 0) \\ a^{-x+1-k} + 1 & (x > 0) \end{cases}$$

이다. 함수 $f(x)$의 그래프 위의 점 $\mathrm{P}(p, f(p))$를 지나고 기울기가 1인 직선이 함수 $f(x)$의 그래프와 서로 다른 두 점에서 만나도록 하는 정수 p의 개수가 10일 때, $f(k) = 32$이다. a^2의 값을 구하시오. [4점]

02 양수 k에 대하여 두 함수

$$y = 2^x,\ y = 2^{\frac{x}{2}} + k$$

의 그래프가 만나는 점을 A 라 하고 두 함수

$$y = 2^x,\ y = -2^{\frac{x}{2}} + k$$

의 그래프가 만나는 점을 B 라 하자. 선분 AB의 중점을 P 라 할 때, 점 P를 지나고 x축과 수직인 직선이 함수 $y = 2^x$의 그래프와 만나는 점을 Q, 점 P를 지나고 y축에 수직인 직선이 함수 $y = 2^x$의 그래프와 만나는 점을 R 라 하자. 삼각형 PQR의 넓이가 1일 때, k의 값은? [4점]

① $\dfrac{1}{30}$ ② $\dfrac{1}{25}$ ③ $\dfrac{1}{20}$ ④ $\dfrac{1}{15}$ ⑤ $\dfrac{1}{10}$

곡선 $y = \log_a\left(x + \dfrac{1}{2}\right)$ $(a > 1)$ 위의 점 중 제1사분면에 있는 점 A와 제4사분면에 있는 점 B에 대하여 선분 AB의 중점 M이 x축 위에 있다. 두 점 A, M 사이를 지나고 기울기가 -1인 직선이 x축, y축과 만나는 점을 각각 C, D라 하자. 네 점 A, B, C, D가 다음 조건을 만족시킬 때, a의 값은? [4점]

> (가) $\overline{BD} = \overline{CD}$, $\angle CAD = \dfrac{\pi}{2}$
>
> (나) 점 A를 직선 CD에 대하여 대칭 이동시킨 점은 선분 BC위에 있다.

① $\dfrac{9}{4}$ ② $\dfrac{21}{8}$ ③ 3 ④ $\dfrac{27}{8}$ ⑤ $\dfrac{15}{4}$

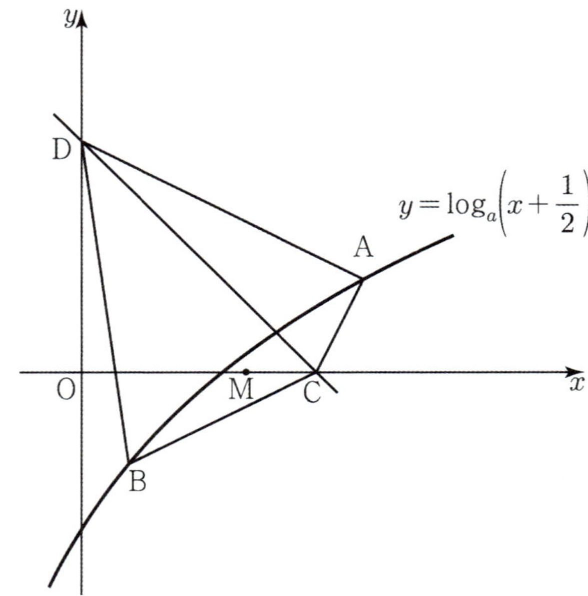

두 상수 $a\,(a > 0,\ a \neq 1)$, b에 대하여 함수

$$f(x) = \begin{cases} a^{x+b} + a - b & (x < 0) \\ \left| 2^{-x+4} - 4 \right| & (x \geq 0) \end{cases}$$

라 하자. 두 상수 n, k에 대하여 집합 A를

$$A = \{\, n \mid n \text{은 함수 } y = f(x) \text{의 그래프와 직선 } y = k \text{가 만나는 점의 개수이다.} \,\}$$

라 할 때, $A = \{0,\ 1,\ 3\}$이다. $a + b$의 값을 구하시오. [4점]

2이상의 자연수 n과 상수 k에 대하여 $\left(k+6\sin\dfrac{n}{12}\pi+6\cos\dfrac{n}{6}\pi\right)^{n}$ 의 n제곱근 중 실수인 것의 개수를 a_n이라 하자. $\displaystyle\sum_{n=2}^{12} a_n$의 값이 최소가 되도록 하는 k의 값은? [4점]

① $-3\sqrt{3}-3$　　② $-6\sqrt{3}$　　③ 0　　④ -6　　⑤ $-3\sqrt{3}+3$

06 두 양수 $a\ (a>1)$, b에 대하여 $x>-b$에서 정의된 함수

$$f(x)=\begin{cases}2\log_a(x+b)-b & (-b<x\leq 0)\\[2mm] a^{\frac{x}{2}} & (x>0)\end{cases}$$

의 그래프와 직선 $y=x$가 만나는 점의 개수는 4이고 교점의 x좌표를 크기가 작은 순서대로 나열하면 x_1, x_2, x_3, x_4이고 $x_1+x_3=0$이다. $f(0)=0$일 때, $f(a+b)$의 값을 구하시오. [4점]

그림과 같이 $a>1$인 상수 a와 $k>a+1$인 상수 k에 대하여 직선 $y=-x+k$가 두 곡선 $y=a^x$, $y=\log_a(x-1)-1$과 만나는 점을 각각 A, B라 할 때, $\overline{\mathrm{AB}}=\left(\dfrac{k+3}{3}\right)\sqrt{2}$이다. 직선 $y=-x+\dfrac{10}{3}k$가 두 곡선 $y=a^x$, $y=\log_a(x-1)-1$과 만나는 점을 각각 C, D라 할 때, $\overline{\mathrm{CD}}=(2k+1)\sqrt{2}$이다. $\overline{\mathrm{AC}}^2$의 값을 구하시오. [4점]

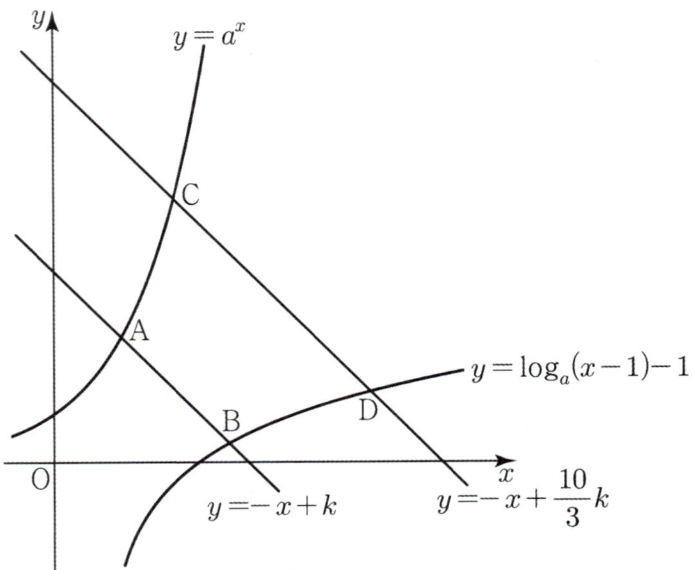

양의 실수 k에 대하여 곡선 $y = \log_2(x-k)^2$과 직선 $y = x+m$은 세 점 A, B, C에서 만나고 직선 $y = x+m$은 y축과 점 P에서 만난다. $\overline{PA} = \overline{AB} = \overline{BC}$ 일 때, 두 실수 k와 m에 대하여 $k = (4-\sqrt{2})\log_2(p+q\sqrt{2})$로 나타낼 수 있다. 이때 두 자연수 p와 q에 대하여 $20p+q$의 값을 구하시오. (단, 세 점은 y축에 가까운 순서로 A, B, C이고 세 점의 x좌표는 모두 양수이다)

[4점]

그림과 같이 1보다 큰 실수 a에 대하여 곡선 $y = \log_a x$ 위의 점 A와 곡선 $y = \left(\sqrt{a}\right)^x$ 위의 점 B가 $4\overline{OA} = \overline{OB}$를 만족시킨다. 점 A를 지나고 직선 OB에 평행한 직선과 점 B를 지나고 직선 OA에 평행한 직선이 만나는 점을 C라 하자. 직선 AC의 기울기와 직선 BC의 기울기의 곱이 1이고 점 C의 x좌표가 8일 때, 선분 OC의 길이는 l이다. l^2의 값을 구하시오. (단, O는 원점이다.) [4점]

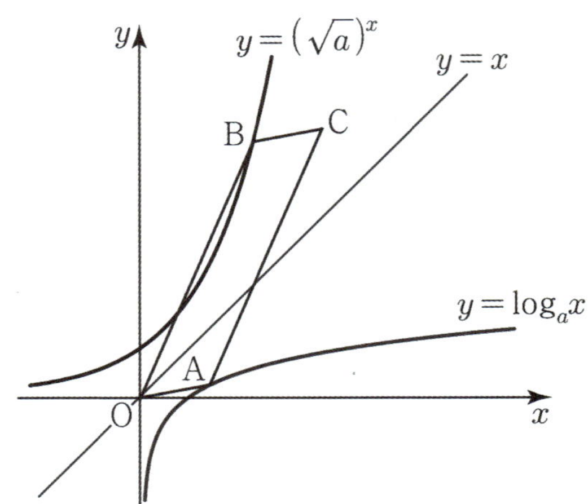

10 $\alpha = \sqrt{\beta}$ 인 α, β와 $\log_\alpha n$이 자연수가 되도록 하는 자연수 n에 대하여 다음 조건을 만족시키는 양수 a의 개수를 $f(n)$이라 하자.

(가) $\log_\alpha a$는 정수이다.

(나) $\dfrac{\log_\beta(n \times a^3)}{\log_\beta a}$ 은 자연수이다.

$f(n) = 10$을 만족하는 자연수 n의 최솟값을 m이라 할 때, $\log_\beta m$의 값을 구하시오.
(단, α는 자연수이고 $\beta > 0$, $\beta \neq 1$이다.) [4점]

11 $k > 1$인 실수 k에 대하여 두 곡선

$$y = \log_2\left(x - \frac{k}{2}\right), \quad y = -\log_2\left(\frac{x+2}{k} - 1\right)$$

가 만나는 점을 A 라 하고, 점 A를 지나고 기울기가 -1인 직선이 곡선 $y = \log_2(x-3) - 4$와 만나는 점을 B 라 하자. 삼각형 OAB의 넓이가 12일 때, $k + \log_2 k$의 값을 구하시오. (단, O는 원점이다.) [4점]

12 함수 $f(x)=|\log_2(x+k)|$와 $t>-k$인 실수 t에 대하여 방정식 $f(x)=f(t)$의 가장 작은 실근을 $g(t)$라 하자. $t>-k$인 모든 실수 t에 대하여 부등식 $|g(t)|>1$을 만족시키는 상수 k의 범위는? [4점]

① $k \geq 2$

② $k > 1$

③ $k < -2$

④ $k < -2,\ k > 1$

⑤ $k \leq -1,\ k > 2$

13 자연수 n에 대하여 직선 $x = t$와 두 곡선 $y = 2^x$, $y = 2^x + n$이 만나는 점을 각각 P, Q라 하고 점 Q를 지나고 x축에 평행한 직선이 $y = 2^x$와 만나는 점을 R이라 하자. 점 R을 지나고 x축에 수직인 직선이 $y = 2^x + n$와 만나는 점을 S라 할 때, 다음 조건을 만족시키는 모든 자연수 n의 개수를 구하시오. [4점]

(가) $1 \leq n \leq 40$

(나) 어떤 양의 실수 t에 대하여 $\overline{PQ} + \overline{RQ} + \overline{RS} \geq 40$

 지수로그함수

14 두 지수함수

$$f(x) = 2^{4-x}$$

$$g(x) = 16 - 2^{6-x}$$

가 있다.

두 곡선 $y = f(x)$와 $y = g(x)$ 및 두 직선 $x = -4$, $x = 101$로 둘러싸인 부분에서 x좌표와 y좌표가 모두 정수인 점의 개수를 n이라 할 때, $\dfrac{n}{10}$의 값을 구하시오. (단, 경계는 제외한다.)

[4점]

15 두 실수 x, y에 대하여 $\max\{x, y\} = \begin{cases} x & (x \geq y) \\ y & (x < y) \end{cases}$ 라 정의할 때, 다음 조건을 만족시키는 두 자연수 a, b 의 모든 순서쌍 (a, b)의 개수는? [4점]

> (가) $1 \leq a \leq 5$, $1 \leq b \leq 100$
>
> (나) 곡선 $y = 2^x$이 도형 $\max\{|x-a|, |y-b|\} = 1$와 만나지 않는다.
>
> (다) 곡선 $y = 2^x$이 도형 $\max\{|x-a|, |y-b|\} = 2$와 적어도 한 점에서 만난다.

① 115　　　　② 178　　　　③ 196

④ 204　　　　⑤ 216

16 함수 $f(x)$는 $f(x) = \log_2 x$이고 함수 $f(x)$와 자연수 k에 대하여 함수 $g_k(x)$는 다음과 같다.

$$g_k(x) = \begin{cases} f(x - 2^{k-1} + 1) - k + 1 & (2^k - 1 \le x < 3 \times 2^{k-1} - 1) \\ -f(x - 2^k + 1) + k & (3 \times 2^{k-1} - 1 \le x < 2^{k+1} - 1) \end{cases}$$

함수 $g_k(x)$와 x축으로 둘러싸인 부분의 넓이를 S_k이라 할 때, $\displaystyle\sum_{k=1}^{n} S_k > 1000$을 만족하는 n의 최솟값은? [4점]

① 7　　　　② 8　　　　③ 9　　　　④ 10　　　　⑤ 11

곡선 $y=-3^x$ 위의 두 점 A, B와 곡선 $y=\log_3 x$ 위의 두 점 C, D가 다음 조건을 만족시킨다.

(가) 원점 O가 선분 AC를 3 : 1로 외분한다.

(나) 원점 O가 선분 BD를 1 : 3로 내분한다.

삼각형 ABD의 넓이는? [4점]

① $\dfrac{17}{3}$　　　② 6　　　③ $\dfrac{19}{3}$　　　④ $\dfrac{20}{3}$　　　⑤ 7

18 함수 $f(x)$에 대하여 $y=k$와 $y=k+1$사이의 x의 값이 정수가 되는 개수를 $g(k)$라 하자. 예를 들어 그림과 같이 함수 $f(x)=\dfrac{1}{3}x$ 일 때, $g(2)=2$이다. $f(x)=3\log_3 x$일 때, $\displaystyle\sum_{k=1}^{14}g(k)$의 값은? (단, 함수 $f(x)$와 $y=k$, $y=k+1$와의 교점은 $g(k)$를 만족하지 않는 점이다.) [4점]

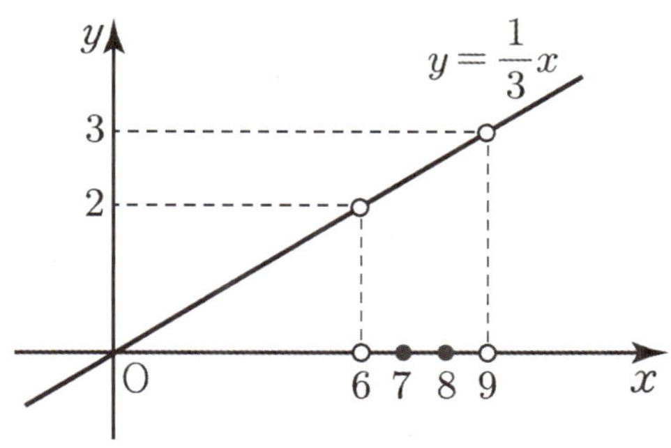

① 231　　② 233　　③ 235　　④ 237　　⑤ 239

19 그림과 같이 곡선 $y = \dfrac{16}{15}\left(\dfrac{1}{2}\right)^x - \dfrac{34}{15}$ 가 두 곡선 $y = \log_2(x+6)$, $y = 2^x - 6$와 만나는 점을

각각 $A\,(-2,\,2)$, B 라 하고, 두 곡선 $y = \log_2(x+6)$, $y = 2^x - 6$가 제1사분면에서 만나는

점을 C 라 할 때, 보기에서 옳은 것만을 있는 대로 고른 것은? (단, O는 원점이다.) [4점]

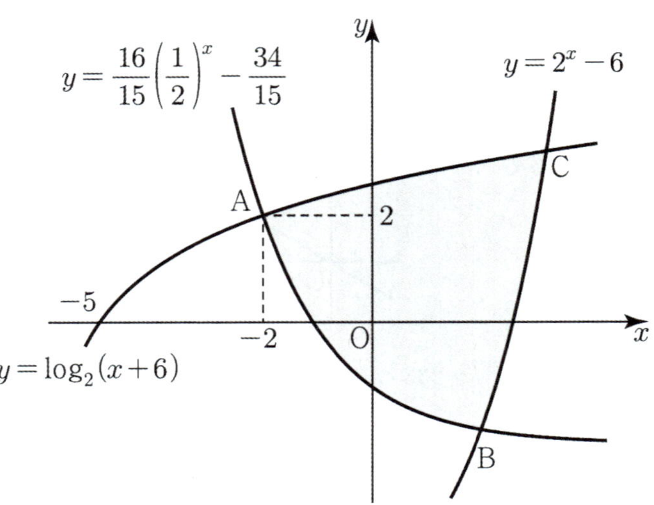

─── | 보기 | ───

ㄱ. 두 점 A, B를 지나는 직선은 $y = -x$이다.

ㄴ. 그림의 색칠 된 영역의 경계 및 내부의 점 중 x좌표와 y좌표가 모두 정수인 점의 개수는 18이다.

ㄷ. 삼각형 ABC의 넓이를 S라 하면 $12 < S < 14$이다.

① ㄱ   ② ㄴ   ③ ㄷ   ④ ㄱ, ㄷ   ⑤ ㄱ, ㄴ, ㄷ

세 점 $A(1, 3)$, $B(6, 1)$, $C(5, 4)$에 대하여 함수 $y = 2^{-x} + a$의 그래프와 그 역함수의 그래프가 모두 삼각형 ABC와 만날 때, 실수 a의 최댓값을 M, 최솟값을 m이라 할 때, $M+m$의 값은?

[4점]

① $\dfrac{165}{32}$ ② $\dfrac{317}{64}$ ③ $\dfrac{167}{32}$ ④ $\dfrac{337}{64}$ ⑤ $\dfrac{357}{64}$

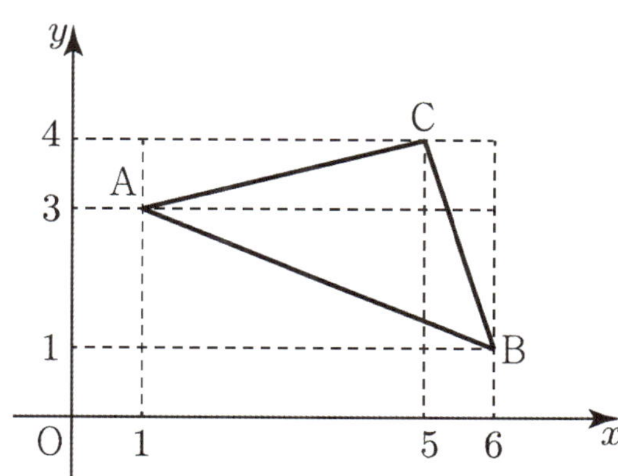

그림과 같이 곡선 $y = \log_a x \,(a > 1)$과 x축과 만나는 점을 A라 하고, 곡선 $y = \log_a x$와 직선 $y = 1$이 만나는 점을 B라 하자. 점 B를 지나고 기울기가 -1인 직선 l이 x축, y축과 만나는 점을 각각 C, D라 할 때, 삼각형 ABD의 넓이가 삼각형 ABC의 넓이의 2배이다.
곡선 $y = f(x)$가 다음 조건을 만족시킨다.

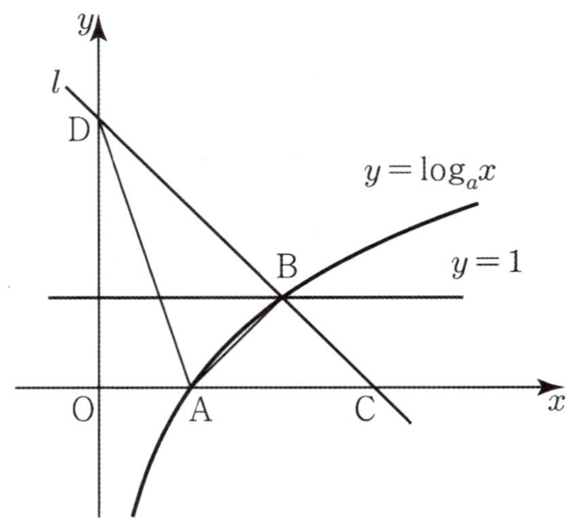

(가) 곡선 $y = \log_a x$을 평행이동 또는 x축에 대하여 대칭이동 또는 y축에 대하여 대칭이동 및 이들을 여러 번 결합한 이동을 통해 곡선 $y = f(x)$와 일치시킬 수 있다.

(나) 곡선 $y = f(x)$는 두 점 C, D를 지나고 $f(1) < a$이다.

$f(\alpha) = -1$일 때, $\alpha = \dfrac{q}{p}$이다. $p + q$의 값을 구하시오. (단, p와 q는 서로소인 자연수이다.)

[4점]

22 그림과 같이 곡선 $y = \log_2(x+1)$과 점 $(1, 0)$을 지나고 기울기가 양수인 직선 l의 두 교점의 x좌표를 각각 α, β $(\alpha < 0 < \beta)$라 하자. 곡선 $y = \log_2(x+1)$과 직선 l로 둘러싸인 도형의 넓이가 최소일 때, $\alpha^2 + \beta^2$의 값은? [4점]

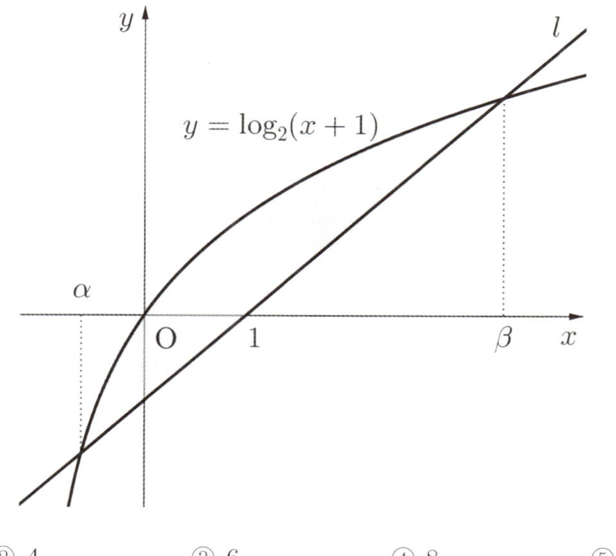

① 2   ② 4   ③ 6   ④ 8   ⑤ 10

23 x에 대한 방정식

$$\log_2(x-1)-\log_4\left(x-\log_3\sqrt{n}\right)=1$$

가 서로 다른 두 실근을 가지도록 하는 모든 자연수 n의 개수를 구하시오. [4점]

그림과 같이 좌표평면에 점 $A(2, 1)$와 함수 $f(x) = a^{x+2} + b$ 의 그래프가 있다. 곡선 $y = f(x)$의
점근선이 y축과 만나는 점을 P라 할 때, 곡선 $y = f(x)$위의 제2사분면의 점 Q에 대하여
삼각형 APQ가 다음 조건을 만족시킨다.

> (가) 삼각형 APQ는 $\angle A = 90°$ 인 직각이등변삼각형이다.
> (나) 삼각형 APQ의 외접원의 중심은 $y = -x$위에 있다.

$a^2 + b^2$의 값을 구하시오. (단, a, b는 $a > 0$, $b < 0$인 상수이다.) [4점]

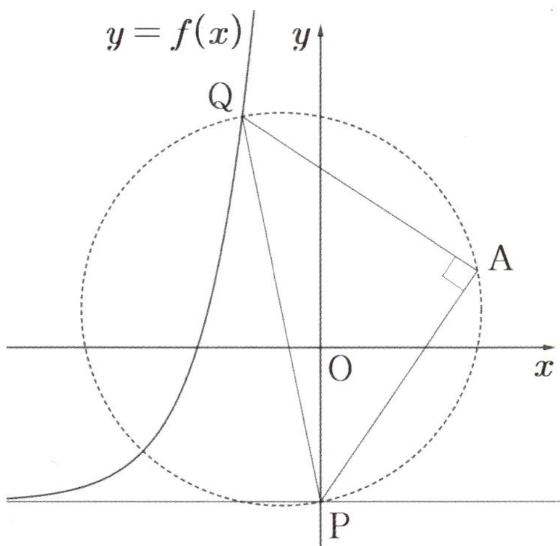

25 좌표평면에 점 $A(3, -2)$와 함수 $f(x) = \log_a(x+b)$ $(a > 1, b > 0)$가 있다. 곡선 $y = f(x)$의 점근선이 x축과 만나는 점을 P라 할 때, 곡선 $y = f(x)$위의 제1사분면의 점 Q에 대하여 삼각형 APQ가 다음 조건을 만족시킨다.

(가) 삼각형 APQ는 $\angle A = 90\,^\circ$ 인 직각이등변삼각형이다.

(나) 삼각형 APQ의 외접원의 중심은 $y = x$위에 있다.

$a^3 + b^3$의 값을 구하시오. [4점]

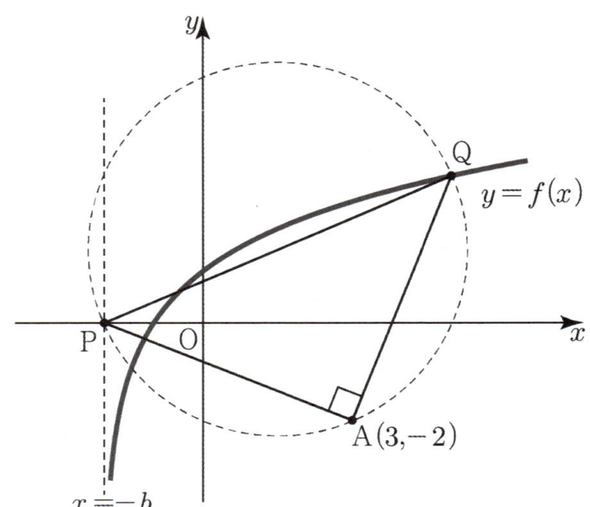

26 그림과 같이 직선 $y=k$가 두 곡선 $y=2^{x+1}$, $y=2^{3x+2}$와 만나는 점을 각각 A, B라 하고 직선 $y=k+a$가 두 곡선 $y=2^{x+1}$, $y=2^{3x+2}$와 만나는 점을 각각 C, D라 하자.

사각형 ABCD가 평행사변형이 되게 하는 a의 값을 $f(k)$라 할 때, $f(1)\times f\left(\dfrac{1}{2}\right)\times f\left(\dfrac{1}{4}\right)$의 값은?

(단, $0<k<\sqrt{2}$) [4점]

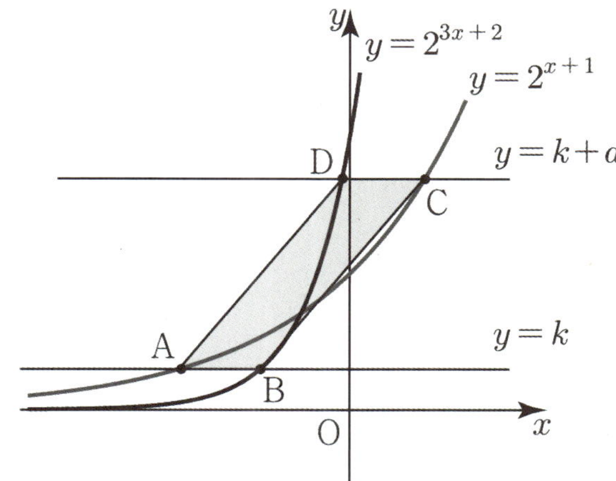

① $\dfrac{217}{8}$ ② $\dfrac{61}{2}$ ③ $\dfrac{251}{8}$ ④ $\dfrac{135}{4}$ ⑤ $\dfrac{279}{8}$

27 함수 $f(x)$가

$$f(x)=\begin{cases} \log_3 x & (x\text{가 유리수일 때}) \\ \log_2 \sqrt{x} & (x\text{가 무리수일 때}) \end{cases}$$

일 때, 유리수 m과 무리수 n에 대하여 두 수 $f(m)$과 $f(m)f(n)$은 모두 자연수가 되게 하는 두 실수 m, n의 모든 순서쌍 (m, n)의 개수를 구하시오. (단, $0 < m < 100$, $0 < n < 100$)

[4점]

28 정수 k에 대하여 함수 $f(x)=\log_2(x+k)-1$의 그래프와 정의역이 $-4 \leq x \leq 4$인

함수 $g(x)=\begin{cases} -x-4 & (-4 \leq x < 0) \\ -x+4 & (0 \leq x \leq 4) \end{cases}$ 의 그래프가 서로 다른 두 점에서 만나기 위한 모든 k의

값의 합을 구하시오. [4점]

29 첫째항이 $\dfrac{1}{9}$ 이고 공비가 $\sqrt[3]{9}$ 인 등비수열 $\{a_n\}$ 에 대하여 $\log a_n$ 의 정수부분을 b_n 이라 하자.

$\displaystyle\sum_{k=1}^{n} b_k = -3$ 을 만족시키는 모든 자연수 n 의 값의 합을 구하시오. [4점]

30

$x \geq \dfrac{1}{100}$ 인 실수 x에 대하여 $\log x = n + f(x)$ (단, n은 정수, $0 \leq f(x) < 1$)라 하고 다음 조건을 만족시키는 두 실수 a, b의 순서쌍 (a, b)를 원소로 갖는 집합을 A라 하자.

(가) $a > 0$이고 $b \leq -20$이다.
(나) 함수 $y = -18f(x)$의 그래프와 직선 $y = ax + b$가 한 점에서만 만난다.

집합 A의 원소 (a, b)에 대하여 $(a - 22)^2 + b^2$의 최솟값을 구하시오. [4점]

31 $a > 1$인 실수 a에 대하여 좌표평면에서 두 곡선 $y = \log_a x$, $y = \log_a(2k - x)$이 x축과 만나는 두 점을 각각 A, B라 하고 두 곡선이 서로 만나는 점을 C라 하자. $\angle \mathrm{ACB} = 90°$ 일 때, 직각삼각형 ABC의 내부(경계 제외)의 격자점 (p, q)의 개수가 100일 때, $a^{22} + k$의 값을 구하시오. (단, k, p, q는 자연수이다.) [4점]

32 (1) 다음 그림과 같이 직선 $y=-x+k$와 $y=-x+k+10$이 곡선 $y=2^x$와 만나는 교점을 각각 A, B라 할 때, $\overline{AB}$는 두 직선의 거리가 된다. 이때, $k=\alpha+\log_2\alpha$이다. 유리수 α의 값은? [4점]

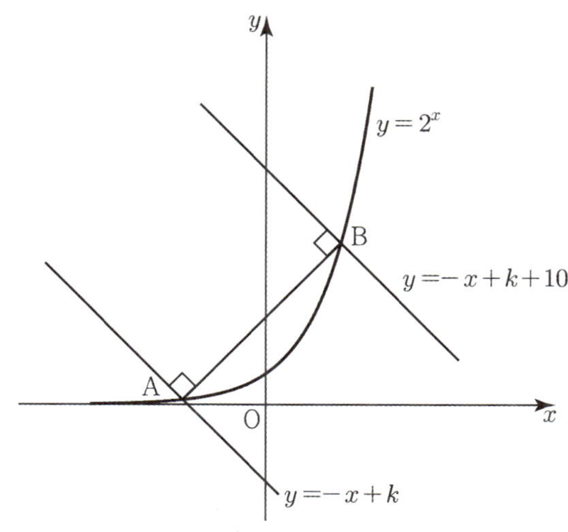

① $\dfrac{2}{31}$ ② $\dfrac{3}{31}$ ③ $\dfrac{5}{31}$ ④ $\dfrac{7}{31}$ ⑤ $\dfrac{10}{31}$

(2) 그림과 같이 두 직선 $y=-x+k$와 $y=-x+k+6$이 곡선 $y=\log_2 x$와 만나는 교점을 각각 A, B라 할 때, $\overline{AB}$는 두 직선의 거리이다. 실수 α에 대하여 $k=\alpha+\log_2\alpha$일 때, $\alpha=\dfrac{q}{p}$이다. $p+q$의 값을 구하시오. (단, p와 q는 서로소인 자연수이다.) [4점]

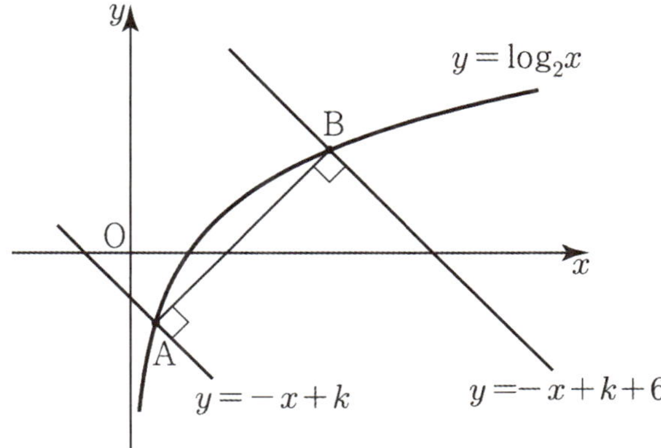

사차함수 $f(x) = \dfrac{1}{16}(x+2)^2(x-2)^2$에 대하여 방정식 $f(x) = a^{f(x)} - 1 \ (a > 1)$을 만족하는 해의 개수가 5일 때, a의 값을 구하시오. [수학II 연계] [4점]

$3^{2x} = \left(\dfrac{625}{9}\right)^{y} = 25$을 만족시키는 두 실수 x, y에 대하여 $5^{\frac{(x-y)(x+y)}{4x^2y^2}}$ 의 값은? [4점]

① $\dfrac{5}{3}$

② $\dfrac{3}{5}$

③ $\dfrac{9}{25}$

④ $\dfrac{81}{625}$

⑤ $\dfrac{25}{9}$

35 x에 대한 방정식

$$4^x + 4^{-x} - n(2^{x+1} + 2^{-x+1}) + 4k^2 + 2 = 0$$이 서로 다른 실근 4개를 갖도록 하는 20이하의

자연수 n의 개수를 a_k라 할 때, $\displaystyle\sum_{k=1}^{5} a_k$의 값을 구하시오. [4점]

랑데뷰
N 제

하루 중 90%는 겸손하게 10%는 자신있게...

삼각함수

두 상수 a, k $(a > k > 0)$에 대하여 $0 \le x \le 4k$에서 곡선 $y = a\sin\dfrac{\pi x}{2k}$와

함수 $y = |x - 2k| - k$의 그래프가 만나는 서로 다른 두 점을 x좌표가 작은 순으로 A, B라 하고

곡선 $y = a\sin\dfrac{\pi x}{2k}$와 함수 $y = -|x - 2k| + k$의 그래프가 만나는 서로 다른 두 점을 x좌표가

작은 순으로 C, D라 하자. 두 점 A, B의 중점의 x좌표가 4이고 사각형 ABDC의 넓이가

16일 때, $a \times k$의 값은? [4점]

① 12　　　　② 14　　　　③16　　　　④18　　　　⑤ 20

37 두 자연수 a, b에 대하여 열린구간 $(0,\ b+2)$에서 정의된 함수 $y=\sin a\pi(x-b)$의 그래프가 $y=1$, $y=0$, $y=-1$과 만나는 점의 개수의 합을 순서쌍 $(a,\ b)$라 하자. $(a,\ b)=119$일 때, $a+b$의 최댓값을 M, 최솟값을 m이라 하자. $M+m$의 값을 구하시오. (단, $1 \le b \le 2$) [4점]

38 두 자연수 a, b에 대하여 함수

$$f(x) = a \sin\left(a\pi x + \frac{\pi}{b}\right) - b$$

가 있다. $x > 0$에서 곡선 $y = f(x)$와 직선 $y = f(0)$이 만나는 점 중 x좌표가 가장 작은 점의 x좌표를 c라 하자. 함수 $f(x)$의 최댓값이 $8 \times a \times c$이 되도록 하는 모든 $a + b$의 값의 합은?

[4점]

① 103　　　② 105　　　③ 107　　　④ 109　　　⑤ 111

39 그림과 같이 중심이 O_1, O_2이고 반지름의 길이가 각각 2, 3인 두 원 C_1, C_2가 두 점 A, B에서 만날 때, 직선 AO_2가 원 C_1과 만나는 점 중 A가 아닌 점을 C라 하고 원 C_2와 만나는 점 중 A가 아닌 점을 D라 하자. 직선 BC가 원 C_2와 만나는 점 중 B가 아닌 점을 E라 할 때, $\overline{BD} \times \overline{AE}$의 값은? [4점]

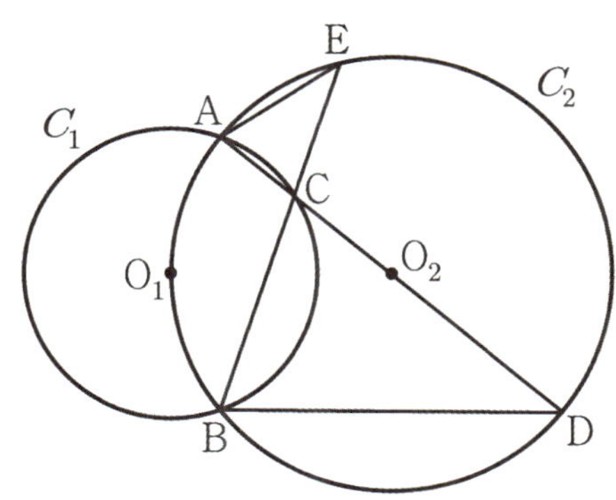

① 8   ② $\dfrac{25}{3}$ ③ $\dfrac{26}{3}$ ④ 9   ⑤ $\dfrac{28}{3}$

그림과 같이 $\overline{AB}=2$, $\overline{AC}=3$, $\cos(\angle BAC)=-\dfrac{1}{4}$을 만족시키는 삼각형 ABC의 외접원 위에 점 D가 있다. 직선 AB와 직선 CD가 만나는 점을 E라 하자. 사각형 ABDC의 넓이가 최대일 때 삼각형 EAC의 넓이는? [4점]

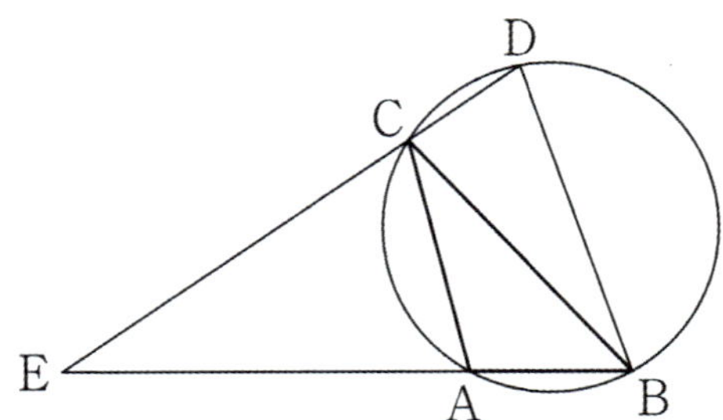

① $\dfrac{39}{4}\sqrt{15}$　　② $\dfrac{41}{4}\sqrt{15}$　　③ $\dfrac{43}{4}\sqrt{15}$　　④ $\dfrac{45}{4}\sqrt{15}$　　⑤ $\dfrac{47}{4}\sqrt{15}$

$0 \le t \le 2$인 실수 t에 대하여 x에 대한 이차방정식

$$(x + \sin \pi t)(x - \cos \pi t) = 0$$

의 실근 중에서 작지 않은 것을 $\alpha(t)$, 크지 않은 것을 $\beta(t)$라 하자. $\alpha(s) = \beta\!\left(s + \dfrac{1}{2}\right)$을 만족시키는 실수 s의 최댓값과 최솟값의 합은? $\left(\text{단, } 0 \le s \le \dfrac{3}{2}\right)$ [4점]

① 1　　　② $\dfrac{5}{4}$　　　③ $\dfrac{3}{2}$　　　④ $\dfrac{7}{4}$　　　⑤ 2

42 그림과 같이 두 함수 $y = \cos\dfrac{\pi}{a}(x+b)$와 $y = \sin\dfrac{2\pi}{a}(x+b)$가 y축 위의 점 A 에서 만나고 $x > 0$에서 두 번째 만나는 점을 B라 하자. 점 B에서 y축에 내린 수선의 발을 C라 할 때 $\angle\,\mathrm{ABC} = 60°$이다. $a+b$의 값은? $\left(\text{단, } a > 0\text{이고 } 0 < b < \dfrac{1}{2}\text{이다.}\right)$ [4점]

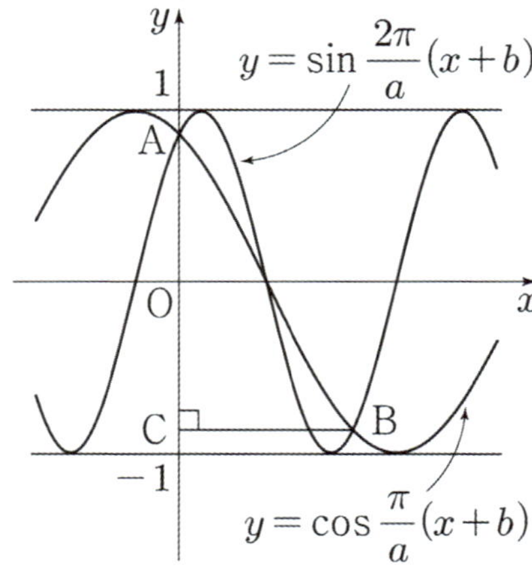

① $\dfrac{5}{4}$　　② $\dfrac{3}{2}$　　③ $\dfrac{7}{4}$　　④ 2　　⑤ $\dfrac{9}{4}$

43 상수 $a\left(0 < a < \dfrac{\pi}{2}\right)$에 대하여 $-2 \le x \le 2$에서 정의된 두 함수 $f(x) = \sin\left(\dfrac{\pi}{2}x\right)$,

$g(x) = -2\cos\left(\dfrac{\pi}{2}x + a\right) + \dfrac{2\sqrt{3}}{3}$ 이 있다. 직선 $y = mx\,(0 < m < 1)$과 곡선 $y = f(x)$가

세 점 O, P, Q에서 만난다. 곡선 $y = f(x)$ 위의 두 점 P′, Q′와 곡선 $y = g(x)$ 위의

두 점 R, S가 있다. 두 삼각형 PP′R와 QQ′S는 각각 한 변이 x축과 평행한 정삼각형일 때,

$100m$의 값을 구하시오. (단, O는 원점이고 점 P의 x좌표는 1보다 크다.) [4점]

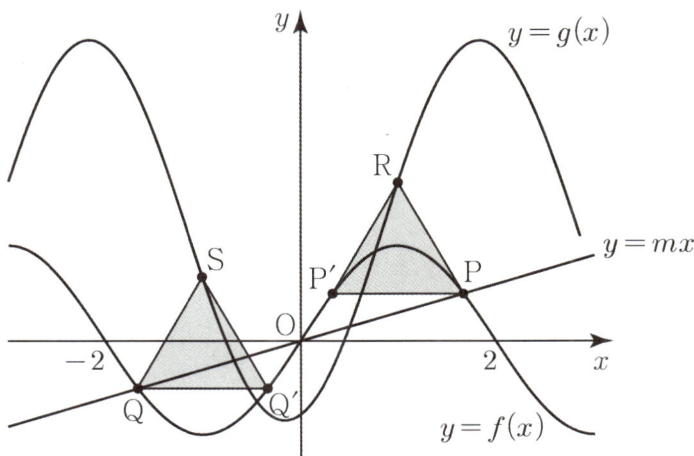

44 $0 < t < 2\pi$인 실수 t에 대하여 함수

$$f(x)=\begin{cases} \sin x - \sin t \ (0 \le x \le t) \\ \sin t - \sin x \ (t < x \le 2\pi) \end{cases}$$

의 최댓값을 $M(t)$, 최솟값을 $m(t)$라 하자. t에 대한 방정식 $M(t)-m(t)=2$의 해집합을 A라 할 때, 다음 중 집합 A의 원소가 아닌 것은? [4점]

① $\dfrac{\pi}{12}$　　② $\dfrac{\pi}{3}$　　③ $\dfrac{5}{6}\pi$　　④ $\dfrac{7}{6}\pi$　　⑤ $\dfrac{11}{6}\pi$

45 그림과 같이 선분 AB의 중점 P에 대하여 선분 PB를 지름으로 하는 원 C_1이 있다. 원 C_1 위의 점 Q를 잡아 직선 AQ와 원 C_1이 만나는 점 중 Q가 아닌 점을 R이라 하고, 세 점 R, A, P를 지나는 원을 C_2라 하자. $\overline{PR} : \overline{BQ} = 5 : 8$일 때, 원 C_1의 넓이와 원 C_2의 넓이의 비는 $m : n$이다. $m+n$의 값은? (단, m과 n은 서로소인 자연수이다.) [4점]

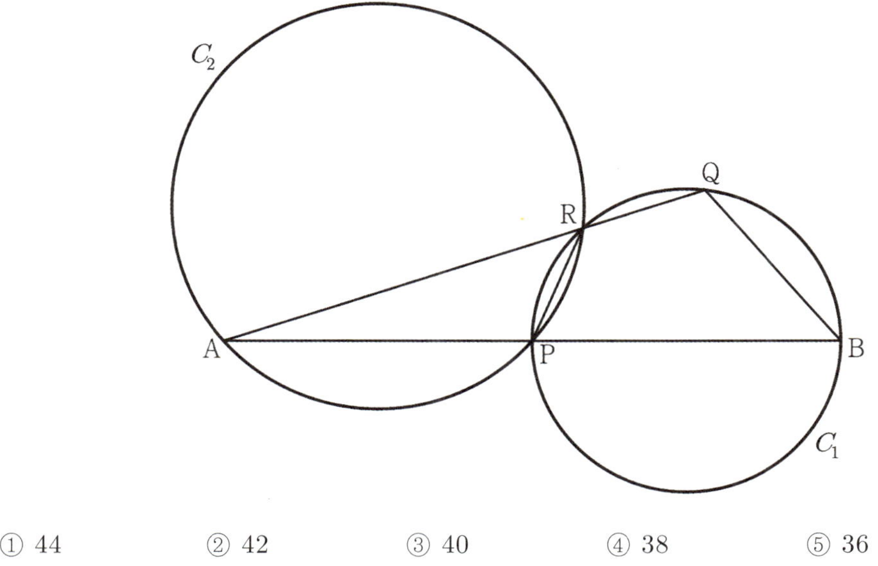

① 44   ② 42   ③ 40   ④ 38   ⑤ 36

그림과 같이 중심이 O, 반지름의 길이가 $\dfrac{13}{2}$이고 중심각의 크기가 $\dfrac{\pi}{2}$인 부채꼴 OAB가 있다.

호 AB 위에 점 P를 $\overline{AP}=5$가 되도록 잡는다. 직선 AP에 수직이고 점 P를 지나는 직선이 선분 OB와 만나는 점을 Q라 하고, 호 AP의 중점을 R라 하자. 삼각형 PQR의 넓이는? [4점]

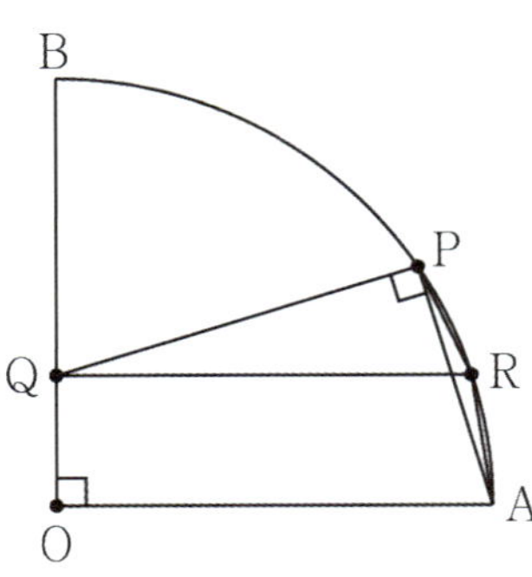

① $\dfrac{587}{96}$ ② $\dfrac{589}{96}$ ③ $\dfrac{591}{96}$ ④ $\dfrac{593}{96}$ ⑤ $\dfrac{595}{96}$

47 함수 $f(x) = \left| \sqrt{3}\cos\dfrac{\pi}{2}x \right|$ 와 y축과 만나는 점을 A, 점 A에서 x축과 평행하고 선분 AB의 길이가 4가 되는 곡선 $y = f(x)$위의 점을 B라 하자.

곡선 $g(x) = \left| a\sin\dfrac{\pi}{2}(x-b) \right|$ $(a > 0,\ b > 0)$ 위의 y좌표가 0이 아닌 점 P에 대하여

삼각형 PAB는 직각삼각형이고 $\angle\,\mathrm{PAB} = \dfrac{\pi}{6}$이다. a의 최솟값을 m이라 하고, $a = m$일 때 b의 최솟값을 n이라 하면, $m^2 + n^2$의 값을 구하시오. [4점]

48　$0 \le x \le 9$에서 곡선 $y = \left| 6 \sin \dfrac{\pi}{3} x \right|$ 와 직선 $y = t$ (단, t는 $0 < t \le 3$인 상수)가 만나서 생기는 교점들을 x좌표가 작은 순서대로 A_1, A_2, $\cdots$, A_m 이라 하고 곡선 $y = \left| 6 \sin \dfrac{\pi}{3} x \right|$ 위의 임의의 한 점을 점 P라 할 때, 세 점 A_1, A_i, $P(i = 2, 3, \cdots, m)$를 꼭짓점으로 하는 삼각형 $A_1 A_i P$은 다음 조건을 만족시킨다.

(가) 어떤 자연수 i에 대하여 $\triangle A_1 A_i P$는 이등변 삼각형이다.

(나) $\triangle A_1 A_i P$ 의 넓이가 최대일 때, 이 삼각형의 무게중심의 y좌표는 $\dfrac{10}{3}$ 이다.

또한 원점과 A_2를 지나는 직선이 곡선 $y = \left| 6 \sin \dfrac{\pi}{3} x \right|$ $(0 \le x \le 9)$와 만나는 교점들을 x좌표가 작은 순서대로 O(원점), A_2, B_1, B_2, $\cdots$, B_n 라 하면 $\overline{OA_2} = \overline{A_2 B_2}$ 이다. 점 A_1의 x좌표를 α 라 할 때, $\sin \dfrac{2\pi}{3} \alpha + \dfrac{1}{\tan \dfrac{\pi}{3} \alpha}$ 의 값은? [4점]

① $\dfrac{7}{4} \sqrt{2} + \dfrac{1}{3}$　　　② $2\sqrt{2} + \dfrac{2}{3}$　　　③ $\dfrac{9\sqrt{2}}{4} + \dfrac{1}{2}$

④ $\dfrac{5}{2} \sqrt{2} + \dfrac{1}{3}$　　　⑤ $3\sqrt{2} + \dfrac{2}{3}$

49 그림과 같이 두 점 O, O′을 각각 중심으로 하고 반지름의 길이가 2인 두 원 O, O'와 점 B를 중심으로 하고 두 원의 중심을 지나는 원 O''가 한 평면 위에 있다. 두 원 O, O'이 만나는 점을 각각 A, B라 할 때, $\angle AOB = \dfrac{5}{6}\pi$이다.

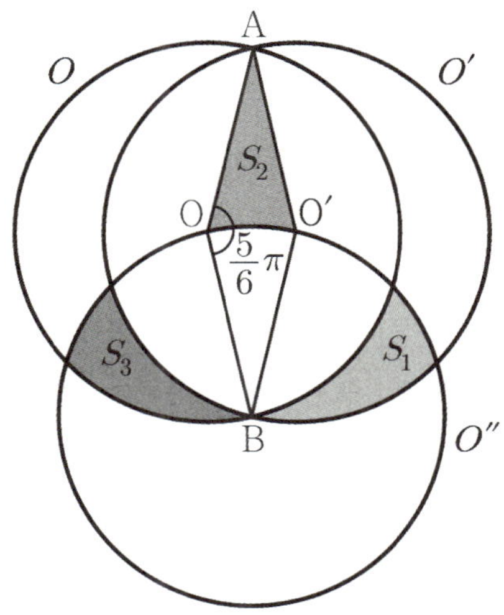

원 O의 외부와 원 O'의 내부, 원 O''의 내부의 공통부분의 넓이를 S_1, 원 O의 내부와 원 O'의 외부, 원 O''의 내부의 공통부분의 넓이를 S_3, 마름모 AOBO′의 내부와 원 O''의 외부의 공통부분의 넓이를 S_2라 할 때, $S_1 + S_3 + 2S_2$의 값을 구하시오. [4점]

50 그림과 같이 반지름의 길이가 2인 원에 내접하는 사각형 ABCD가 다음 조건을 만족시킨다.

> (가) $\overline{DA} : \overline{AB} = 1 : 2$
>
> (나) 대각선 AC, BD의 교점 E에 대하여 $\overline{DE} : \overline{EB} = 2 : 3$이다.
>
> (다) $\angle DAB = \dfrac{2}{3}\pi$

삼각형 BCD의 넓이는? [4점]

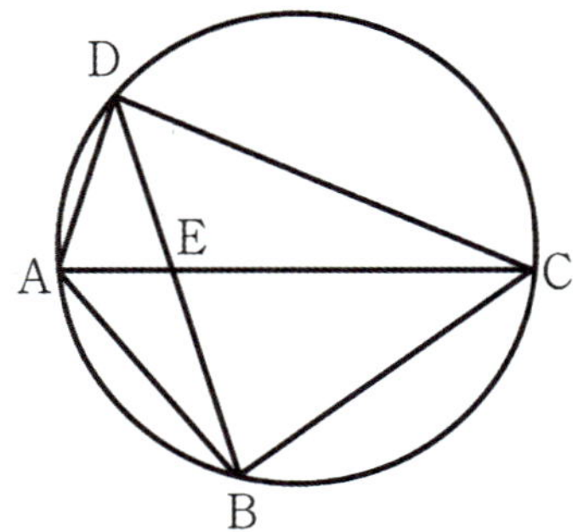

① $\dfrac{30}{13}\sqrt{3}$ ② $\dfrac{33}{13}\sqrt{3}$ ③ $\dfrac{36}{13}\sqrt{3}$ ④ $3\sqrt{3}$ ⑤ $\dfrac{42}{13}\sqrt{3}$

51 $x \geq 0$에서 정의된 함수 $f(x) = |p\sin 2x + q|$ $(q > 0,\ p + q \geq 0)$에 대하여 $f(0) < f\left(\dfrac{\pi}{4}\right)$이다.

직선 $y = t$가 곡선 $y = f(x)$와 만나도록 하는 실수 t에 대하여 직선 $y = t$가 곡선 $y = f(x)$와 만나는 모든 점의 x좌표를 작은 수부터 크기순으로 나열한 수열이 등차수열이 되도록 하는 t의 값은 $\alpha,\ \beta\ (\alpha < \beta)$뿐이다. $t = \alpha$, $t = \beta$일 때의 이 등차수열을 각각 $\{a_n\}$, $\{b_n\}$이라 하자.

$\alpha + \beta = 10$이고 $\dfrac{f(b_2)}{a_2} = \dfrac{14}{\pi}$일 때, pq의 값을 구하시오. (단, p와 q는 상수이다.) [4점]

52 $0 \leq x < \pi$일 때, 함수 $f(x) = \tan(\pi \sin^2 2x)$에 대하여 부등식 $|f(x)| \geq 1$의 해집합을 A라 하자. 집합 $B = \left\{ \dfrac{2k-1}{48}\pi \,\middle|\, k\text{는 자연수} \right\}$에 대하여 $A \cap B$의 모든 원소의 합은? [4점]

① 3π ② $\dfrac{7}{2}\pi$ ③ 3π ④ $\dfrac{9}{2}\pi$ ⑤ 4π

53 원 O위의 세 점 A, B, C에 대하여 $\overline{AB}=6$이고 $\angle BAC$의 이등분선이 선분 BC와 만나는 점을 D, 원 O와 만나는 점을 E라 하자. 다섯 개의 점 A, B, C, D, E가 다음 조건을 만족시킬 때, 원 O의 넓이는? (단, 선분 CD의 길이는 유리수이다.) [4점]

> (가) 삼각형 ABD의 외접원의 둘레 길이는 삼각형 ADC의 외접원의 둘레 길이의 2배이다.
> (나) $5\overline{AE}^2 = 27\overline{BC}$

① $\dfrac{48}{5}\pi$ ② 10π ③ $\dfrac{52}{5}\pi$ ④ $\dfrac{54}{5}\pi$ ⑤ $\dfrac{56}{5}\pi$

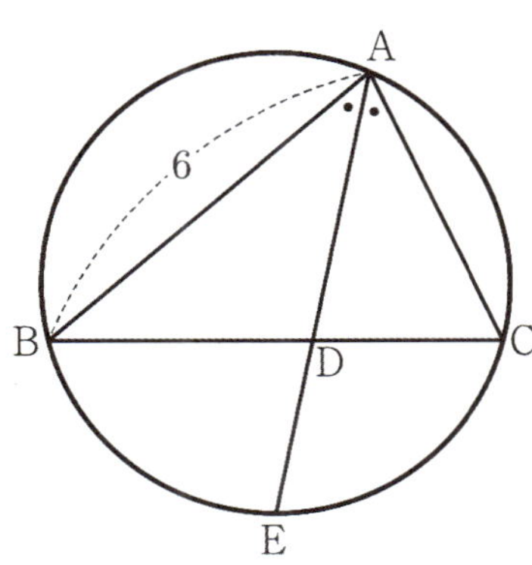

54 그림과 같이 $\overline{AB}=\overline{AC}=3$인 이등변삼각형 ABC의 외부에 $\overline{AD}=\sqrt{3}$, $\angle ACD=\angle ABD$인 점 D가 있다. $\cos(\angle ACD)=\dfrac{5}{6}$일 때, 사각형 ADBC의 넓이는 $\dfrac{q}{p}\sqrt{11}$이다. $p+q$의 값을 구하시오. (단, $\overline{CD}>\overline{BD}$이고 p와 q는 서로소인 자연수이다.) [4점]

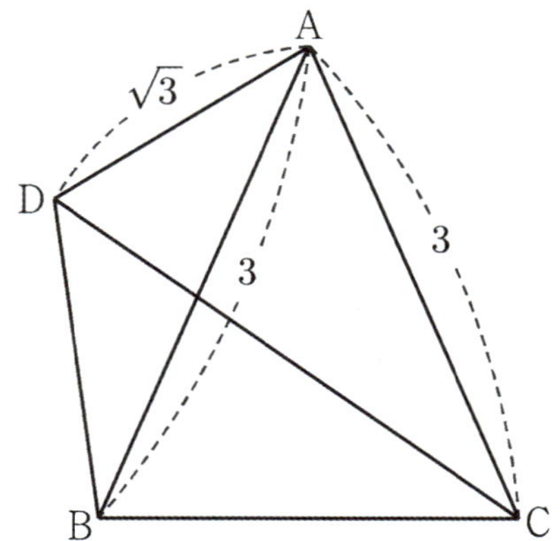

그림과 같이 한 변의 길이가 5인 정삼각형 ABC와 $\overline{AD}=5$이고 $\angle EAD=\dfrac{2}{3}\pi$인 삼각형 ADE가 점 A만을 공유하고, $\cos(\angle AED)=\dfrac{11}{14}$이다. 삼각형 AEB의 외접원의 반지름의 길이와 삼각형 ACD의 외접원의 반지름의 길이가 서로 같고, $\angle PBE=\alpha$, $\angle QDA=\beta$일 때, $\cos(\alpha+\beta)$의 값은? (단, 두 점 P, Q는 두 원의 중심이다.) [4점]

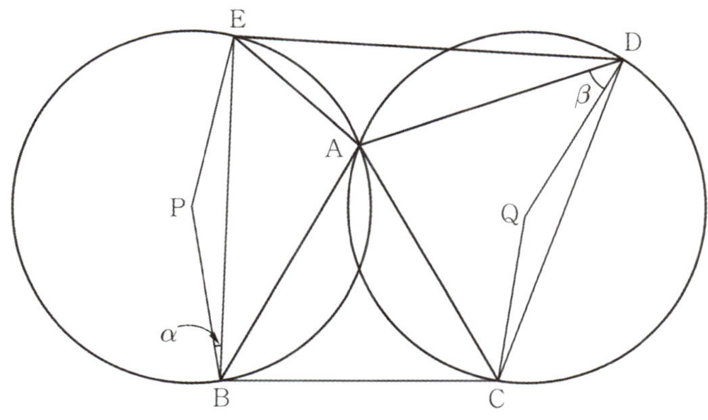

① $\dfrac{\sqrt{10}}{2}$ ② $\dfrac{\sqrt{10}}{3}$ ③ $\dfrac{\sqrt{10}}{4}$ ④ $\dfrac{\sqrt{10}}{5}$ ⑤ $\dfrac{\sqrt{10}}{6}$

그림과 같이 $\angle ABD = \angle ADB$, $\sin(\angle BAC) : \sin(\angle DAC) = 2 : 1$, $\angle BCD = \dfrac{2}{3}\pi$ 인 사각형 ABCD가 원에 내접한다. 두 선분 AC, BD가 점 P에서 만나고. 사각형 ABCD의 넓이가 $\dfrac{81\sqrt{3}}{4}$ 일 때, 선분 $\overline{AP}$ 의 값은? [4점]

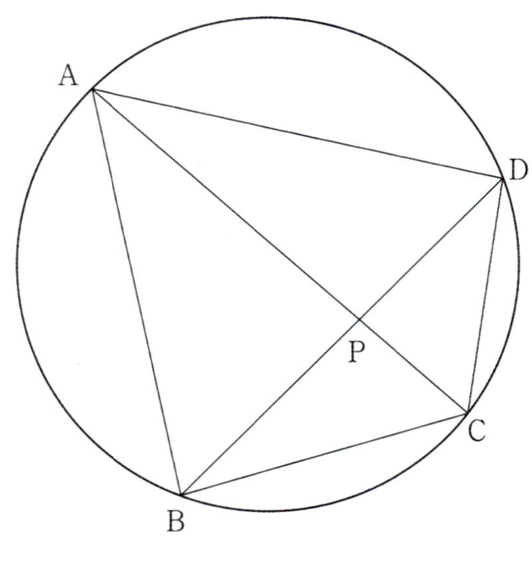

① 5   ② $4\sqrt{3}$ ③ 7   ④ $5\sqrt{3}$ ⑤ 8

57 그림과 같이 두 원이 한 점 C에서 접하고 있다. 두 원 중 큰 원의 현 AB가 작은 원과 점 D에서
접한다. $\overline{AB} = 14$, $\overline{BC} = 10$, $\overline{CA} = 18$ 일 때, 삼각형 ADC의 외접원의 반지름의 길이는
$\dfrac{q}{p}\sqrt{165}$ 이다. $p+q$의 값을 구하시오. [4점]

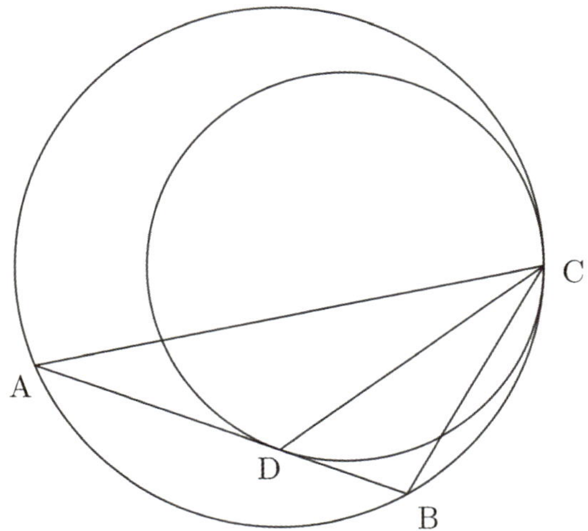

그림과 같이 $\overline{AB}=2$, $\overline{BC}=3$, $\cos(\angle ABC)=\dfrac{9}{16}$ 인 삼각형 ABC 가 있다. 점 B 에서 선분 AC 에 내린 수선의 발을 P, 점 C 에서 선분 AB 에 내린 수선의 발을 Q 라 하고 두 선분 BP와 CQ 가 만나는 점을 R 라 하자. 네 점 A, Q, R, P를 지나는 원의 넓이는 $\dfrac{q}{p}\pi$이다. $p+q$의 값을 구하시오. (단, p, q는 서로소인 자연수이다.) [4점]

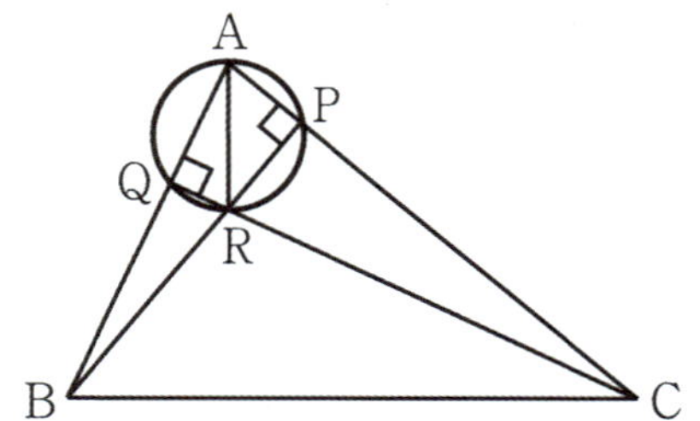

$\overline{AB}=3$, $\overline{BC}=2$인 삼각형 ABC가 있다. 그림과 같이 삼각형 ABC의 외접원과 내접원이 있고, 내접원의 중심을 I라 하자. 삼각형 ABC의 외접원 위에 호 AC 중 점 B가 위치하지 않은 호를 이등분하는 점을 E라 할 때, $\overline{AI}=\overline{EI}$이다. $\overline{AI}^2$의 값은? [4점]

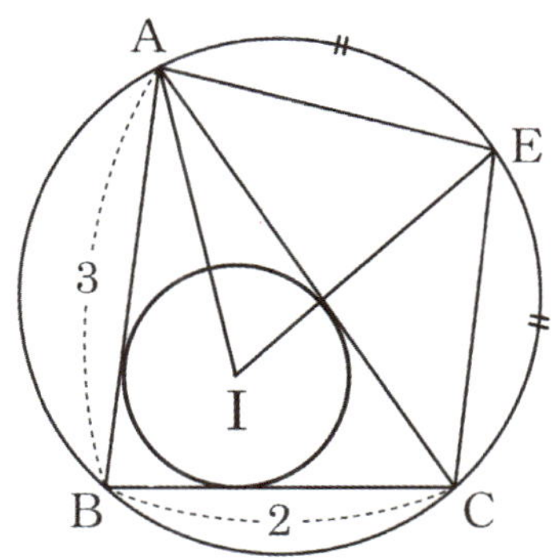

① 4

② $2+\sqrt{5}$

③ $3+\sqrt{5}$

④ $2+\sqrt{6}$

⑤ $3+\sqrt{6}$

그림과 같이 한 변의 길이가 3인 정사각형 ABCD의 변 AD위의 점 E와 점 B를 지나는 직선이 선분 CD의 연장선과 만나는 점을 F라 할 때, $\overline{DF}=1$이다. 점 E를 중심으로 하고 선분 BC에 접하는 원이 선분 CD와 만나는 점을 G라 할 때, $\sin(\angle BEG)$의 값은? [4점]

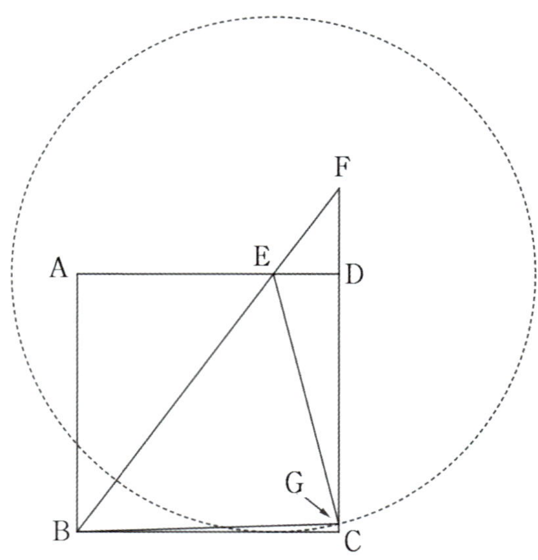

① $\dfrac{1}{5}+\dfrac{3}{20}\sqrt{15}$ 　　② $\dfrac{1}{4}+\dfrac{3}{16}\sqrt{15}$ 　　③ $\dfrac{1}{3}+\dfrac{1}{4}\sqrt{15}$

④ $\dfrac{1}{2}+\dfrac{3}{4}\sqrt{15}$ 　　⑤ $1+\dfrac{3}{4}\sqrt{15}$

61 그림과 같이 원 $x^2+y^2=1$과 원 위의 네 점 A, B, C, D가 있다. 선분 AD가 원의 지름이고, $\angle\mathrm{BAD}=\dfrac{\pi}{7}$, $\angle\mathrm{ABC}=\dfrac{3}{7}\pi$일 때, $\overline{\mathrm{AB}}\times\overline{\mathrm{BC}}\times\overline{\mathrm{CD}}$의 값은? (단, O는 원점이다.) [4점]

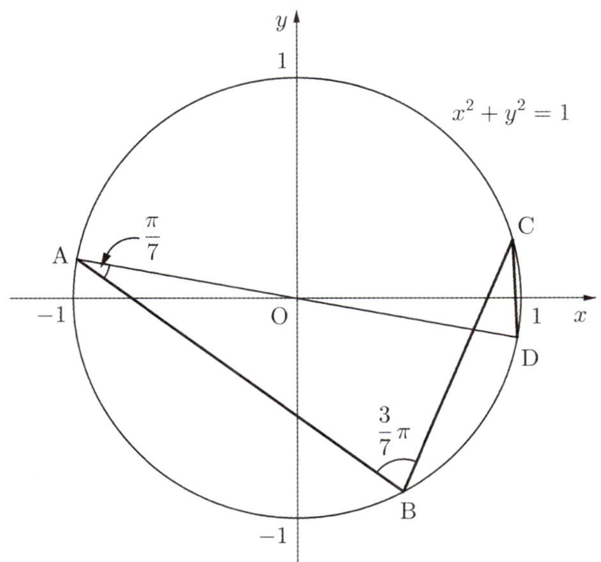

① $\dfrac{1}{2}$ ② 1 ③ $\dfrac{3}{2}$ ④ 2 ⑤ $\dfrac{5}{2}$

62 자연수 n과 양의 실수 a에 대해 $0 \le x < \dfrac{n\pi}{a}$ 에서 다음 부등식

$$2\sin^2 ax - k|\cos ax| + 3 \le 0$$

을 만족하는 실수 x의 개수가 n일 때 k의 값을 구하시오. [4점]

63 $1 \leq a \leq 4$, $0 < b \leq 1$인 두 상수 a, b에 대하여 $0 \leq x < 2\pi$에서 정의된 함수 $f(x) = \left| a\cos\left(x - \dfrac{\pi}{3}\right) + b \right|$가 있다. 어떤 실수 k에 대하여 직선 $y = k$와 곡선 $y = f(x)$의 교점의 개수가 3일 때, 이 세 점의 x좌표를 각각 α, β, γ라 하자. α가 최소일 때, $\left(\dfrac{1}{2}a - \dfrac{\gamma}{\beta}\right) \times b$의 최댓값을 M, 최솟값을 m이라 하자. $\dfrac{1}{M-m}$의 값은? (단, $\alpha < \beta < \gamma$) [4점]

① 1   ② 2   ③ 3   ④ 4   ⑤ 5

그림과 같이 $\overline{AB}=2$, $\overline{AC}=1$인 예각삼각형 ABC가 있다. 점 C에서 변 AB에 내린 수선의 발을 E라 하고, 점 B에서 변 AC에 내린 수선의 발을 D라 하고, 두 선분 CE와 DB의 교점을 P라 하자. 삼각형 ABC의 외접원의 넓이와 삼각형 ADE의 외접원 넓이의 차가 π일 때, $\sin(\angle BAC)$의 값은? [4점]

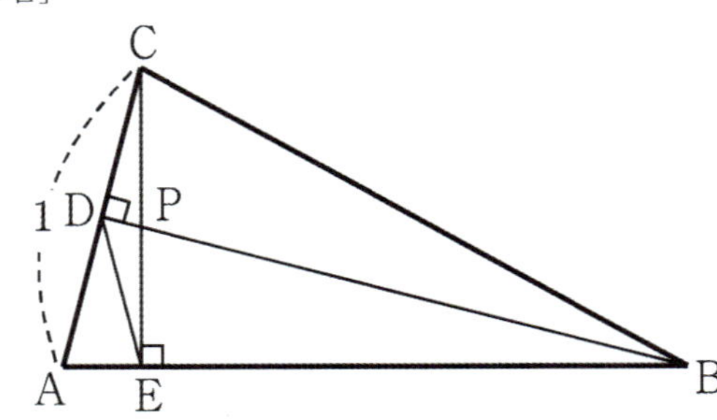

① $\dfrac{\sqrt{15}}{4}$ ② $\dfrac{\sqrt{14}}{4}$ ③ $\dfrac{\sqrt{13}}{4}$ ④ $\dfrac{\sqrt{3}}{2}$ ⑤ $\dfrac{\sqrt{11}}{4}$

65 구간 $0 \le x < 2$에서 정의된 함수 $f(x)$가 모든 자연수 n에 대하여

$$2 - \frac{1}{2^{n-2}} \le x < 2 - \frac{1}{2^{n-1}} \text{에서 } f(x) = \sin(2^n \pi x)$$

로 정의할 때, $y = f(x)$와 직선 $y = k$가 만나는 점의 x좌표를 크기순으로 차례로
$a_1, a_2, a_3, \cdots$라 하고 $y = f(x)$와 직선 $y = -k$가 만나는 점의 x좌표를 크기순으로 차례로
$b_1, b_2, b_3, \cdots$라 하자.

이때, $\displaystyle\sum_{n=1}^{100} (a_n + b_n) = p + q\left(\frac{1}{2}\right)^{48}$일 때 $p + q$의 값을 구하시오. (단, $0 < k < 1$, p, q는 자연수)

[4점]

함수 $f(x) = a\cos x - 1 \; (a > 0)$이 있다. $0 \leq x < 2\pi$에서 부등식

$$|f(x)| > \frac{1}{2}a + 4$$

의 해가 $\alpha < x < \beta$가 되도록 하는 a의 최댓값을 M이라 하자. $a = M$일 때, $\sin\alpha + \tan\beta = \dfrac{q}{p}$이다. $p + q$의 값을 구하시오. (단, α, β는 $\alpha < \beta$인 실수이고 p, q는 서로소인 자연수이다.) [4점]

67 다음을 만족하는 정수 $a,\ b$의 순서쌍 $(a,\ b)$의 개수를 구하시오. [4점]

> (가) $a,\ b$는 $|a| \le 10$, $|b| \le 10$인 정수이다.
> (나) $a\sin\theta + b\cos\theta = a+b$를 만족하는 $0 \le \theta \le 2\pi$인 실수 θ가 존재한다.
> (다) $\sin a \times \cos b < 0$

68 그림과 같이 원 O에 내접하고 $\overline{AB}=2\sqrt{3}$, $\angle BAC=\dfrac{\pi}{6}$ 인 삼각형 ABC가 있다.

원 O의 넓이가 25π일 때, 선분 AC위의 점 P와 선분 BC위의 점 Q에 대하여 $\overline{PQ}=\sqrt{3}$ 이면서 $\overline{QC}$ 가 최대가 되도록 하는 두 점 P, Q를 각각 P′, Q′이라 하자. $\left(\dfrac{\overline{P'C}}{\overline{AP'}}\right)^2=\dfrac{q}{p}$ 이다.

$p+q$의 값을 구하시오. (단, p, q는 서로소인 자연수이다.) [4점]

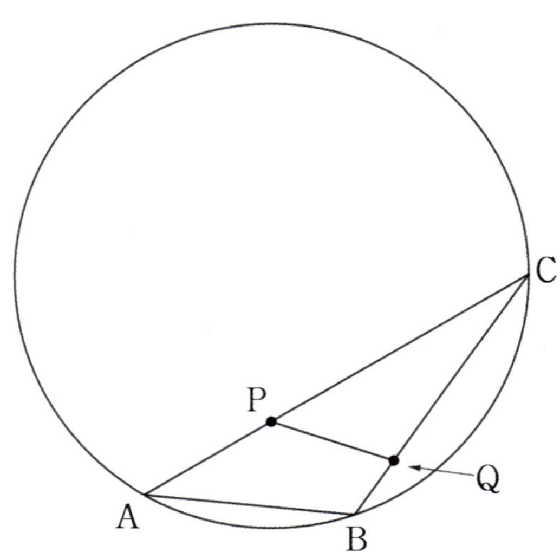

69 그림과 같이 중심이 O 이고 반지름의 길이가 2인 원 위의 점 A 에 대하여

$\sin(\angle OAB) = \dfrac{1}{4}$ 이 되도록 원 위에 점 B 를 잡는다. 점 B 에서의 접선과 선분 AO 의

연장선이 만나는 점을 C 라 할 때, 삼각형 ABC 의 넓이는 $\dfrac{q}{p}\sqrt{15}$ 이다. $p+q$의 값을 구하시오.

(단, p, q는 서로소인 두 자연수) [4점]

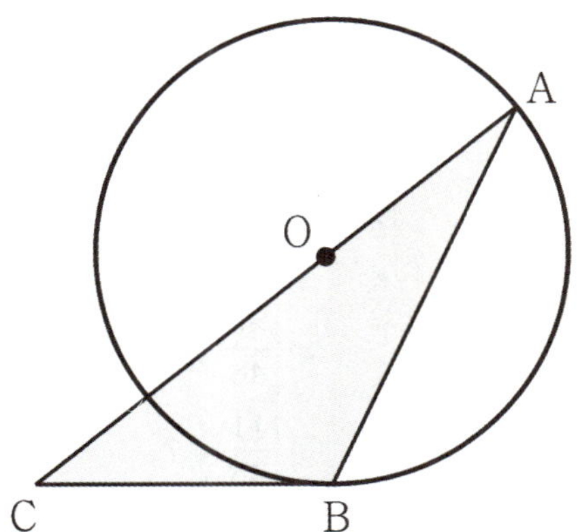

70 그림과 같이 $\overline{AB}=\overline{AC}=4$인 이등변 삼각형 ABC가 있다. 두 변 BC, CA의 중점을 각각 D, E라 하고 두 직선 AD, BE가 만나는 점을 G, 점 G를 지나고 직선 AB에 수직인 직선이 선분 AB와 만나는 점을 F라 하자. $\cos A = -\dfrac{1}{8}$일 때, 삼각형 GFD의 넓이는? [4점]

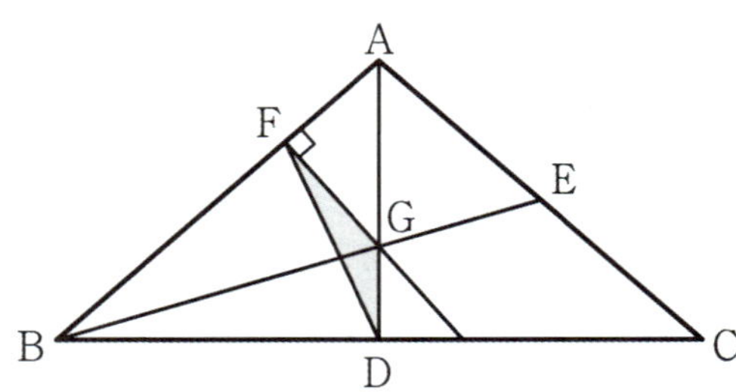

① $\dfrac{\sqrt{7}}{16}$

② $\dfrac{5}{48}\sqrt{7}$

③ $\dfrac{7}{48}\sqrt{7}$

④ $\dfrac{3}{16}\sqrt{7}$

⑤ $\dfrac{11}{48}\sqrt{7}$

좌표평면에 그림과 같이 직선 $y=-\dfrac{4}{3}x+4$와 원 C 가 있다. 원 C 는 직선 $y=-\dfrac{4}{3}x+4$와 x축에 동시에 접하고 접점을 각각 A, B라 하자. 점 B의 x좌표는 5이고 원 위의 A, B가 아닌 임의의 점 C에 대하여 삼각형 ABC 넓이의 최댓값은? [4점]

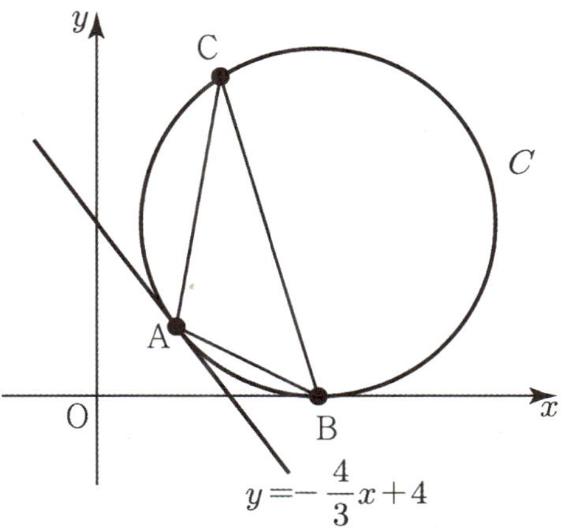

① $\dfrac{20+12\sqrt{5}}{5}$ ② $\dfrac{26+12\sqrt{5}}{5}$ ③ $\dfrac{32+12\sqrt{5}}{5}$

④ $\dfrac{32+16\sqrt{5}}{5}$ ⑤ $\dfrac{36+16\sqrt{5}}{5}$

72 그림과 같이 두 점 O, O'을 각각 무게중심으로 하고 한 변의 길이가 1인 두 정육각형이 한 평면 위에 있다.

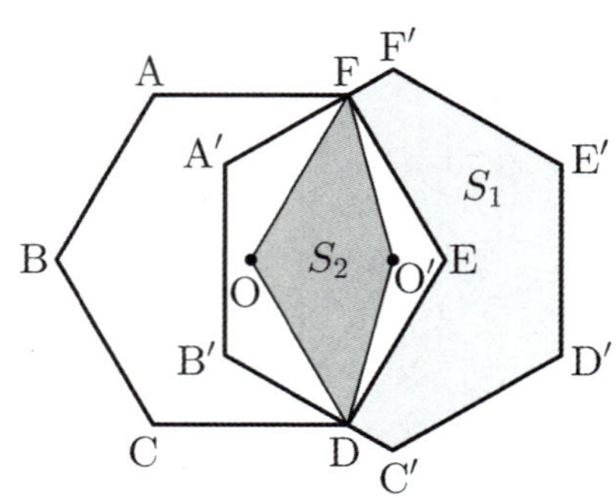

정육각형 ABCDEF의 외부와 정육각형 A′B′C′D′E′F′의 내부의 공통부분의 넓이를 S_1, 사각형 FODO′의 넓이를 S_2라 할 때, $S_1 - S_2$의 값은? (단, 점 F와 점 D는 각각 선분 A′F′와 선분 B′C′ 위에 있고, 직선 OO′는 선분 E′D′를 수직이등분한다.) [4점]

① $\dfrac{5\sqrt{3}-6}{2}$ 　　② $2\sqrt{3}-3$ 　　③ $\dfrac{5\sqrt{3}-6}{4}$

④ $\dfrac{5\sqrt{3}}{6}-1$ 　　⑤ $\sqrt{3}$

73 그림과 같이 선분 AB위에 중심이 있는 두 원 C_1, C_2의 두 교점 C, D에 대하여 $\overline{CD}=6$이고 직선 CD는 직선 AB에 수직이다. 원 C_1은 점 A를 지나고 원 C_2는 점 B를 지날 때,

$$\angle CAD = \frac{\pi}{6}, \ \angle CBD = \frac{\pi}{3}$$이다. 이때, 삼각형 ABC의 외접원의 넓이는? [4점]

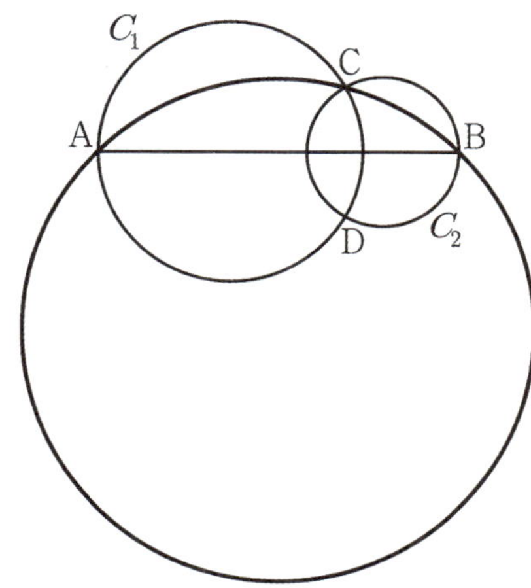

① $18(2+\sqrt{3})\pi$ ② $27(2+\sqrt{3})\pi$ ③ $36(2+\sqrt{3})\pi$

④ $45(2+\sqrt{3})\pi$ ⑤ $54(2+\sqrt{3})\pi$

74 그림과 같이 길이가 2인 선분 AB를 지름으로 하고 중심이 O인 반원의 호 위의 한 점을 P라

하자. $\angle \text{PAB} = \theta \left(0 < \theta < \dfrac{\pi}{4}\right)$일 때, 선분 AP와 호 AP에 접하는 원 C의 넓이의 최댓값은

$\dfrac{1}{9}\pi$이다. 원 C의 넓이가 최대일 때, 원 C와 선분 AP의 교점을 Q라 하자. $\overline{\text{BQ}}^2 = \dfrac{q}{p}$일 때,

$p+q$의 값을 구하시오. (단, p, q는 서로소인 자연수이다.) [4점]

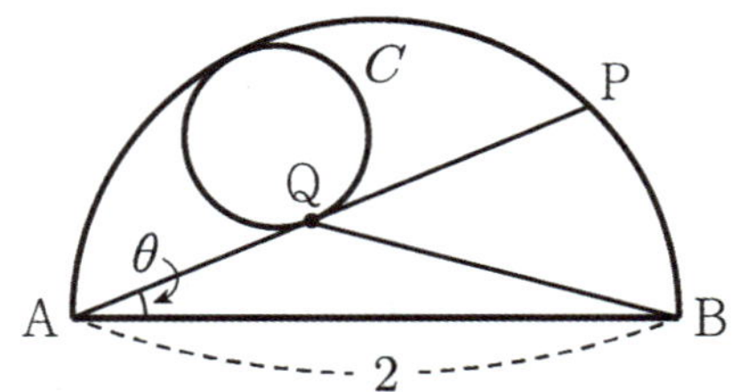

그림과 같이 삼각형 ABC 가 반지름의 길이가 5 인 원에 내접하고 있고 점 A 에서 선분 BC 내린 수선의 발을 H , $\angle ABC = \alpha$, $\angle ACB = \beta$ 라 할 때, 점 H 와 두 각의 크기 α , β 는 다음 조건을 만족시킨다.

(가) $2\sin\alpha = 3\sin\beta$, $\cos(\alpha - \beta) = \dfrac{3 + 2\sqrt{11}}{10}$

(나) $\overline{\mathrm{AH}} = 3$

삼각형 ABC 의 넓이를 S 라 할 때, $2S + \overline{\mathrm{OH}}^2 = a + b\sqrt{11}$ 이다. $a + b$ 의 값을 구하시오. (단, O 는 원의 중심이고, a, b 는 정수이다.) [4점]

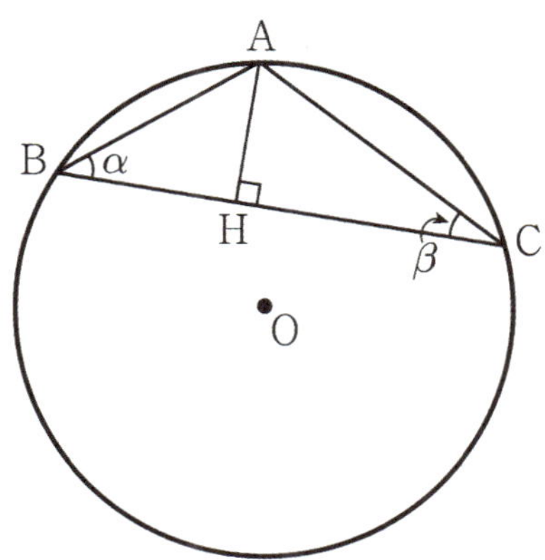

$0 \leq x \leq 4$일 때, 그림과 같이 $y = \left| 2\sin\left(\dfrac{\pi}{2}x\right) + 1 \right|$의 그래프와 직선 $y = k$가

서로 다른 두 점 A, B에서 만나고 $\overline{\text{AB}} = \dfrac{4}{3}$이다. 곡선 $y = \left| 2\sin\left(\dfrac{\pi}{2}x\right) + 1 \right|$와 직선 $y = \dfrac{1}{k}$가

서로 다른 네 점 C, D, E, F에서 만나고 직선 OC, OD, OE, OF의 기울기를 차례대로

m_1, m_2, m_3, m_4라 하자. $\dfrac{1}{m_1} + \dfrac{1}{m_2} + \dfrac{1}{m_3} + \dfrac{1}{m_4}$의 값을 구하시오. (단, O는 원점이다.)

[4점]

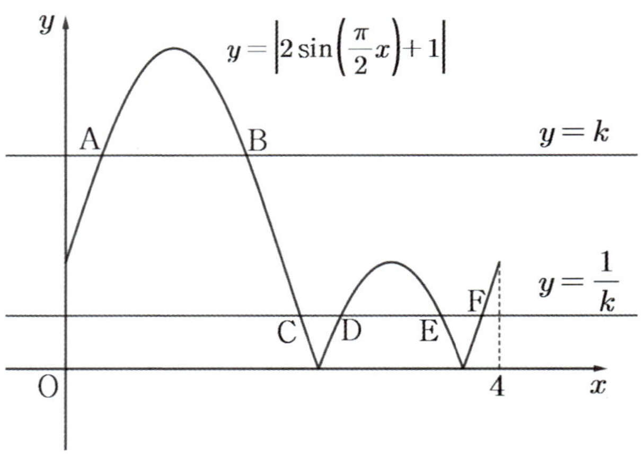

77 $3n-3 < x < 3n$에서 방정식 $\cos 2x = 0$의 해의 개수를 a_n이라 할 때, $a_k = 1$이 되도록 하는 자연수 k를 작은 수부터 나열한 것을 $k_1,\ k_2,\ k_3,\ \cdots$라 하자. $k_1 + k_2$의 값을 구하시오.
(단, n은 자연수이고 $\pi \fallingdotseq 3.14$이다.) [4점]

랑데뷰
N 제

하루 중 90%는 겸손하게 10%는 자신있게...

수열

3

78 모든 항이 자연수인 수열 $\{a_n\}$이 다음 조건을 만족시킨다.

> (가) 모든 자연수 n에 대하여 $(a_{n+1}-a_n-2)(a_{n+1}-2a_n+2)=0$이다.
>
> (나) 4이하의 모든 자연수 n에 대하여 집합 $\left\{\dfrac{a_n}{3},\ \dfrac{a_{n+1}}{3},\ \dfrac{a_{n+2}}{3}\right\}$의 원소 중 적어도 하나는 자연수이다.

$a_6-a_4=20$이 되도록 하는 모든 a_1의 값의 합을 구하시오. [4점]

79 $n \geq 2$인 모든 자연수 n에 대하여 모든 항이 유리수인 수열 $\{a_n\}$은

$$a_{n+1} = \begin{cases} a_n - \log_2 a_n & (\log_3 n \text{와 } a_n \text{은 모두 자연수인 경우}) \\ a_n + 1 - \log_3 a_n & (\log_2 n \text{와 } a_n \text{은 모두 자연수인 경우}) \\ a_n + \dfrac{2}{3} & (\text{그 외의 경우}) \end{cases}$$

를 만족시킨다. $a_{13} = 7$이 되도록 하는 모든 a_4의 값의 합을 구하시오.
(단, p와 q는 서로소인 자연수이다.) [4점]

수열 $\{a_n\}$이 다음 조건을 만족시킬 때, 모든 a_1의 값의 합을 구하시오. [4점]

(가) a_5, a_6, a_7, a_8은 정수이고 $a_9 = 8$이다.

(나) 모든 자연수 n에 대하여

$$a_{n+2} = \begin{cases} a_{n+1} \times a_n & (a_{n+1} \geq \log_2(n+1)) \\ a_{n+1} + a_n & (a_{n+1} < \log_2(n+1)) \end{cases}$$

이다.

---

81 $a_2 = 4$이고 모든 항이 자연수인 수열 $\{a_n\}$과 수열 $\{b_n\}$이 다음 조건을 만족시킨다.

(가) $b_{n+1} = \dfrac{a_n b_n}{a_{10}}$

(나) 모든 자연수 n에 대하여 $\dfrac{b_{n+4}}{b_n} = \dfrac{3}{2}$이고, $b_{14} = b_{15}$, $b_{13} = b_{16}$이다.

$\displaystyle\sum_{n=1}^{40}\left(\log_2 \dfrac{a_n}{\sqrt[4]{3}} + b_n\right) = 50 + 20\left(\dfrac{3}{2}\right)^{10}$일 때, 모든 b_1의 합이 $\dfrac{p}{q}$이다. $p+q$의 값을 구하시오.

(단, $b_n \neq 0$이고 p, q는 서로소인 자연수이다.) [4점]

82 두 수열 $\{a_n\}$, $\{b_n\}$이 모든 자연수 n에 대하여

$$a_{n+1} = \begin{cases} a_n + 1 \ (a_n < 0) \\ a_n - 3 \ (a_n \geq 0) \end{cases}$$

$$b_{n+1} = \begin{cases} b_n + 3 \ (b_n < 0) \\ b_n - 1 \ (b_n \geq 0) \end{cases}$$

을 만족시킨다. $a_m \times b_m = 0$을 만족시키는 12이하의 자연수 m의 개수가 6일 때, $a_1 - 2b_1$의 최댓값은? [4점]

① 18   ② 21   ③ 24   ④ 27   ⑤ 30

83 첫째항이 20인 수열 $\{a_n\}$이 다음 조건을 만족시킨다.

> (가) 모든 자연수 n에 대하여 $|a_{n+2}| = \dfrac{1}{2}|a_n| + 2$이다.
>
> (나) 4이하의 자연수 n에 대하여 $a_n a_{n+4} \le a_{n+1} a_{n+5}$이다.

$a_4 + a_7 = 2$일 때, $\displaystyle\sum_{k=1}^{9} a_k$의 최솟값은? [4점]

① 2　　　　② 10　　　　③ 12　　　　④ 20　　　　⑤ 22

84 $a_4 > 5$이고 모든 항이 정수인 수열 $\{a_n\}$이 모든 자연수 n에 대하여

$$a_{n+1} = \begin{cases} n+5+a_n & (a_n < 0) \\ n+3-a_n & (a_n \geq 0) \end{cases}$$

을 만족시킨다. $a_1 + a_8$의 값의 최댓값과 최솟값의 합을 구하시오. [4점]

첫째항이 자연수인 수열 $\{a_n\}$이 모든 자연수 n에 대하여

$$a_{n+1} = \begin{cases} a_n - \sqrt{n} \times a_{\sqrt{n}} & (\sqrt{n}\text{이 자연수이다.}) \\ a_n + 1 & (\sqrt{n}\text{이 자연수가 아니다.}) \end{cases}$$

를 만족시킨다. 부등식

$$\log_2(x - a_k) < \log_4 x$$

를 만족시키는 자연수 x의 개수가 1이 되도록 하는 20보다 작은 자연수 k의 값의 합이 48일 때 a_1의 최댓값과 최솟값의 합은? [4점]

① 3　　　　② 4　　　　③ 5　　　　④ 6　　　　⑤ 7

모든 항이 정수인 수열 $\{a_n\}$이 다음 조건을 만족시킨다.

> (가) 모든 자연수 n에 대하여 $a_{2n} = a_n + 2|a_n|$이다.
>
> (나) $\{a_4,\, a_6,\, a_7\} = \{\alpha,\, 6,\, 9\}$ $(\alpha < 0)$

$a_4 + a_5 = 0$이고 $\displaystyle\sum_{n=1}^{14} a_n = 100$일 때, 모든 $a_9 + a_{11} + a_{13}$의 값의 합은? [4점]

① 82　　　② 109　　　③ 158　　　④ 208　　　⑤ 246

그림과 같이 $\overline{O_1A_1} = 2$인 정삼각형 $O_1A_1C_1$과 점 O_1을 중심으로 하는 사분원 $O_1A_1B_1$이 있다. 호 A_1C_1과 선분 A_1C_1으로 둘러싸인 부분과 부채꼴 $O_1B_1C_1$을 색칠하여 얻은 그림을 R_1이라 하자. 그림 R_1에서 정삼각형 $O_1A_1C_1$ 내부에 사분원과 선분 O_1C_1과 만나는 점을 B_2, 선분 O_1A_1이 만나는 점을 A_2라 하자. 그리고 내부에 사분원의 중심을 O_2, 정삼각형과 호 A_2B_2가 만나는 점을 C_2라 하자. 호 A_2C_2와 선분 A_2C_2로 둘러싸인 부분과 부채꼴 $O_2B_2C_2$를 색칠하여 얻은 그림을 R_2라 하자. 그림 R_2에서 정삼각형 $O_2A_2C_2$ 내부에 사분원과 선분 O_2C_2과 만나는 점을 B_3, 선분 O_2A_2이 만나는 점을 A_3라 하자. 그리고 내부에 사분원의 중심을 O_3, 정삼각형과 호 A_3B_3가 만나는 점을 C_3라 하자. 호 A_3C_3와 선분 A_3C_3로 둘러싸인 부분과 부채꼴 $O_3B_3C_3$를 색칠하여 얻은 그림을 R_3라 하자. 이와 같은 과정을 계속하여 n번째 얻은 그림 R_n에 색칠되어 있는 부분의 넓이를 S_n이라 할 때, S_5의 값은? [4점]

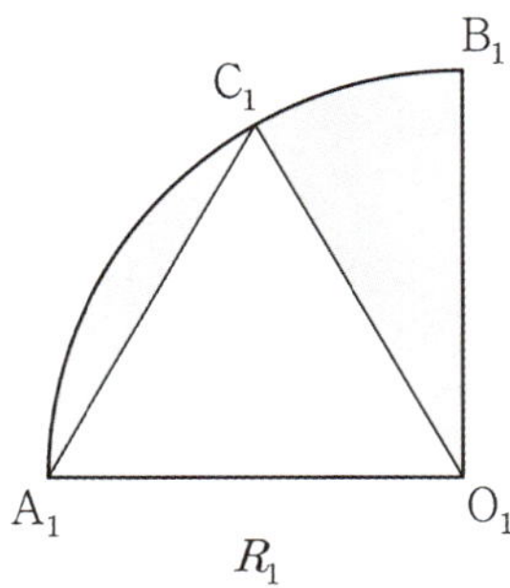

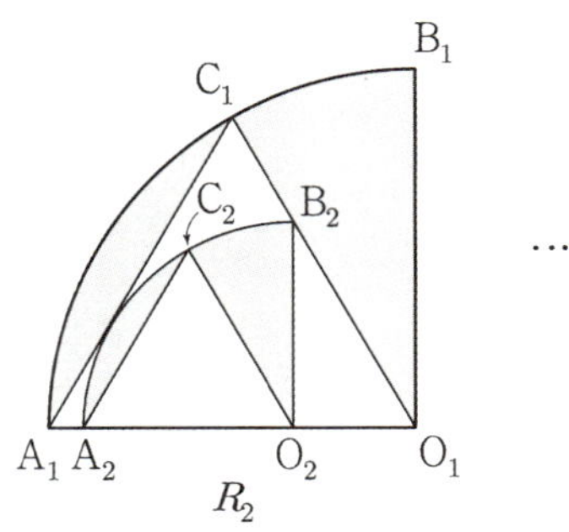

...

① $\dfrac{\pi - \sqrt{3}}{16}$

② $\dfrac{2\pi - \sqrt{3}}{32}$

③ $\dfrac{2\pi - \sqrt{3}}{27}$

④ $\dfrac{\pi - \sqrt{3}}{81}$

⑤ $\dfrac{\pi - \sqrt{3}}{243}$

$a_1 = k$이고 $a_2 = a_1 + 2$인 수열 $\{a_n\}$이 $n \geq 2$인 자연수 n에 대하여

$$a_{n+1} = \begin{cases} -a_n + 1 & (\sqrt{|a_{n-1} + a_n|} \text{이 자연수인 경우}) \\ a_n - k & (\sqrt{|a_{n-1} + a_n|} \text{이 자연수가 아닌 경우}) \end{cases}$$

를 만족시킨다. $a_4 = a_6$을 만족하는 100이하인 자연수 k에 대하여

수열 $\{b_k\}$를

'$a_1 = k$일 때 수열 $\{a_n\}$에서의 k번째 항'

이라 할 때, $b_k = -18$인 모든 자연수 k의 값의 합을 구하시오. [4점]

89 등차수열 $\{a_n\}$에 대하여 $b_n = 2a_n - a_8$ 이라 하고 $\{T_n\}$을 $T_n = |b_2 + b_4 + \cdots + b_{2n}|$ 이라 하자. T_n 이 다음 조건을 만족시킬 때, a_8 의 값은? [4점]

(가) $a_n < a_{n+1}$

(나) $1 \le n \le 20$ 인 모든 자연수 n 에 대하여 $T_{21-n} = T_n$ 이다

(다) $T_{25} = 150$

---

① 10   ② -15 ③ 18   ④ -21 ⑤ 25

90 모든 항이 정수인 등차수열 $\{a_n\}$에 대하여 수열 $\{S_n\}$을 $S_n = \displaystyle\sum_{k=1}^{n} a_k$이라 할 때, 수열 $\{b_n\}$은

$$b_n = \begin{cases} a_n - 1 \ (S_n \leq 0) \\ 7 - a_n \ (S_n > 0) \end{cases}$$

이다. 수열 $\{b_n\}$이 다음 조건을 만족시킬 때, b_{2p}의 값은? (단, p는 자연수이다.) [4점]

(가) $b_4 = b_8$

(나) $A = \{n \,|\, b_n \geq b_p\}$일 때, $n(A) = 1$이다.

---

① -13　　　② -14　　　③ -15　　　④ -16　　　⑤ -17

자연수 k에 대하여 수열 $\{a_n\}$이 다음 조건을 만족시킬 때, a_{2k}의 값은? [4점]

> (가) $a_1 = 10$이고 모든 자연수 n에 대하여
> $$a_{n+1} = \begin{cases} a_n + 3 & (n \leq k) \\ |a_n - 2| & (n > k) \end{cases}$$ 이다.
> (나) $a_m + a_{m+1} + a_{m+2} = 3$을 만족시키는 자연수 m의 최솟값은 23이다.

① 21   ② 19   ③ 17   ④ 15   ⑤ 13

$k>1$인 상수 k에 대하여 좌표평면에서 함수 $y=\dfrac{kx-k^2+3}{x-k}$의 그래프와 직선 $kx-y-k^2+k=0$의 교점을 각각 A, B라 하고, 함수 $y=\dfrac{kx-k^2+3}{x-k}$의 그래프와 직선 $x-ky+k^2-k=0$의 교점을 각각 C, D라 하자. 네 점 A, B, C, D의 x좌표를 각각 a, b, c, d라 할 때, 네 수 d, b, a, c가 이 순서대로 등차수열을 이룬다. k의 값을 구하시오. (단, $a>k$, $c>k$) [4점]

양의 실수 a, b, c, d가 다음 조건을 만족한다.

> (가) a, b, c, d중 하나의 값은 2이다.
>
> (나) d는 a의 2배이다.
>
> (다) a, b, c는 이 순서대로 등차수열을 이루고, b, c, d는 이 순서대로 등비수열을 이룬다.

이때, $b+c$의 값이 될 수 없는 것은? [4점]

① $\dfrac{3-\sqrt{5}}{2}$ ② $\dfrac{5+\sqrt{5}}{2}$ ③ $\dfrac{5+3\sqrt{5}}{4}$ ④ $\dfrac{5+3\sqrt{5}}{2}$ ⑤ $2\sqrt{5}$

94 모든 항이 100이하의 자연수이고 다음 조건을 만족시키는 모든 수열 $\{a_n\}$에 대하여 $\displaystyle\sum_{n=1}^{14} a_n$의 최댓값과 최솟값을 각각 M, m이라 할 때, $M+m$의 값을 구하시오. [4점]

> (가) $a_{14} = 11$
>
> (나) 모든 자연수 n에 대하여
> $$a_{n+1} > 3\text{이면 } (a_{n+1} - a_n - 3)(a_{n+1} - \log_2 a_n) = 0$$
> 이고,
> $$a_{n+1} \le 3\text{이면 } a_{n+1} - a_n + 11 = 0$$
> 이다.

95 자연수 k에 대하여 다음 조건을 만족시키는 수열 $\{a_n\}$이 있다. $a_1 = k$이고 모든 자연수 n에 대하여

$$(a_{n+1} - a_n)^2 + 2k(a_{n+1} - a_n) + k^2 - 4n^2 = 0$$

을 만족하는 수열 $\{a_n\}$이 있다. $a_1 = |a_3|$를 만족할 때 $\displaystyle\sum_{n=1}^{20}(a_{n+1} - a_n)$의 최솟값은? [4점]

① -480 ② -500 ③ -540 ④ -580 ⑤ -620

모든 항이 0이 아닌 실수인 수열 $\{a_n\}$이 다음 조건을 만족시킨다.

> (가) 모든 자연수 n에 대하여
> $$a_{n+1} = \frac{a_n{}^2 - |a_n| \times a_n}{2} - (|a_n| + a_n) + \frac{|a_n| + a_n}{2a_n}$$ 이다.
>
> (나) $\dfrac{\sqrt{a_2}}{\sqrt{a_1}} = \sqrt{\dfrac{a_2}{a_1}}$, $\sqrt{-a_1}\,\sqrt{a_2} = \sqrt{-a_1 a_2}$

$a_3 + a_5 = 0$이 되도록 하는 모든 a_1의 값의 합은? [4점]

① $\dfrac{11}{40}$ ② $\dfrac{13}{40}$ ③ $\dfrac{3}{8}$ ④ $\dfrac{17}{40}$ ⑤ $\dfrac{19}{40}$

97 수열 $\{a_n\}$이 다음 조건을 만족시킨다.

> (가) 모든 자연수 n에 대하여
> $$a_{n+1} = \begin{cases} 2a_n & (a_n < 10) \\ a_n - 2 & (a_n \geq 10) \end{cases} \text{이다.}$$
> (나) $a_8 = a_6 + 12$

$\displaystyle\sum_{n=1}^{4} a_n a_{31-3n}$의 값은? [4점]

① 23   ② 25   ③ 27   ④ 29   ⑤ 31

$a_1 > 1$이고 모든 항이 정수인 수열 $\{a_n\}$이 모든 자연수 n에 대하여

$$a_{n+1} = \begin{cases} |2a_n - 1| + 3 & (n\text{이 홀수인 경우}) \\[2mm] -\dfrac{1}{2}a_n & (n\text{이 짝수인 경우}) \end{cases}$$

이다. $a_{13} > -16$일 때, $\displaystyle\sum_{k=1}^{50} a_k$의 최댓값을 구하시오. [4점]

99   자연수 m에 대하여 다음 조건을 만족시키는 수열 $\{a_n\}$이 있다. $a_1 = 0$이고, 모든 자연수 n에 대하여

$$a_{n+1} = \begin{cases} a_n + 3m & \left(\dfrac{a_n}{7}\text{이 정수인 경우}\right) \\[2ex] a_n + m & \left(\dfrac{a_n}{7}\text{이 정수가 아닌 경우}\right) \end{cases}$$

이다.

$a_k = 567$인 자연수 k가 존재하도록 하는 모든 m의 값의 합은? [4점]

① 401   ② 421   ③ 441   ④ 461   ⑤ 481

100 다음 조건을 만족시키는 모든 수열 $\{a_n\}$에 대하여 $\displaystyle\sum_{k=1}^{100} a_k$의 값을 크기순으로 나열하면 α_1, α_2, $\cdots$, α_{m-1}, α_m 이다.

(가) $a_5 = 2$
(나) 모든 자연수 n에 대하여
$$a_{n+1} = \begin{cases} 2a_n - 4 & (a_n > 0) \\ a_n + 2 & (a_n \le 0) \end{cases}$$
이다.

$\alpha_2 + \alpha_{m-1}$의 값은? (단, $m > 2$인 자연수이다.) [4점]

① $\dfrac{389}{2}$ ② $\dfrac{391}{2}$ ③ $\dfrac{393}{2}$ ④ $\dfrac{395}{2}$ ⑤ $\dfrac{397}{2}$

수열 $\{a_n\}$에 대하여 $S_n = \displaystyle\sum_{k=1}^{n} a_k$라 할 때, 모든 자연수 n에 대하여

$$\log_{a_n}(S_n + 2) - \log_{\frac{S_n + 2}{2}} 2 = 1$$

이 성립할 때, S_8의 값을 구하시오. (단, $a_n > 1$) [4점]

$70 < a_1 < 80$인 수열 $\{a_n\}$이 모든 자연수 n에 대하여

$$a_{n+2} = \begin{cases} 2a_n - 3a_{n+1} & (a_n \geq a_{n+1}) \\ a_{n+1} - 4n & (a_n < a_{n+1}) \end{cases}$$

이다. $a_{m+3} = a_{m+1} < a_m = a_{m+2}$인 2이상의 자연수 m이 존재할 때, $\displaystyle\sum_{n=1}^{6} a_n$의 값은? [4점]

① 168   ② 172   ③ 176   ④ 180   ⑤ 184

103 모든 항이 자연수인 수열 $\{a_n\}$은 $a_1 = 1$, $a_3 = 12$이고

$$a_{n+2} = \sum_{k=a_n}^{a_{n+1}} (2k-5) \ (n \geq 1)$$

이다. $\dfrac{a_5}{a_2 + a_4 + 1}$ 의 값을 구하시오. [4점]

104 등차수열 $\{a_n\}$에 대하여

$$S_n = \sum_{k=1}^{n} (-1)^k a_k, \quad T_n = \left| \sum_{k=1}^{n} a_k \right|$$

라 할 때, S_n과 T_n은 다음 조건을 만족시킨다.

(가) $S_{14} = -21$.

(나) 수열 $\{T_n\}$에 대하여 $T_4 < T_5$, $T_5 > T_6$이고, $S_5 \times T_5 = -320$이다.

이때 수열 $\{T_n\}$의 최솟값을 m이라 할 때, $S_{13} \times m$의 값을 구하시오. [4점]

105 공비가 1이 아닌 등비수열 $\{a_n\}$에 대하여 수열 $\{b_n\}$이 다음 조건을 만족시킨다.

> (가) $b_1 = 2a_1$
>
> (나) 모든 자연수 n에 대하여 $b_{2n} = b_{2n-1} \times (a_{2n})^2$, $b_{2n+1} = b_{2n} \div (a_{2n+1})^2$이다.
>
> (다) $b_{15} = a_{15}$

$b_{15} = 10\sqrt{2}$ 일 때, a_1의 값을 구하시오. (단, $a_1 > 0$) [4점]

수열 $\{a_n\}$이 모든 자연수 n에 대하여 다음 조건을 만족시킨다.

> (가) $a_{4n-2} + a_{4n} = a_n - 3$
>
> (나) $a_{4n-1} + a_{4n+1} = a_n + 3$

$\displaystyle\sum_{n=1}^{341} a_n = 93$일 때, a_1의 값을 구하시오. [4점]

두 수열 $\{a_n\}$, $\{b_n\}$이 모든 자연수 n에 대하여 다음 조건을 만족시킨다.

> (가) $a_{n+1} = 2a_n + b_n$
>
> (나) $b_{n+1} = a_n - 2b_n$

$\displaystyle\sum_{n=1}^{10} (a_n - b_n) = 1562$ 일 때, $a_1 + a_2 - b_1 - b_2$의 값을 구하시오. [4점]

108 자연수 n에 대하여 $f(x) = \dfrac{1}{n-x}$와 역함수 $f^{-1}(x)$로 둘러싸인 부분 (경계 포함)에 포함된 정사각형 중 한 변의 길이가 1이고 꼭짓점 x좌표와 y좌표가 모두 자연수인 정사각형의 개수를 a_n이라 하자. $\displaystyle\sum_{n=3}^{12} a_n$의 값을 구하시오. [4점]

109 모든 항과 공차가 자연수인 등차수열 $\{a_n\}$이 있다. $\{a_n\}$에서 연속한 항 n개를 선택해서 만든 새로운 부분수열 $\{b_n\}$은 다음 조건을 만족시킨다.

(가) $\{b_n\}$의 모든 항의 합은 120이다.

(나) $\{b_n\}$의 항의 개수는 홀수이며, 첫째항을 b_1, 공차를 d라 할 때, $b_1 \leq k$, $d \leq k$를 만족한다.

수열 $\{b_n\}$의 항의 개수로 가능한 n의 값을 크기순으로 n_1, n_2, $\cdots, n_t$이라 하자. 각각의 $n_s\,(s=1,2,\cdots,t)$의 값에 따른 가능한 수열 $\{b_n\}$의 개수를 $10 \leq k \leq 40$인 자연수 k에 대하여 D_k라 할 때, $D_k - D_{k-1} = 2$을 만족하는 모든 D_k의 합을 s라 하자. $\dfrac{s-1}{t}$의 값을 구하시오.
(단, t는 자연수이고 $\{b_n\}$: $b_1, b_2, b_3, b_4, \ldots\ldots, b_{n-2}, b_{n-1}, b_n$이다.) [4점]

모든 항이 정수인 수열 $\{a_n\}$이 다음 조건을 만족시킨다.

> (가) 모든 자연수 n과 정수 k에 대하여
> $$a_{n+1} = \begin{cases} a_n + 5 & (a_n = 3k) \\ a_n - 2 & (a_n \neq 3k) \end{cases}$$
>
> (나) 수열 $\{a_n\}$의 첫째항부터 제n항까지의 합의 최솟값은 -114이다.

$(a_1)^2$의 값을 구하시오. [4점]

111 첫째항이 자연수인 수열 $\{a_n\}$이 모든 자연수 n에 대하여

$$a_{n+1} = \begin{cases} (n-1)a_1 & (a_n < 0) \\ a_n - 3 & (a_n \geq 0) \end{cases}$$

을 만족시킨다. $a_8 < 0$일 때, 가능한 모든 a_1의 값의 합은? [4점]

① 52   ② 56   ③ 60   ④ 64   ⑤ 68

112 등차수열 $\{a_n\}$ 의 첫째항부터 제 n 항까지의 합 S_n 에 대하여 집합 T를
$T = \{(p, q)\,|\, S_p = S_q,\ p, q$는 서로 다른 자연수$\}$ 라 할 때, 다음 조건이 성립한다.

(가) $n(T) = 40$

(나) $|a_1|$과 $|d|$는 서로소인 자연수이다.

S_n의 최댓값이 존재할 때, S_n의 최댓값은? (단, $\{a_n\}$의 첫째항이 a_1, 공차가 d이고

$|d| \neq 1$이다.) [4점]

① 289   ② 324   ③ 361   ④ 400   ⑤ 441

113 모든 항이 정수인 수열 $\{a_n\}$은 모든 자연수 n에 대하여

$$a_{n+1} = \begin{cases} 2^{|a_n|} & (|a_n| \leq 4) \\ -4 + |a_n| & (|a_n| > 4) \end{cases}$$

를 만족시킨다. $a_5 = 16$일 때, 만족하는 a_1의 서로 다른 값의 개수를 구하시오. [4점]

114 공차가 자연수인 등차수열 $\{a_n\}$이 다음 조건을 만족시킬 때, $\displaystyle\sum_{k=1}^{m} \dfrac{a_k}{|a_k|}$의 최솟값을 α라 하자. $|\alpha|$의 값을 구하시오. [4점]

(가) $a_1 = -45$

(나) $\displaystyle\sum_{k=m}^{m+3} \left\{ (-1)^{a_k} \times a_k \right\} = 0$인 자연수 m이 존재한다.

115 수열 $\{a_n\}$은 a_1이 자연수이고 모든 자연수 n에 대하여

$$a_{n+1} = \begin{cases} a_n - d & (a_n \geq 0) \\ 2a_n + 3d & (a_n < 0) \end{cases} \quad (d\text{는 자연수})$$

이다. $a_n < 0$인 자연수 n의 최솟값을 m이라 할 때, 수열 $\{a_n\}$은 다음 조건을 만족시킨다.

(가) $a_{m-2} + a_{m-1} + a_m = 0$

(나) $a_1 + a_m = 6\left(a_{m+1} + a_{m+2}\right)$

(다) $\displaystyle\sum_{k=1}^{m} a_k = 81$

$a_1 + a_{m-2}$의 값을 구하시오. [4점]

모든 항이 정수인 수열 $\{a_n\}$이 다음 조건을 만족시킨다.

(가) $a_6 = 2$

(나) $a_{4n-2} = a_{4n-1} = \begin{cases} -2a_n - 1 & (a_n \leq 0) \\ a_n - 2 & (a_n > 0) \end{cases}$

(다) $a_{4n} = a_{4n+1} = \begin{cases} -2a_n - 2 & (a_n \leq 0) \\ a_n - 4 & (a_n > 0) \end{cases}$

$\displaystyle\sum_{n=1}^{m} a_n = 0$을 만족시키는 자연수 m의 최솟값은? [4점]

① 24　　　　② 28　　　　③ 32　　　　④ 36　　　　⑤ 40

117 (1) 수열 $\{a_n\}$은 $a_1 = 1$, $a_2 = 1$이고, 모든 자연수 n에 대하여

$$\begin{cases} a_{3n} = a_n \\ a_{3n+1} = a_n + 1 \\ a_{3n+2} = 2a_n \end{cases}$$

을 만족시킨다. 100이하의 자연수 k에 대하여 $a_k = 2$인 모든 자연수 k의 개수를 구하시오.

[4점]

(2) 수열 $\{a_n\}$은 $a_1 = 1$, $a_2 = 2$이고, 모든 자연수 n에 대하여

$$\begin{cases} a_{3n} = a_n + 1 \\ a_{3n+1} = a_n - 1 \\ a_{3n+2} = 2a_n - 1 \end{cases}$$

을 만족시킨다. 집합 $\{a_n \mid 1 \leq n \leq 80\}$의 원소 중 최댓값을 구하시오. [4점]

118 첫째항이 양수이고 모든 항이 정수인 수열 $\{a_n\}$이 다음 조건을 만족시킨다.

> (가) 모든 자연수 n에 대하여 $a_{n+1} = 2 - |a_n + 1|$이다.
>
> (나) $a_k \neq a_{k+1}$이고 $a_k = a_{k+2}$를 만족시키는 자연수 k의 최솟값은 4이다.

이때 a_1의 값으로 가능한 모든 수의 합을 구하시오. [4점]

119 수열 $\{a_n\}$의 첫째항부터 제n항까지의 합을 S_n이라 할 때, 수열 $\{a_n\}$이 모든 자연수 n에 대하여 다음 조건을 만족시킨다.

> (가) $S_{2n-1} = a_1$
> (나) 수열 $\{a_n a_{n+1}\}$은 공비가 r인 등비수열이다.

$S_8 = -80a_1$일 때, r^2의 값을 구하시오. (단, r은 0이 아닌 실수이다.) [4점]

120 첫째항이 1인 수열 $\{a_m\}$ 와 두 자연수 m, k에 대하여 집합 A_m를

$$A_m = \left\{ k \ \middle|\ \frac{1}{m+2} < \frac{a_m}{k} \leq \frac{1}{m} \right\}$$

라 하자. $a_{m+1} = n(A_m)$일 때, a_{10}의 값을 구하시오. (단, $m \geq 1$) [4점]

서로 다른 n 개의 항으로 이루어진 등차수열 a_n 이 다음 세 조건을 만족한다.

(가) 처음 4 개 항의 합은 22이다.
(나) 마지막 4 개 항의 합은 $12n - 26$이다.
(다) 처음 20개의 항의 합은 나머지 항의 합보다 100만큼 크다.

이때, 자연수 n 의 값을 구하시오. [4점]

122 n개의 실수 $a_1, a_2, a_3, \cdots, a_n$은 $-2, -1, 1$ 중 하나의 값을 갖고

$$\sum_{k=1}^{n} |a_k| = 13, \quad \sum_{k=1}^{n} a_k{}^2 = 19$$이다. 이 n개의 수 중 하나를 뽑았을 때 그 수가 음수일 확률이

$\dfrac{1}{2}$일 때 $\displaystyle\sum_{k=1}^{n} a_k = b$이다. b^2의 값을 구하시오. [4점]

123 홀수 n에 대하여 부등식

$$0 \le a \le 2b \le c \le n$$

을 만족시키는 정수 a, b, c의 순서쌍 (a, b, c)의 개수를 a_n이라 할 때, $\displaystyle\sum_{i=1}^{9} \frac{a_{2i-1}}{2i+1}$ 의 값을 구하시오. [4점]

124 모든 항이 양의 정수로 이루어진 수열 $\{a_n\}$이 다음 조건을 만족시킨다.

> (가) 모든 자연수 n에 대하여
> $$a_{n+1} = \begin{cases} \dfrac{1}{2}(a_n + 1) & (a_n\text{이 홀수인 경우}) \\[2mm] \dfrac{1}{2}a_n + 1 & (a_n\text{이 짝수인 경우}) \end{cases} \quad \text{가 성립한다.}$$
> (나) 수열 $\{a_n\}$에서 $a_n \neq 2$을 만족시키는 항의 개수는 5이다.

$\displaystyle\sum_{k=1}^{6} a_k = 65$일 때, $a_2 + a_4$의 값은? [4점]

① 19 ② 20 ③ 21 ④ 22 ⑤ 23

125 모든 항이 0이 아닌 정수로 이루어진 수열 $\{a_n\}$이 다음과 같다.

$$a_{n+1} = \begin{cases} \dfrac{1}{2}(a_n - 1)\sin\left(\dfrac{|a_n|\pi}{2}\right) & (|a_n|\text{이 홀수}) \\[2mm] \dfrac{1}{2}a_n\cos\left(\dfrac{|a_n|\pi}{2}\right) & (|a_n|\text{이 }0\text{이 아닌 짝수}) \end{cases}$$

$a_4 = -1$일 때, 가능한 모든 a_1의 값에 대하여 작은 수부터 차례대로 나열한 값을 $\alpha_1,\ \alpha_2,\ \alpha_3,\ \cdots,\ \alpha_m$ (단, m은 자연수)이라 할 때, $m + \alpha_2 + \alpha_{m-1}$의 값은? [4점]

① 9   ② 11   ③ 13   ④ 15   ⑤ 17

랑데뷰
N 제

킬러극킬
수 학 I

랑데뷰
N 제

하루 중 90%는 겸손하게 10%는 자신있게...

빠른 정답

1	6	2	①	3	④	4	4	5	④
6	8	7	148	8	21	9	353	10	12

11	9	12	⑤	13	23	14	261	15	①
16	④	17	④	18	④	19	④	20	②

21	52	22	④	23	71	24	29	25	15
26	①	27	13	28	21	29	25	30	404

31	156	32	(1) ③ (2) 10	33	2	34	①	35	21

36	①	37	38	38	①	39	⑤	40	④
41	⑤	42	③	43	30	44	②	45	④

46	⑤	47	16	48	②	49	4	50	③
51	12	52	⑤	53	①	54	9	55	④

56	③	57	20	58	29	59	⑤	60	①
61	②	62	3	63	②	64	①	65	391

66	47	67	110	68	31	69	43	70	③
71	④	72	③	73	③	74	7	75	40

76	24	77	23						

78	29	79	11	80	8	81	27	82	③
83	①	84	14	85	①	86	⑤	87	④
88	37	89	④	90	①	91	②	92	3
93	①	94	346	95	①	96	④	97	23
98	782	99	①	100	⑤	101	510	102	③
103	80	104	20	105	10	106	3	107	2
108	385	109	134	110	256	111	④	112	⑤
113	11	114	22	115	24	116	④	117	[1] 30 [2] 9
118	21	119	9	120	512	121	27	122	9
123	110	124	③	125	③				

하루 중 90%는 겸손하게 10%는 자신있게…

상세 해설

01 정답 6

[그림 : 배용제T]

곡선 $y = a^{-x} + k$는 점근선이 $y = k$이고 $a > 1$이므로 감소하는 그래프이다.

곡선 $y = a^{-x+1-k} + 1$는 점근선이 $y = 1$이고 $a > 1$이므로 감소하는 그래프이다.

함수 $f(x)$의 그래프 위의 점을 지나고 기울기가 1인 직선이 함수 $f(x)$의 그래프와 서로 다른 두 점에서 만나기 위해서는 좌표평면에서 점근선 $y = k$가 점근선 $y = 1$보다 아래쪽에 위치해야 한다. 즉, $k < 1$이다.

(i) $p < 0$일 때,

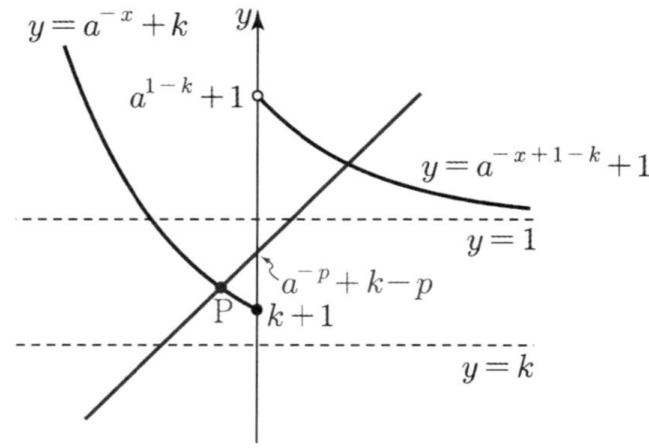

점 $P(p,\, a^{-p} + k)$를 지나고 기울기가 1인 직선의 방정식은 $y = (x-p) + a^{-p} + k$이므로 y절편은 $a^{-p} + k - p$이다.

직선 $y = (x-p) + a^{-p} + k$이 곡선 $y = a^{-x+1-k} + 1$과 만나기 위해서는 직선의 y절편이 곡선의 y절편보다 작아야 한다.

$a^{-p} + k - p < a^{1-k} + 1$

$a^{-p} - p < a^{1-k} + 1 - k$ …… ㉠

함수 $g(x) = a^x + x$에서 $a > 1$이면 함수 $g(x)$는 증가함수이다.

㉠은 $g(-p) < g(1-k)$이므로 $-p < 1-k$이다.

$\therefore\ k - 1 < p$

(ii) $p > 0$일 때,

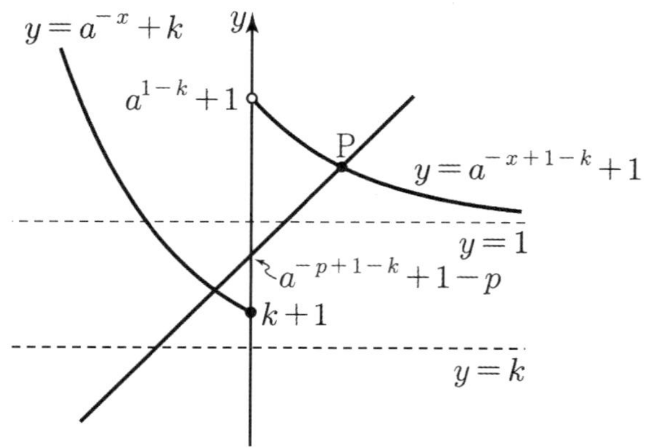

점 $P(p,\, a^{-p+1-k} + 1)$를 지나고 기울기가 1인 직선의 방정식은 $y = (x-p) + a^{-p+1-k} + 1$이므로 y절편은 $a^{-p+1-k} + 1 - p$이다.

직선 $y = (x-p) + a^{-p+1-k} + 1$이 곡선 $y = a^{-x+1-k} + 1$과 만나기 위해서는 직선의 y절편이 곡선의 y절편보다 크거나 같아야 한다.

$a^{-p+1-k} + 1 - p \geq k + 1$

$a^{1-(p+k)} \geq p + k$ …… ㉡

$a > 1$일 때, $y = a^{1-x}$와 $y = x$의 그래프는 그림과 같고 ㉡이 성립하기 위해서는 $p + k \leq 1$이어야 한다.

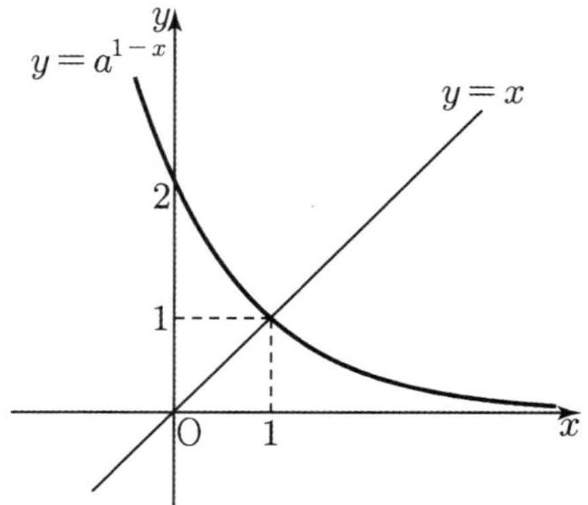

$\therefore\ p \leq 1 - k$

(i), (ii)에서 $k - 1 < p \leq 1 - k$이다.

정수 p의 개수가 10이므로 $(1-k) - (k-1) = 10$

$2 - 2k = 10$

$\therefore\ k = -4$

따라서 $f(x) = \begin{cases} a^{-x} - 4 & (x \leq 0) \\ a^{-x+5} + 1 & (x > 0) \end{cases}$ 이다.

$f(k) = f(-4) = a^4 - 4 = 32$

$a^4 = 36$에서 $a^2 = 6$이다.

02 정답 ①

[그림 : 최성훈T]

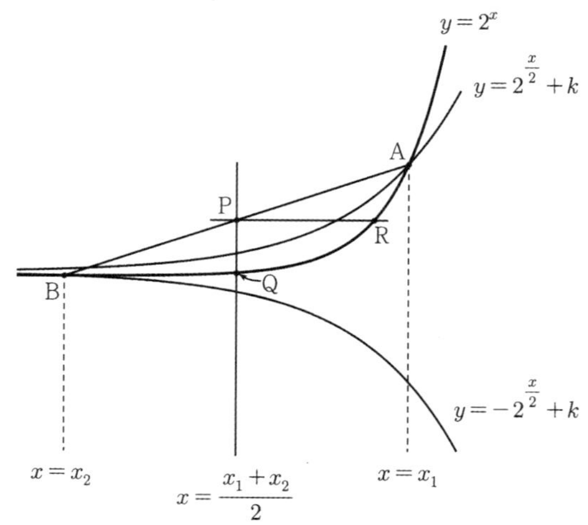

점 $\mathrm{A}\left(x_1, y_1\right)$이라 하면 $2^{x_1}=2^{\frac{x_1}{2}}+k$에서 $2^{\frac{x_1}{2}}=t\ (t>0)$라 하면

$$t^2-t-k=0$$

$$t=\frac{1+\sqrt{1+4k}}{2}$$

$$2^{\frac{x_1}{2}}=\frac{1+\sqrt{1+4k}}{2}\ \cdots\cdots\ \bigcirc$$

점 $\mathrm{B}\left(x_2, y_2\right)$이라 하면 $2^{x_2}=-2^{\frac{x_2}{2}}+k$에서 $2^{\frac{x_2}{2}}=s\ (s>0)$라 하면

$$s^2+s-k=0$$

$$s=\frac{-1+\sqrt{1+4k}}{2}$$

$$2^{\frac{x_2}{2}}=\frac{-1+\sqrt{1+4k}}{2}\ \cdots\cdots\ \bigcirc\!\bigcirc$$

$\bigcirc$, $\bigcirc\!\bigcirc$에서

$$2^{\frac{x_1+x_2}{2}}=k$$

$$\therefore\ \frac{x_1+x_2}{2}=\log_2 k\ \cdots\cdots\ \bigcirc\!\bigcirc\!\bigcirc$$

$y_1=2^{x_1}$, $y_2=2^{x_2}$이므로 $y_1+y_2=2^{x_1}+2^{x_2}$이고

$\bigcirc$에서 $2^{x_1}=\dfrac{1+2k+\sqrt{1+4k}}{2}$, $\bigcirc\!\bigcirc$에서

$$2^{x_2}=\frac{1+2k-\sqrt{1+4k}}{2}$$

이므로 $2^{x_1}+2^{x_2}=1+2k$

$$\therefore\ \frac{y_1+y_2}{2}=k+\frac{1}{2}\ \cdots\cdots\ ㉣$$

㉢, ㉣에서 $\mathrm{P}\left(\log_2 k,\ k+\dfrac{1}{2}\right)$이다.

따라서

직선 $x=\log_2 k$가 곡선 $y=2^x$와 만나는 점 Q의 좌표는 $(\log_2 k,\ k)$이므로 $\overline{\mathrm{PQ}}=\dfrac{1}{2}$이다.

직선 $y=k+\dfrac{1}{2}$이 곡선 $y=2^x$와 만나는 점 R의 좌표는

$\left(\log_2\left(k+\dfrac{1}{2}\right),\ k+\dfrac{1}{2}\right)$이므로

$$\overline{\mathrm{PR}}=\log_2\left(k+\frac{1}{2}\right)-\log_2 k=\log_2\left(1+\frac{1}{2k}\right)\text{이다.}$$

삼각형 PQR의 넓이가 1이므로

$$\frac{1}{2}\times\overline{\mathrm{PQ}}\times\overline{\mathrm{PR}}=\frac{1}{2}\times\frac{1}{2}\times\log_2\left(1+\frac{1}{2k}\right)=1$$

$$\log_2\left(1+\frac{1}{2k}\right)=4$$

$$1+\frac{1}{2k}=16$$

$$\frac{1}{2k}=15$$

$$\therefore\ k=\frac{1}{30}$$

03 정답 ④

[그림 : 최성훈T]

점 A에서 x축에 내린 수선의 발을 E라 하고 점 C를 지나고 x축에 수직인 직선과 점 B를 지나고 x축에 평행한 직선이 만나는 점을 F라 하자. 점 D에서 선분 BC에 내린 수선의 발을 G라 하면 이등변삼각형 BCD (∵ (가))에서 $\overline{\mathrm{CG}}=\overline{\mathrm{BG}}$이고

$\angle\mathrm{DGC}=\dfrac{\pi}{2}$이다.

(나)에서 점 A가 점 G로 대칭 이동되므로 $\triangle\mathrm{DCG}\equiv\triangle\mathrm{DCA}$

따라서 $\overline{\mathrm{BC}}=2\,\overline{\mathrm{AC}}$이다.

삼각형 CBF와 삼각형 CAE에서 $\angle\mathrm{CFB}=\angle\mathrm{CEA}=\dfrac{\pi}{2}$이고

$\angle\mathrm{DCF}=\angle\mathrm{DCE}$에서 $\angle\mathrm{BCF}=\angle\mathrm{ACE}$ 이므로

$\triangle\mathrm{CBF}\backsim\triangle\mathrm{CAE}$이고 닮음비는 $2:1$이다.

한편, 두 점 A, B의 중점 M이 x축 위에 있으므로

$\overline{\mathrm{AE}}=\overline{\mathrm{CF}}$이다.

$\overline{\mathrm{BF}}:\overline{\mathrm{AE}}=2:1$에서 $\overline{\mathrm{BF}}:\overline{\mathrm{CF}}=2:1\ \rightarrow\ \dfrac{\overline{\mathrm{CF}}}{\overline{\mathrm{BF}}}=\dfrac{1}{2}$이다.

그러므로 직선 BC의 기울기는 $\dfrac{1}{2}$, 직선 AC의 기울기는 2,

직선 AD의 기울기는 $-\dfrac{1}{2}$이다. $\cdots\cdots$ $\bigcirc$

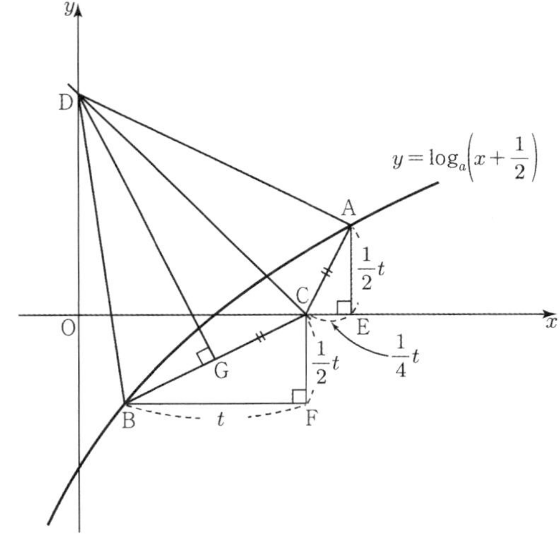

$\overline{\mathrm{BF}}=t\ (t>0)$라 하면 $\overline{\mathrm{CF}}=\overline{\mathrm{AE}}=\dfrac{1}{2}t$, $\overline{\mathrm{CE}}=\dfrac{1}{4}t$

따라서 점 B의 y좌표를 $-\dfrac{1}{2}t$, 점 A의 y좌표를 $\dfrac{1}{2}t$이다.

$$\log_a\left(x+\frac{1}{2}\right)=-\frac{1}{2}t\ \rightarrow\ x=a^{-\frac{1}{2}t}-\frac{1}{2}$$

$$\rightarrow\ \mathrm{B}\left(a^{-\frac{1}{2}t}-\frac{1}{2},\ -\frac{1}{2}t\right)$$

$$\log_a\left(x+\frac{1}{2}\right)=\frac{1}{2}t\ \rightarrow\ x=a^{\frac{1}{2}t}-\frac{1}{2}\ \rightarrow\ \mathrm{A}\left(a^{\frac{1}{2}t}-\frac{1}{2},\ \frac{1}{2}t\right)$$

직선 CD의 방정식을 $y=-x+b\ (b>0)$라 하면 $\mathrm{C}\,(b,0)$, $\mathrm{D}\,(0,b)$이다.

$$\overline{\mathrm{BF}}=t=b-\left(a^{-\frac{1}{2}t}-\frac{1}{2}\right)\ \rightarrow\ a^{-\frac{1}{2}t}=b-t+\frac{1}{2}\ \cdots\cdots\ \bigcirc\!\bigcirc$$

$$\overline{CE}=\frac{1}{4}t=a^{\frac{1}{2}t}-\frac{1}{2}-b \rightarrow a^{\frac{1}{2}t}=b+\frac{1}{4}t+\frac{1}{2} \quad\cdots\cdots \text{ⓒ}$$

㉠에서 직선 AD의 기울기가 $-\frac{1}{2}$이므로

$$\frac{\frac{1}{2}t-b}{a^{\frac{1}{2}t}-\frac{1}{2}}=-\frac{1}{2} \rightarrow a^{\frac{1}{2}t}-\frac{1}{2}=-t+2b \quad\cdots\cdots \text{ⓔ}$$

ⓒ, ⓔ에서 $b+\frac{1}{4}t=-t+2b$

$$\therefore b=\frac{5}{4}t$$

ⓑ, ⓒ에서

$$a^{-\frac{1}{2}t}=\frac{1}{4}t+\frac{1}{2},\ a^{\frac{1}{2}t}=\frac{3}{2}t+\frac{1}{2}$$

변변 곱하면

$$1=\left(\frac{1}{4}t+\frac{1}{2}\right)\left(\frac{3}{2}t+\frac{1}{2}\right)$$

$$1=\frac{3}{8}t^2+\frac{7}{8}t+\frac{1}{4}$$

$$3t^2+7t-6=0$$

$$(3t-2)(t+3)=0$$

$$\therefore t=\frac{2}{3}$$

따라서 $a^{-\frac{1}{2}\times\frac{2}{3}}=\frac{1}{4}\left(\frac{2}{3}\right)+\frac{1}{2}$

$$a^{-\frac{1}{3}}=\frac{2}{3}$$

$$\therefore a=\frac{27}{8}$$

04 정답 4

곡선 $y=\left|2^{-x+4}-4\right|$의 그래프는 다음과 같다.

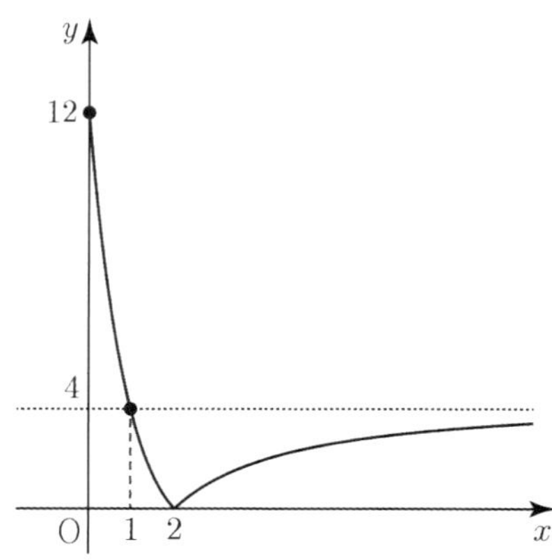

직선 $y=k$와 곡선 $y=\left|2^{-x+4}-4\right|$ $(x\geq 0)$의 그래프의 교점의 개수는 다음과 같다.

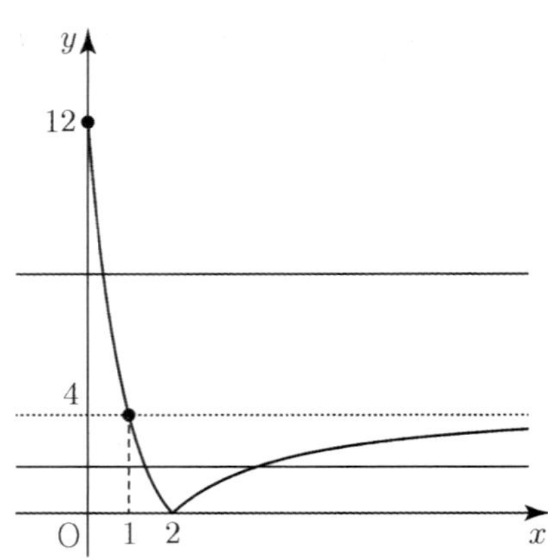

$k<0$ 또는 $k>12$일 때, 0
$k=0$ 또는 $4\leq k\leq 12$일 때, 1
$0<k<4$일 때, 2
이다.
이때 함수 $y=f(x)$의 그래프와 직선 $y=k$가 만나는 점의
개수가 0, 1, 3이기 위해서는
$x<0$에서 $y=a^{x+b}+a-b$의 그래프와 직선 $y=k$가 만나는
점의 개수는
$k\leq 0$ 또는 $k\geq 4$일 때, 0
$0<k<4$일 때, 1
이어야 한다.
따라서 $y=a^{x+b}+a-b$의 그래프는
$0<a<1$일 때는 감소함수이고 $a>1$일 때는 증가함수이다.
$0<a<1$일 때 점근선 $y=a-b$에서 $a-b<4$이어야 교점의
개수가 3이 되는데 감소함수이면 교점의 개수가 2도 될 수 밖에
없다.

따라서 $a>1$

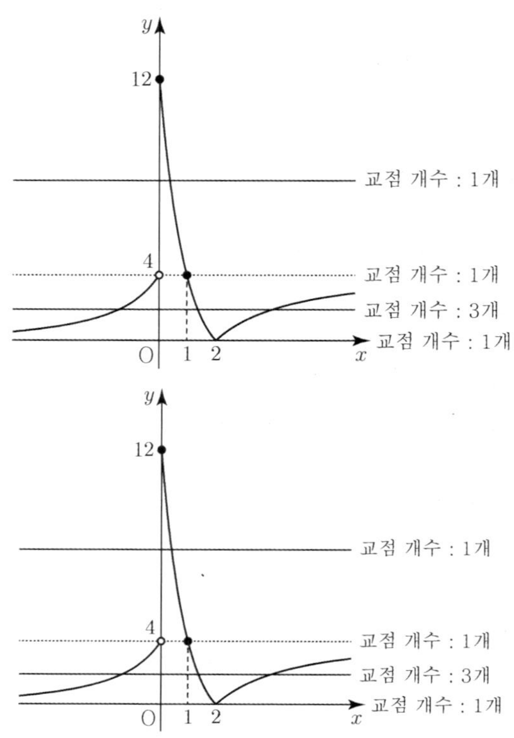

$a > 1$이므로 증가함수 개형에서 $(0, 4)$를 지나고 점근선이
$y = 0$이어야 한다.
$a - b = 0$에서 $a = b$
$y = a^{x+a}$이 $(0, 4)$를 지나므로 $4 = a^a$에서 $a = 2$이다.
따라서 $a = b = 2$이다.
$a + b = 4$

05 정답 ④

a_n은 방정식 $x^n = \left(k + 6\sin\dfrac{n}{12}\pi + 6\cos\dfrac{n}{6}\pi\right)^n$의 실근의

개수이다.

n이 홀수이면 a_n의 값은 항상 1이고

n이 짝수이면 $\left(k + 6\sin\dfrac{n}{12}\pi + 6\cos\dfrac{n}{6}\pi\right)^n \geq 0$이므로 a_n의

값은 1 또는 2이다.

따라서 n이 짝수일 때 $k + 6\sin\dfrac{n}{12}\pi + 6\cos\dfrac{n}{6}\pi$의 값을

알아보면 되겠다.

$n = 2$일 때, $k + 3 + 3 = k + 6$
$n = 4$일 때, $k + 3\sqrt{3} - 3$
$n = 6$일 때, $k + 6 - 6 = k$
$n = 8$일 때, $k + 3 + 3 = k + 6$
$n = 10$일 때, $k + 3 + 3 = k + 6$
$n = 12$일 때, $k + 0 + 6 = k + 6$
이다.

$\displaystyle\sum_{n=2}^{12} a_n$의 값이 최소가 될 경우는 n이 짝수일 때, $k + 6$의 값이

0일 때가 4번 나타나므로 $k = -6$일 때 최소이다.

06 정답 8

[그림 : 최성훈T]

[검토자 : 최병길T]

함수 $y = a^{\frac{x}{2}}$의 역함수는 $y = 2\log_a x$이고 함수 $y = 2\log_a x$를
x축의 방향으로 $-b$만큼, y축의 방향으로 $-b$만큼
평행이동하면 $y = 2\log_a(x+b) - b$이다. $\cdots\cdots$ ㉠

곡선 $y = a^{\frac{x}{2}}$와 직선 $y = x$가 만나는 점의 개수의
최댓값은 2이고 함수 $f(x)$의 그래프와 직선 $y = x$가 만나는
점의 개수가 4이므로

곡선 $y = a^{\frac{x}{2}}$와 직선 $y = x$가 만나는 점의 개수는 2이어야 한다.
따라서 $x > 0$에서 만나는 점의 x좌표가 x_3, x_4 이고
$f(0) = 0$이므로 $x_2 = 0$이다.

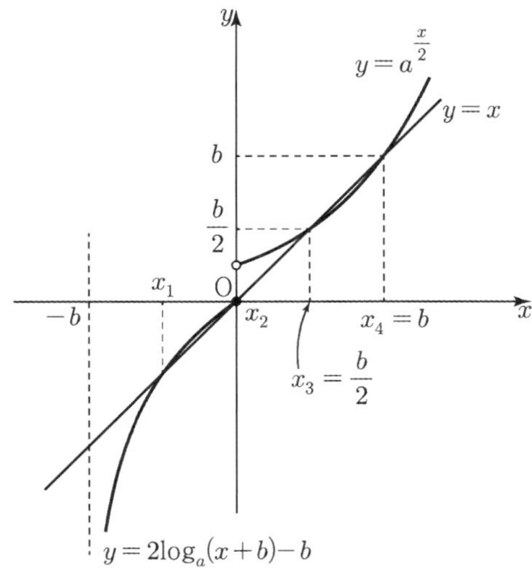

㉠에서 $x_4 = b$이고 $x_1 = x_3 - b$이다.

$x_1 + x_3 = 0 \to 2x_3 = b \to \therefore\ x_3 = \dfrac{b}{2}$

$(x_3, x_3) \to \left(\dfrac{b}{2}, \dfrac{b}{2}\right)$가 $y = a^{\frac{x}{2}}$ 위에 있으므로

$\dfrac{b}{2} = a^{\frac{b}{4}}$ $\cdots\cdots$ ㉡

$(x_4, x_4) \to (b, b)$가 $y = a^{\frac{x}{2}}$ 위에 있으므로 $b = a^{\frac{b}{2}}$ $\cdots\cdots$ ㉢

㉡, ㉢에서

$\left(\dfrac{b}{2}\right)^2 = b \to b^2 = 4b \to b = 4\ (\because\ b > 0)$

$b = 4$이므로 ㉢에서 $a = 2$이다.

$$f(x) = \begin{cases} 2\log_2(x+4) - 4 \ (-4 < x \leq 0) \\ 2^{\frac{x}{2}} \qquad\qquad\quad (x > 0) \end{cases}$$

따라서 $f(a+b) = f(6) = 2^3 = 8$이다.

07 정답 148

[그림 : 이정배T]

[검토자 : 오정화T]

곡선 $y = \log_a(x-1) - 1$을 x축의 방향으로 -1만큼, y축의
방향으로 1만큼 평행이동한 그래프는 $y = \log_2 x$이다.

두 $y = a^x$와 $y = \log_a x$는 역함수 관계이므로 직선 $y = x$에
대칭이다.

두 직선 $y = -x + k$와 $y = -x + \dfrac{10}{3}k$이 곡선

$y = \log_a(x-1) - 1$와 만나는 두 점 B와 D를 x축의 방향으로
-1만큼, y축의 방향으로 1만큼 평행이동한 점을 B$'$, D$'$라 할
때, 점 B$'$는 직선 $y = -x + k$위의 점이고 점 A의 $y = x$에
대칭인 점이다. $\overline{BB'} = \sqrt{2}$ 이므로 $\overline{AB'} = \dfrac{\sqrt{2}}{3}k$이다.

마찬가지로 $\overline{CD'} = 2\sqrt{2}k$이다.

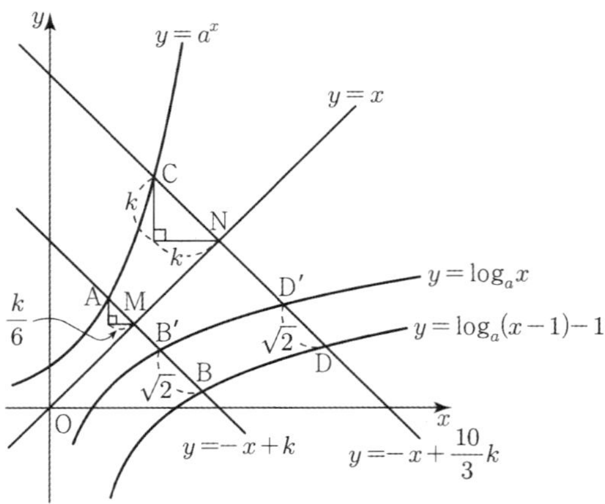

선분 AB'의 중점을 M이라 할 때, 점 M은 $y=x$와
$y=-x+k$가 만나는 점이므로 $M\left(\dfrac{k}{2},\ \dfrac{k}{2}\right)$이다.

$$\overline{AM}=\dfrac{1}{2}\times\overline{AB'}=\dfrac{\sqrt{2}}{6}k$$

따라서 점 $A\left(\dfrac{k}{2}-\dfrac{k}{6},\ \dfrac{k}{2}+\dfrac{k}{6}\right)=A\left(\dfrac{k}{3},\ \dfrac{2k}{3}\right)$

점 A가 곡선 $y=a^x$ 위에 있으므로 $a^{\frac{k}{3}}=\dfrac{2k}{3}$ …… ㉠

선분 CD'의 중점을 N이라 할 때, 점 N은 $y=x$와
$y=-x+\dfrac{10k}{3}$가 만나는 점이므로 $N\left(\dfrac{5k}{3},\ \dfrac{5k}{3}\right)$이다.

$$\overline{CN}=\dfrac{1}{2}\times\overline{CD'}=\sqrt{2}\,k$$

따라서 점 $C\left(\dfrac{5k}{3}-k,\ \dfrac{5k}{3}+k\right)=C\left(\dfrac{2k}{3},\ \dfrac{8k}{3}\right)$

점 C가 곡선 $y=a^x$ 위에 있으므로 $a^{\frac{2k}{3}}=\dfrac{8k}{3}$ …… ㉡

㉠, ㉡에서 $\left(\dfrac{2k}{3}\right)^2=\dfrac{8k}{3}$

$\therefore\ k=6\ (\because\ k>a+1>2)$

따라서 점 $A(2,4)$, $C(4,16)$이다.

$\overline{AC}^2=2^2+12^2=148$이다.

08 정답 21

$\overline{PA}=\overline{AB}=\overline{BC}$ 이므로
$A\left(\alpha,\,2\log_2(-\alpha+k)\right)$, $B\left(2,\,2\log_2(2\alpha-k)\right)$
, $C\left(3,\,2\log_2(3\alpha-k)\right)$
라 놓을 수 있다.

직선 $y=x+m$의 기울기는 1이므로
AB기울기 $=$ BC기울기 $=1$ 임을 이용해서

$$1=\dfrac{2\log_2(2\alpha-k)-2\log_2(-\alpha+k)}{\alpha}$$

, $1=\dfrac{2\log_2(3\alpha-k)-2\log_2(2\alpha-k)}{\alpha}$ 과

$(2\alpha-k)^2=(-\alpha+k)(3\alpha-k)$를 얻고

$7\alpha^2-8k\alpha+2k^2=0$ 에서 $\dfrac{\alpha}{k}=t$라 놓으면 진수조건에

의해서 $\dfrac{1}{2}<t<1$이고

$t=\dfrac{4+\sqrt{2}}{7}=\dfrac{\alpha}{k}$ 이다.

그리고 $1=\dfrac{2\log_2(2\alpha-k)-2\log_2(-\alpha+k)}{\alpha}$ 에서

$$\alpha=2\log_2\dfrac{2\alpha-k}{-\alpha+k}=2\log_2\dfrac{2t-1}{-t+1}$$

$$=2\log_2\dfrac{1+2\sqrt{2}}{3-\sqrt{2}}=2\log_2(1+\sqrt{2})$$이다.

$$\therefore\ k=\dfrac{\alpha}{t}=2\log_2(1+\sqrt{2})\times\dfrac{7}{4+\sqrt{2}}$$

$$=(4-\sqrt{2})\log_2(1+\sqrt{2})=(4-\sqrt{2})\log_2(p+q\sqrt{2})$$

$\therefore\ 20p+q=21$

09 정답 353

[그림 : 이정배T]

사각형 OACB는 평행사변형이므로 직선 AC와 직선 OB의
기울기가 같고 직선 BC와 직선 OA의 기울기가 같다.
따라서 두 직선 AC의 기울기와 직선 BC의 기울기의 곱이
1이므로 두 직선 OB의 기울기와 직선 OA의 기울기의 곱이
1이다.
점 A의 좌표를 $(t,\ \log_a t)$라 하자.
직선 OA의 기울기와 직선 OB의 기울기의 곱이 1이므로
두 직선 OA, OB는 직선 $y=x$에 대하여 대칭이고,
점 $A(t,\ \log_a t)$를 직선 $y=x$에 대하여 대칭이동한 점은
$A'(\log_a t,\ t)$이다.
$4\overline{OA}=\overline{OB}$에서 $\overline{OB}=4\overline{OA'}$이므로 점 B의 좌표는
$(4\log_a t,\ 4t)$이다.
점 B는 $y=(\sqrt{a})^x$ 위의 점이므로
$4t=a^{\frac{1}{2}(4\log_a t)}$
$4t=t^2$
$\therefore\ t=4$이다.
따라서
$A(4,\ \log_a 4)$, $B(4\log_a 4,\ 16)$이고 점 C는 평행사변형의 성질에
의해 점 B를 x축의 방향으로 4만큼, y축의 방향으로 $\log_a 4$만큼
평행이동한 점이다. 따라서 점 C의 x좌표는 점 A의 x좌표와
점 B의 x좌표의 합과 같다.
$4+4\log_a 4=8$
$\log_a 4=1$
$\therefore\ a=4$이다.
따라서 $A(4,\ 1)$, $B(4,\ 16)$이므로 $C(8,\ 17)$이다.
$\therefore\ \overline{OC}=l=\sqrt{8^2+17^2}=\sqrt{353}$
따라서 $l^2=353$

10 정답 12

$\log_\alpha n$이 자연수이므로 $n=\alpha^k$ (k는 자연수), $\log_\alpha a$이 정수이므로 $a=\alpha^t$ (t는 정수)라 할 수 있다.

(나)에서 $\dfrac{\log_\beta(n\times a^3)}{\log_\beta a}=\log_a(n\times a^3)=\log_a n+3=\dfrac{k}{t}+3$

의 값이 자연수이므로 t는 k의 약수이면서 $\dfrac{k}{t}\geq -2$이어야 한다.

[랑데뷰팁]

예를 들어 $k=12$이면

t는 k의 양의 약수 1, 2, 3, 4, 6, 12 모두 가능하고

-12, -6까지 가능하다.

따라서 만족하는 t의 개수가 8이 된다.

$f(n)=10$이므로 만족하는 t의 개수가 10이 되기 위해서는

k의 양의 약수의 개수가 8개이고 그 값이 짝수여야 한다.

따라서 양의 약수의 개수가 8인 최소의 수는 24이므로

$k=24$이면

t는 k의 양의 약수 1, 2, 3, 4, 6, 8, 12, 24 모두

가능하고

-24, -12까지 가능하다. 따라서 만족하는 t의 개수가

10이므로 $f(n)=10$을 만족한다.

n의 최솟값 $m=\alpha^{24}$

$\log_\beta m=\log_{\alpha^2}\alpha^{24}=12$

---

11 정답 9

[검토자 : 필재T]

두 곡선 $y=\log_2\left(x-\dfrac{k}{2}\right)$, $y=-\log_2\left(\dfrac{x+2}{k}-1\right)$이

만나는 점 A는

$\log_2\left(x-\dfrac{k}{2}\right)=-\log_2\left(\dfrac{x+2}{k}-1\right)$

$\log_2\left(\dfrac{2x-k}{2}\right)=\log_2\left(\dfrac{k}{x+2-k}\right)$

$\dfrac{2x-k}{2}=\dfrac{k}{x+2-k}$

$2x^2+4x-2kx-kx-2k+k^2=2k$

$2x^2+(4-3k)x+k^2-4k=0$

$(x-k)(2x-k+4)=0$

$x=k$ 또는 $x=\dfrac{k}{2}-2$

에서 $x>\dfrac{k}{2}$이므로 $x=k$이다.

$\therefore\ \text{A}\left(k,\log_2\dfrac{k}{2}\right)$

$\text{A}\left(k,\log_2 k-1\right)$에서 점 A는 곡선 $y=\log_2 x-1$ 위의

점이기도 하다.

곡선 $y=\log_2(x-3)-4$는 곡선 $y=\log_2 x-1$을

---

x축의 방향으로 3만큼 y축의 방향으로 -3만큼 평행이동한

그래프이므로 점 A를 지나고 기울기가 -1인 직선이

곡선 $y=\log_2(x-3)-4$와 만나는 점 B는 점 A를 x축의

방향으로 3만큼 y축의 방향으로 -3만큼 평행이동한 점이다.

즉, $\overline{\text{AB}}=3\sqrt{2}$ $\cdots\cdots$ ㉠

직선 AB의 방정식은 $y=-(x-k)+\log_2 k-1$

따라서

원점 O와 직선 $x+y-k-\log_2 k+1=0$사이의 거리는

$\dfrac{|-k-\log_2 k+1|}{\sqrt{2}}=\dfrac{k+\log_2 k-1}{\sqrt{2}}$ $\cdots\cdots$ ㉡

㉠, ㉡에서 삼각형 OAB의 넓이 12는

$\dfrac{1}{2}\times 3\sqrt{2}\times\dfrac{k+\log_2 k-1}{\sqrt{2}}=12$

$k+\log_2 k-1=8$

$\therefore\ k+\log_2 k=9$

---

12 정답 ⑤

$g(t)$는 방정식의 해이므로 $|g(t)|>1$을 만족하기 위해서는

$x<-1$ 또는 $x>1$인 영역에 $g(t)$가 위치해야 한다.

$y=\log_2(x+k)$의 점근선은 $x=-k$이다.

(i) $k>0$이면

점근선 $x=-k$의 $-k<0$에서 $g(t)<-k<0$이므로

다음 그림과 같이 $f(-1)>0$일 때 $g(t)<-1$이므로

$|g(t)|>1$을 만족한다.

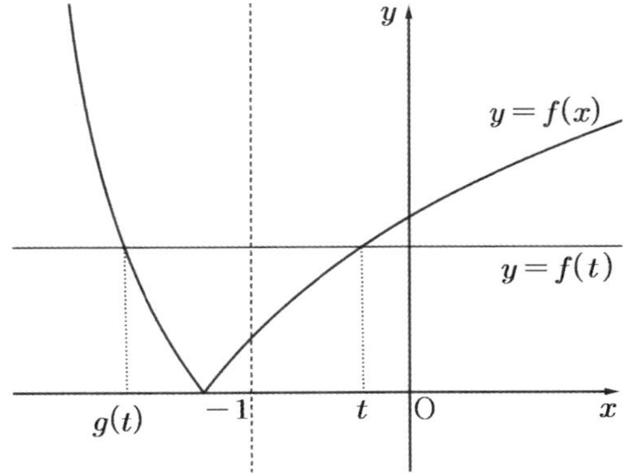

$f(-1)=\log_2(-1+k)>0\Rightarrow -1+k>1$

$\therefore\ k>2$

(ii) $k<0$이면

점근선 $x=-k$의 $-k>0$에서 $g(t)>-k>0$이므로

다음 그림과 같이 $k\leq -1$이면 $g(t)>1$이므로

$|g(t)|>1$을 만족한다.

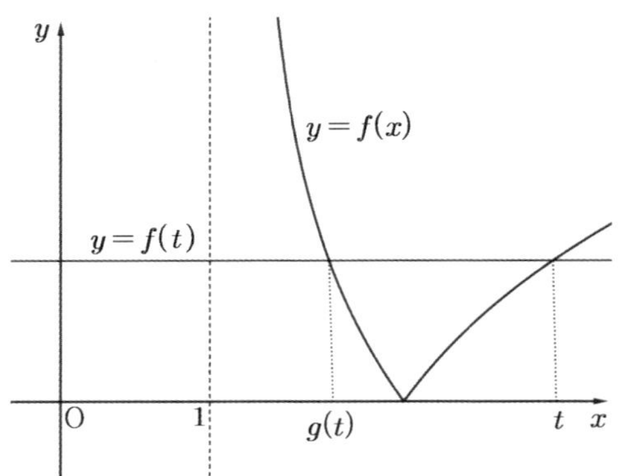

$\therefore\ k \leq -1$

(i), (ii)에서 $k \leq -1$, $k > 2$

[랑데뷰팁]

$k = -1$일 때, $f(x) = |\log_2(x-1)|$의 그래프는 $x = 1$이
점근선이 되어 $f(x) = f(t)$의 가장 작은 해 $g(t)$가 1보다
크므로 조건을 만족한다.

13 정답 23

$\overline{PQ} = n$,

$\overline{RQ} = \log_2(2^t + n) - t$

$\overline{RS} = n$

$\overline{PQ} + \overline{RQ} + \overline{RS} = 2n + \log_2(2^t + n) - t \geq 40$

$\overline{RQ} = \log_2(2^t + n) - t$의 값은 t가 커질수록 작아지므로 $t = 0$일

때를 생각해보면

$n = 17$일 때, $34 + \log_2 18$에서 $\log_2 18 < 5$이고

$34 + \log_2 18 < 40$이므로

$t > 0$일 경우에는 $n \leq 17$일 때,

$2n + \log_2(2^t + n) - t < 40$이다.

$n = 18$일 때, $36 + \log_2(2^t + 18) - t > 36 + \log_2(t + 18) - t$

$(\because 2^t > t)$

1보다 작은 양수 t에 대하여

$36 + \log_2(t + 18) - t > 36 + \log_2 19 - t$

$\log_2 19 - t = 4 + \log_2 \dfrac{19}{16} - t$이므로 $0 < t < \log_2 \dfrac{19}{16} < 1$인

적당한 t의 값에 대하여

$36 + \log_2 19 - t > 40$이다. 그러므로

$36 + \log_2(2^t + 18) - t > 40$이다.

따라서 $2n + \log_2(2 + n) \geq 40$을 만족하는 n의 최솟값은

$n = 18$일 때다.

그러므로 $t > 0$일 때

$\overline{PQ} + \overline{RQ} + \overline{RS} = 2n + \log_2(2^t + n) - t \geq 40$

을 만족하는 n의 값은 $18 \leq n \leq 40$이다.

따라서 n의 개수는 23이다.

14 정답 261

$f(2) = 4 > g(2) = 0$

$f(3) = 2 < g(3) = 8$

이므로 $y = f(x)$와 $y = g(x)$의 교점의 x좌표를 α라 하면

$2 < \alpha < 3$이다.

두 곡선 $y = f(x)$와 $y = g(x)$ 및 두 직선 $x = -4$,

$x = 101$로 둘러싸인 영역에서 경계를 제외하므로

(i) $x < \alpha$일 때, $f(x) - g(x) = 5 \times 2^{4-x} - 16$이므로 격자점의

개수는

$$\sum_{x=-3}^{2} \left(5 \times 2^{4-x} - 17\right) = 1158$$

(ii) $x > \alpha$일 때, 격자점의 개수는

$x = 3$일 때 $f(3) = 2$, $g(3) = 8$이므로 격자점의 개수는

$8 - 2 - 1 = 5$

$x = 4$일 때 $f(4) = 1$, $g(4) = 12$이므로 격자점의 개수는

$12 - 1 - 1 = 10$

$x = 5$일 때 $f(5) = \dfrac{1}{2} < 1$, $g(5) = 14$이므로 격자점의 개수는

$14 - 1 = 13$

$x = 6$일 때 $f(6) = \dfrac{1}{4} < 1$, $g(6) = 15$이므로 격자점의 개수는

$15 - 1 = 14$

$x = 7$부터 $x = 100$까지의 격자점의 개수는 15개다.

따라서 $5 + 10 + 13 + 14 + 15 \times 94 = 1452$

그러므로 (i), (ii)에서 $n = 1158 + 1452 = 2610$

$\dfrac{n}{10} = 261$

15 정답 ①

$\max\{x, y\} = \begin{cases} x & (x \geq y) \\ y & (x < y) \end{cases}$ 의 정의에 의해

$\max\{|x-a|, |y-b|\} = \begin{cases} |x-a| & (|x-a| \geq |y-b|) \\ |y-b| & (|x-a| < |y-b|) \end{cases}$

(i) 다음 그림과 같이 점 $(a+1, b-1)$은 곡선 $y = 2^x$보다

위쪽에 있고 점 $(a+2, b-2)$은 곡선 $y = 2^x$ 보다 아래쪽에

위치하면 조건 (나), (다)를 만족한다.

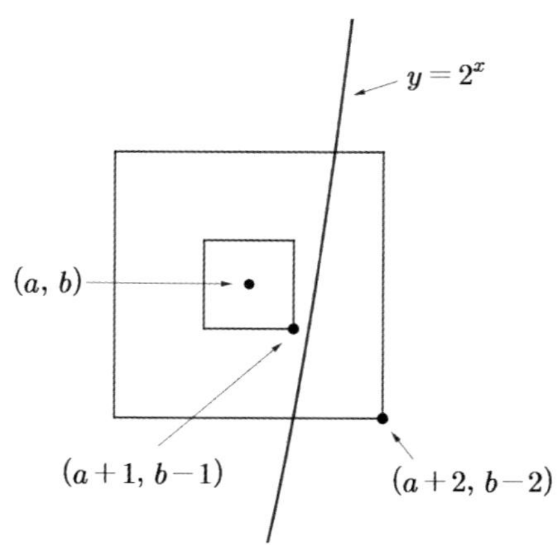

$2^{a+1} < b-1 \rightarrow 2^{a+1}+1 < b$

$b-2 \leq 2^{a+2} \rightarrow b \leq 2^{a+2}+2$

따라서 $2^{a+1}+1 < b \leq 2^{a+2}+2$이다.

㉠ $a=1$일 때 $5 < b \leq 10$으로 5개

㉡ $a=2$일 때 $9 < b \leq 18$으로 9개

㉢ $a=3$일 때 $17 < b \leq 34$으로 17개

㉣ $a=4$일 때 $33 < b \leq 66$으로 33개

㉤ $a=5$일 때 $65 < b \leq 100$으로 35개

따라서 $5+9+17+33+35=99$개

(ii) 다음 그림과 같이 점 $(a-1, b+1)$은 곡선 $y=2^x$보다 아래쪽에 있고 점 $(a-2, b+2)$은 곡선 $y=2^x$ 보다 위쪽에 위치하면 조건 (나), (다)를 만족한다.

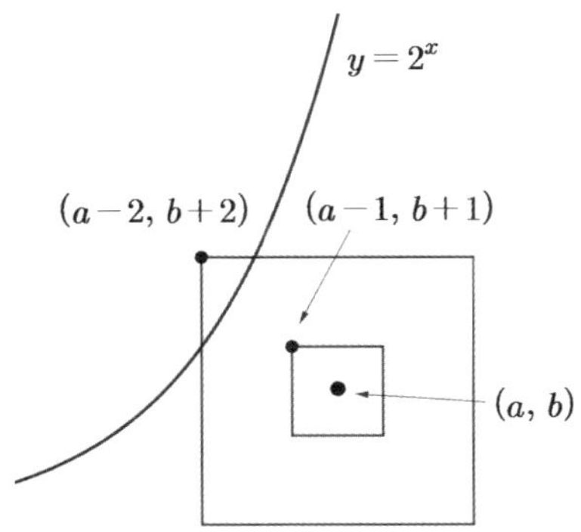

$2^{a-1} > b+1 \rightarrow 2^{a-1}-1 > b$

$b+2 \geq 2^{a-2} \rightarrow b \geq 2^{a-2}-2$

따라서 $2^{a-2}-2 \leq b < 2^{a-1}-1$이다.

㉠ $a=1$일 때 $-\dfrac{3}{2} \leq b < 0$으로 0개

㉡ $a=2$일 때 $-1 \leq b < 1$으로 0개

㉢ $a=3$일 때 $0 \leq b < 3$으로 2개

㉣ $a=4$일 때 $2 \leq b < 7$으로 5개

㉤ $a=5$일 때 $6 \leq b < 15$으로 9개

따라서 $0+0+2+5+9=16$개

(i) (ii)에서 $99+16=115$

16 정답 ④

k는 자연수이므로

$k=1$일 때, $g_1(x) = \begin{cases} f(x) & (1 \leq x < 2) \\ -f(x-1)+1 & (2 \leq x < 3) \end{cases}$

$k=2$일 때, $g_2(x) = \begin{cases} f(x-1)-1 & (3 \leq x < 5) \\ -f(x-3)+2 & (5 \leq x < 7) \end{cases}$

$k=3$일 때, $g_3(x) = \begin{cases} f(x-3)-2 & (7 \leq x < 11) \\ -f(x-7)+3 & (11 \leq x < 15) \end{cases}$

$k=4$일 때, $g_4(x) = \begin{cases} f(x-7)-3 & (15 \leq x < 23) \\ -f(x-15)+4 & (23 \leq x < 31) \end{cases}$

$\vdots \qquad\qquad \vdots$

$f(x) = \log_2 x$이고 $g_k(x)$는 $f(x)$를 대칭이동과 평행이동을 이용하여 만든 함수이다.

그러므로 넓이를 구할 부분들을 회전시키거나 평행이동해서 합쳤을 때 사각형모양이 되는지 확인하도록 하자.

우선 $1 \leq x < 3$에서 $f(x)$와 $-f(x-1)+1$을 비교하기 위해 $y=f(x)$와 $y=-f(x-1)+1$ 의 그래프를 좌표평면에 그리면 다음과 같다.

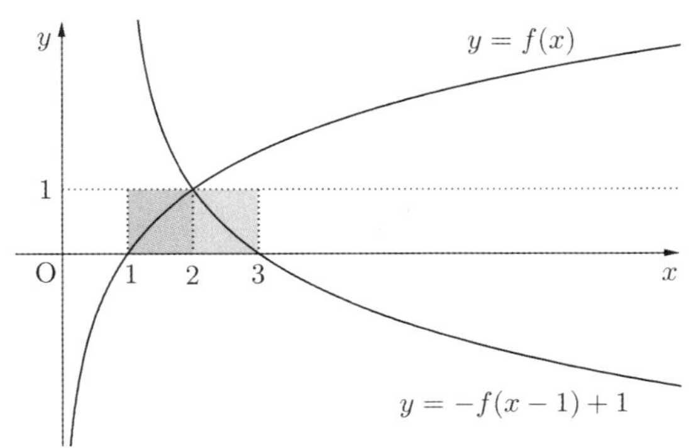

그림에서와 같이 푸른색 영역을 시계 반대방향으로 $90°$돌리면 붉은색 영역이 된다는 것을 알 수 있다. 그러므로 $1 \leq x < 3$에서 $g(x)$와 x축으로 둘러싸인 부분의 넓이는 1이 된다.

마찬가지 방법으로 주어진 정의역에서 $g_k(x)$를 그리면 다음과 같다.

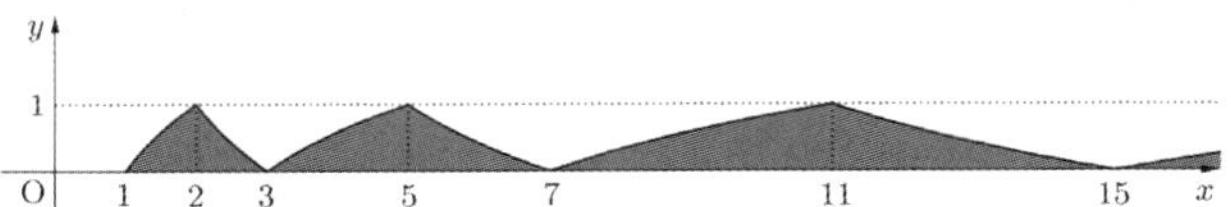

그림에서 $1 \leq x < 2$와 $2 \leq x < 3$에서 $g_1(x)$과 x축으로 둘러싸인 부분은 합쳤을 때 사각형 모양이 되고, $3 \leq x < 5$와 $5 \leq x < 7$에서 $g_2(x)$과 x축으로 둘러싸인 부분 역시 합쳤을 때 사각형 모양이 된다. 그러므로 다음 그림과 같이 생각해 볼 수 있다.

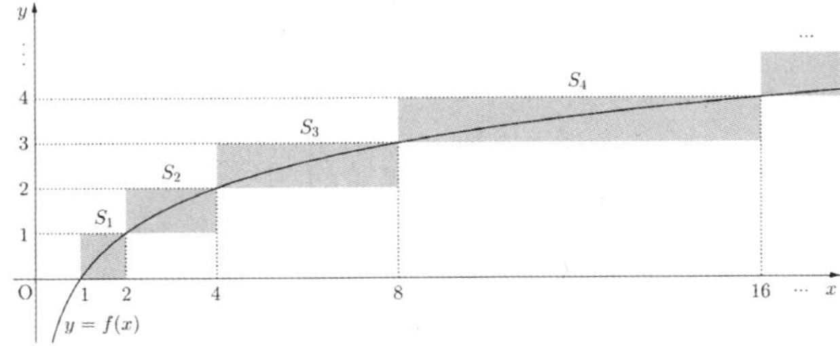

따라서

$S_1 = 1$, $S_2 = 2$, $S_3 = 4$, $S_4 = 8$, $\cdots$으로 등비수열을 이룬다.

$$\therefore \sum_{k=1}^{n} S_k = 2^n - 1$$

따라서 $2^{10} = 1024$이므로 $2^n - 1 > 1000$ 만족하는 최소 자연수는 $n=10$이다.

17 정답 ④

A$(a,\ -3^a)$라 하면 점 C는 OA를 $1:2$로 내분하는 점이므로

C$\left(\dfrac{a}{3},\ -3^{a-1}\right)$

점 C가 곡선 $y=\log_3 x$위의 점이므로

$-3^{a-1}=\log_3\left(\dfrac{a}{3}\right)\Rightarrow a=1$

$y=-3^{x-1}$, $y=\log_3\left(\dfrac{x}{3}\right)$의 교점이 1개만 존재하고

교점의 x좌표는 1이다.

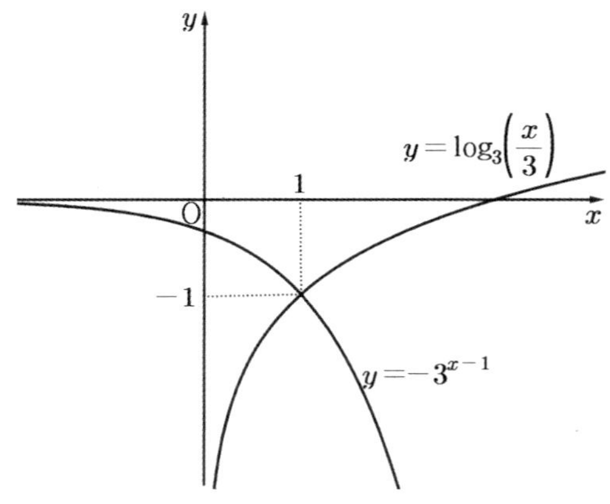

따라서 A$(1,\ -3)$, C$\left(\dfrac{1}{3},\ -1\right)$이다.

같은 방법으로

B$(b,\ -3^b)$라 하면 D는 BO를 $4:3$으로 외분하는 점이므로

D$(-3b,\ 3^{b+1})$이다.

점 D가 곡선 $y=\log_3 x$위의 점이므로

$3^{b+1}=\log_3(-3b)\Rightarrow b=-1$

따라서 B$\left(-1,\ -\dfrac{1}{3}\right)$, D$(3,\ 1)$이다.

아래의 $y=3^{x+1}$, $y=\log_3(-3x)$ 그래프에서 교점이 1개만 존재하고 교점의 x좌표는 -1이다.

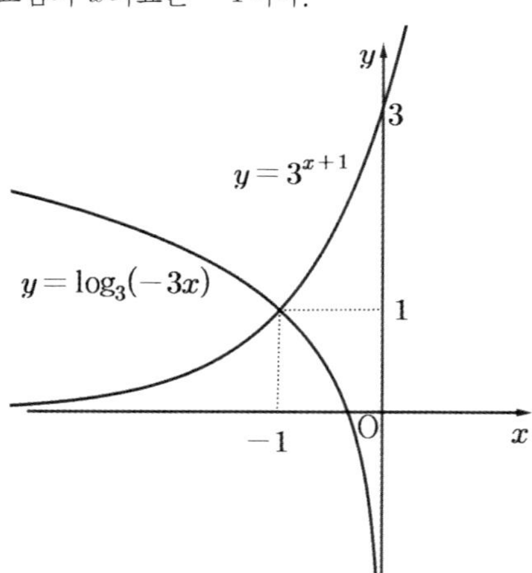

따라서 삼각형 ABD의 넓이는

$=\dfrac{1}{2}\begin{vmatrix} 3 & 1 & -1 & 3 \\ 1 & -3 & -\dfrac{1}{3} & 1 \end{vmatrix}$

$=\dfrac{1}{2}\left|\left(-9-\dfrac{1}{3}-1\right)-(1+3-1)\right|$

$=\dfrac{20}{3}$

18 정답 ④

[출제자 : 정일권T]
[그림 : 이정배T]

$g(k)$를 만족하는 x의 개수는 $f^{-1}(k)<x<f^{-1}(k+1)$을 만족하는 정수의 개수이다. 한편, $\displaystyle\sum_{k=1}^{14}g(k)$의 의미를 해석해 보면 k값에 따른 $g(k)$값을 하나하나 계산하기 보다는 합의 전체 의미를 알아보면 x의 값이

$f^{-1}(1)<x<f^{-1}(15)$ → $3^{\frac{1}{3}}<x<3^{\frac{14+1}{3}}$ 을 만족하는 정수의 개수에서 k값에 따른 경계점이 정수가 되는 x의 값만 빼면 된다는 것을 알 수 있다.

즉, $f^{-1}(k)=3^{\frac{k}{3}}$, $f^{-1}(k+1)=3^{\frac{k+1}{3}}$ 이 정수인 경우 제외

따라서, $1<3^{\frac{1}{3}}<2,\ 3^{\frac{14+1}{3}}=3^5=243$이므로

$2\le x<243$에서 $k=2,3,5,6,8,9,11,12$일 때 정수 x값만 빼면 된다.

k가 2, 3일 때는 $f^{-1}(2+1)=3^{\frac{2+1}{3}}=3$, $f^{-1}(3)=3^{\frac{3}{3}}=3$으로 중복

k가 5, 6일 때

k가 8, 9일 때

k가 10, 11일 때 마찬가지로 중복된다.

따라서 $241-4=237$이다.

19 정답 ④

점 B는 두 곡선 $y=\dfrac{16}{15}\left(\dfrac{1}{2}\right)^x-\dfrac{34}{15}$, $y=2^x-6$의 교점이므로

$\dfrac{16}{15}\left(\dfrac{1}{2}\right)^x-\dfrac{34}{15}=2^x-6$

$16\times 2^{-x}-34=15\times 2^x-90$

$15\times 2^x-56-16\times 2^{-x}=0$

$2^x=t\,(t>0)$라 두고 정리하면

$15t^2-56t-16=0\Rightarrow(t-4)(15t+4)=0$에서 $t=4$

따라서 $x=2$

그러므로 B$(2,\ -2)$이다.

ㄱ. A$(-2,\ 2)$와 B$(2,\ -2)$를 지나는 직선은 $y=-x$이다. (참)

ㄴ. $y=\log_2(x+6)$, $y=2^x-6$은 역함수 관계이므로 점 C는 $y=x$위의 점이다.

따라서 $x<y\le\log_2(x+6)$, $y\ge\dfrac{16}{15}\left(\dfrac{1}{2}\right)^x-\dfrac{34}{15}$에 속하는 격자점의 개수의 2배와 $y=x$위의 격자점의 개수의 합이 색칠된 부분의 격자점의 개수이다.

$f(x) = \frac{16}{15}\left(\frac{1}{2}\right)^x - \frac{34}{15}$ 라 할 때, $f(-1) = -\frac{2}{15} < 0$이므로

$(-1, 0)$이 포함된다.

$g(x) = \log_2(x+6)$라 할 때, $g(3) > 3$, $g(4) < 4$이므로

$y = \log_2(x+6)$와 $y = x$의 교점 (t, t)라 할 때. $3 < t < 4$이다.

또한 $2 < g(-1) < 3$, $2 < g(0) < 3$, $2 < g(1) < 3$,

$g(2) = 3$이므로 다음 그림과 같이 $y \geq \frac{16}{15}\left(\frac{1}{2}\right)^x - \frac{34}{15}$,

$x < y \leq \log_2(x+6)$에 속하는

격자점의 개수는 8이다.

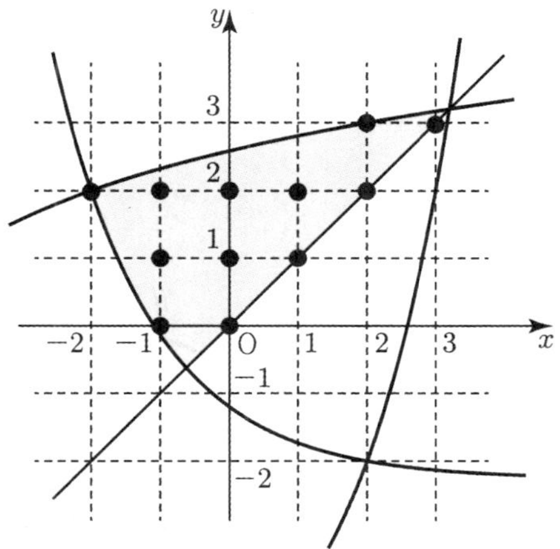

$y = x$위의 점은 $(0, 0)$, $(1, 1)$, $(2, 2)$, $(3, 3)$으로 4개다.

따라서 그림의 색칠된 부분의 격자점의 개수는

$8 \times 2 + 4 = 20$이다. (거짓)

ㄷ. 선분 AB위에 원점 O가 있고 $\overline{AB} \perp \overline{OC}$이므로

$S = \frac{1}{2} \times \overline{AB} \times \overline{OC}$이다.

$\overline{AB} = \sqrt{4^2 + 4^2} = 4\sqrt{2}$이고 C$(t, t)$라 할 때 $\overline{OC} = t\sqrt{2}$이다.

따라서 $S = 4t$

$y = 2^x - 6$과

$y = x$에서 $h(x) = x - (2^x - 6) = (x+6) - 2^x$라 할 때 색칠된

부분은 $h(x) > 0$에 속한다.

$h\left(\frac{7}{2}\right) = \frac{19}{2} - 2^{\frac{7}{2}}$에서 $19 < 2^{\frac{9}{2}}$이므로 $h\left(\frac{7}{2}\right) < 0$이다.

따라서 $\frac{7}{2} < 2^{\frac{7}{2}} - 6$이므로 $t < \frac{7}{2}$이다.

따라서 $3 < t < \frac{7}{2}$이므로

$12 < S = 4t < 14$이다.

[랑데뷰팁]-Pick's Theorem ⇨ 랑데뷰세미나

세미나(103)참고

픽(George Pick)은 격자평면에서 모든 꼭짓점이 격자점

위에 놓인 다각형과 이의 넓이와의 관계를 발견하여 다음

식을 증명하였다.

$$S = \alpha + \frac{\beta}{2} - 1$$

(S:다각형의 넓이, α:내부의 격자점의 개수, β:경계 위의

격자점의 개수)

ㄴ.을 이용하여 ㄷ.에 적용해보면

점 C 바로 아래에 점 D$(3, 3)$라 하고

$\triangle$ABD 의 넓이를 S'라 하면 $S' < S$이다.

S'의 넓이를 픽의 정리로 구해보자.

α(내부의 격자점의 개수) : 10

β(경계 위의 격자점의 개수) : 6

따라서 $S' = 10 + \frac{6}{2} - 1 = 12$

점 C 바로 위의 점 E$(4, 4)$라 하고 A$(-2, 2)$,

B$(2, -2)$인 $\triangle$ABE의 넓이를 S''라 하면 $S < S''$이다.

S''의 넓이를 픽의 정리로 구해보자.

α(내부의 격자점의 개수) : 13

α(경계 위의 격자점의 개수) : 8

따라서 $S'' = 13 + \frac{8}{2} - 1 = 16$

$12 < S < 16$임을 알 수 있다.

20 정답 ②

[그림 : 최성훈T]

$f(x) = 2^{-x} + a$라 하고 그 역함수를 $g(x)$라 하면

$g(x) = -\log_2(x-a)$이다.

함수 $f(x)$와 그 역함수 $g(x)$는 모두 감소함수이다.

함수 $f(x)$가 C$(5, 4)$를 지날 때, 그 역함수 $g(x)$는 $(4, 5)$를

지나고 감소하므로 삼각형 ABC의 변을 지나게 된다.

a의 최댓값은 $f(5) = 4$를 만족하는 a의 값이다.

$4 = 2^{-5} + a$

$M = 4 - \frac{1}{32} = \frac{127}{32}$

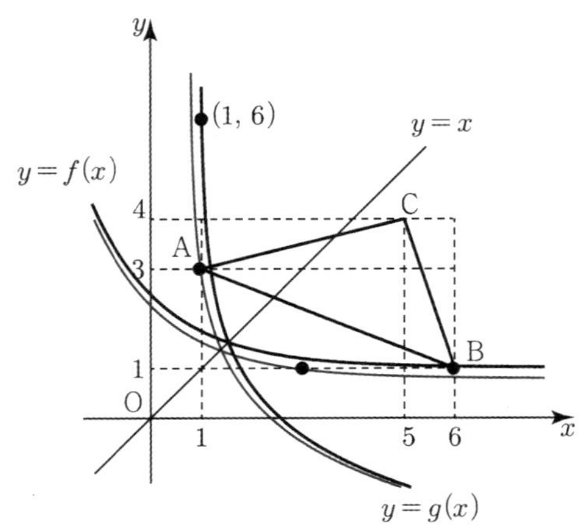

a의 최솟값은 $f(x)$가 B$(6, 1)$을 지날 때와 $g(x)$가 A$(1, 3)$을 지날 때를 비교하면 된다.

함수 $f(x)$가 B$(6, 1)$을 지나면 함수 $g(x)$가 $(1, 6)$을 지나게 되고 감소함수이므로 A$(1, 3)$의 오른쪽 부분을 지나므로 조건을 만족한다.

함수 $g(x)$가 A$(1, 3)$을 지나면 함수 $f(x)$가 $(3, 1)$을 지나고 함수 $f(x)$가 감소함수이므로 B$(6, 1)$의 아래쪽을 지나게 되어 함수 $f(x)$는 삼각형 ABC의 세 변을 지나지 않게 된다.

따라서

a의 최솟값은 $f(6) = 1$을 만족할 때다.

$$1 = 2^{-6} + a$$

$$a = 1 - \frac{1}{64}$$

$$m = \frac{63}{64}$$

$$M + m = \frac{127}{32} + \frac{63}{64} = \frac{317}{64}$$

[랑데뷰팁]– 그림 설명

$y = f(x)$가 B$(6, 1)$을 지날 때,

$f(x) = 2^{-x} + \dfrac{63}{64}$, $g(x) = -\log_2\left(x - \dfrac{63}{64}\right)$이고 두 그래프는 삼각형과 만난다.

$y = g(x)$가 A$(1, 3)$을 지날 때, $f(x) = 2^{-x} + \dfrac{7}{8}$,

$g(x) = -\log_2\left(x - \dfrac{7}{8}\right)$이고 함수 $y = f(x)$는 삼각형과 만나지 않는다.

---

21 정답 52

[그림 : 최성훈T]

A$(1, 0)$, B$(a, 1)$, C$(a+1, 0)$, D$(0, a+1)$이므로

$\triangle \text{ABD} = \dfrac{1}{2}a^2$, $\triangle \text{ABC} = \dfrac{1}{2}a$이다.

삼각형 ABD의 넓이가 삼각형 ABC의 넓이의 2배이므로

$$\frac{1}{2}a^2 = 2 \times \frac{1}{2}a$$

$$\therefore \ a = 2$$

따라서 $y = \log_2 x$의 그래프 위의 점 B$(2, 1)$이다.

직선 l의 방정식은 $y = -x + 3$이므로 C$(3, 0)$, D$(0, 3)$이다.

(가)조건에서 $f(x)$는 밑이 2인 로그함수임을 알 수 있고 (나)조건의 C, D를 지나므로 감소함수이어야 한다. 따라서 $y = f(x)$는 $y = \log_2(-x)$또는 $y = -\log_2 x$을 평행이동 한 그래프이다.

그런데 $f(1) < 2$을 만족하는 그래프는 아래로 볼록으로 감소하므로 $y = f(x)$는 $y = -\log_2 x$을 평행이동 한 그래프임을 알 수 있다.

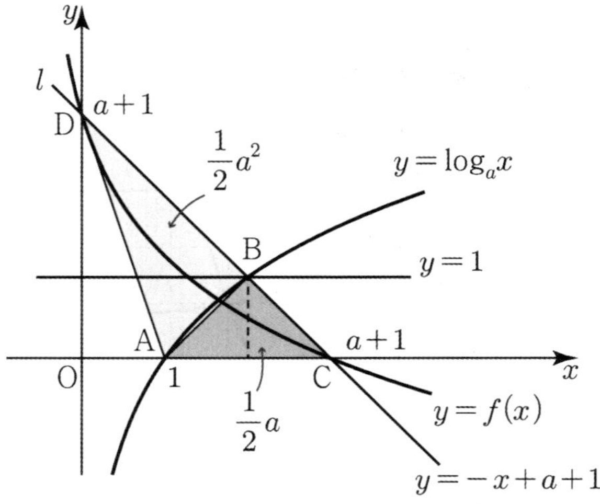

따라서 $f(x) = -\log_2(x + m) + n$라 하자.

$f(0) = 3$, $f(3) = 0$이므로

$f(0) = -\log_2 m + n = 3$, $f(3) = -\log(3 + m) + n = 0$

$\log_2(3 + m) - \log_2 m = 3$에서

$$\frac{3 + m}{m} = 8$$

$$3 + m = 8m$$

$$\therefore \ m = \frac{3}{7}$$

따라서 $n = 3 + \log_2 \dfrac{3}{7} = \log_2 \dfrac{24}{7}$

그러므로 $f(x) = -\log_2\left(x + \dfrac{3}{7}\right) + \log_2 \dfrac{24}{7}$

$f(\alpha) = -1$이므로 $-1 = -\log_2\left(\alpha + \dfrac{3}{7}\right) + \log_2 \dfrac{24}{7}$에서

$$\log_2\left(\alpha + \frac{3}{7}\right) = 1 + \log_2 \frac{24}{7} = \log_2 \frac{48}{7}$$

$$\alpha + \frac{3}{7} = \frac{48}{7}$$

$$\therefore \ \alpha = \frac{45}{7}$$

$p = 7$, $q = 45$이므로 $p + q = 52$이다.

22 정답 ④

$y = \log_2(x+1)$의 $(1, 0)$에 대칭인 함수는
$-y = \log_2(3-x)$이다.

따라서 $\log_2(x+1) = \log_2\left(\dfrac{1}{3-x}\right)$의 두 근이

$\alpha,\ \beta$이다.

$(x+1)(3-x) = 1 \to x^2 - 2x - 2 = 0$에서

$\alpha + \beta = 2,\ \alpha\beta = -2$

$\therefore\ \alpha^2 + \beta^2 = (\alpha+\beta)^2 - 2\alpha\beta = 8$

[랑데뷰팁]

곡선 $y = \log_2(x+1)$과 직선 l로 둘러싸인 도형은 다음과
같다.

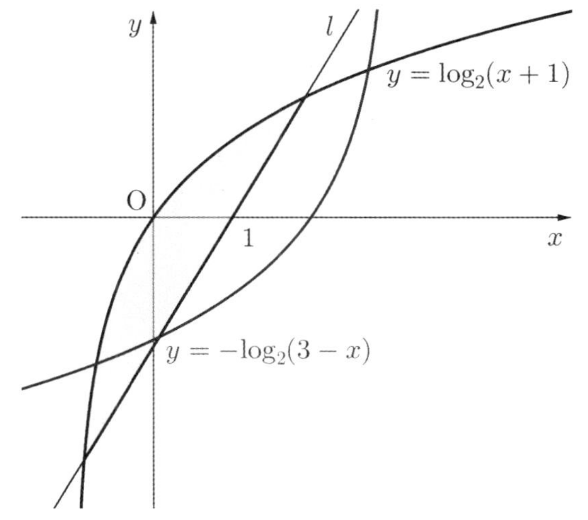

$y = \log_2(x+1)$의 $(1, 0)$에 대칭인 곡선과 넓이 관계는
다음과 같다.

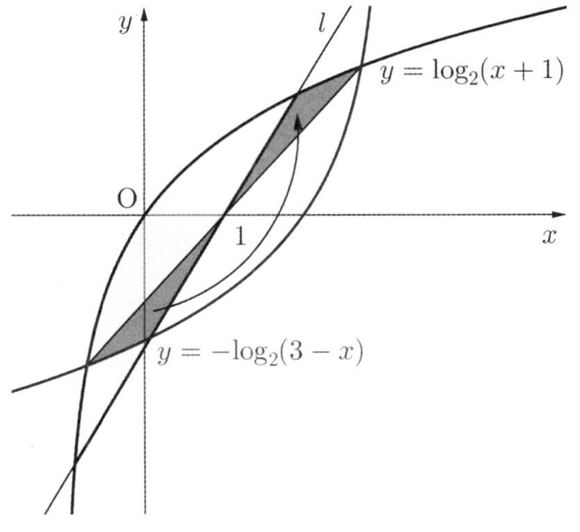

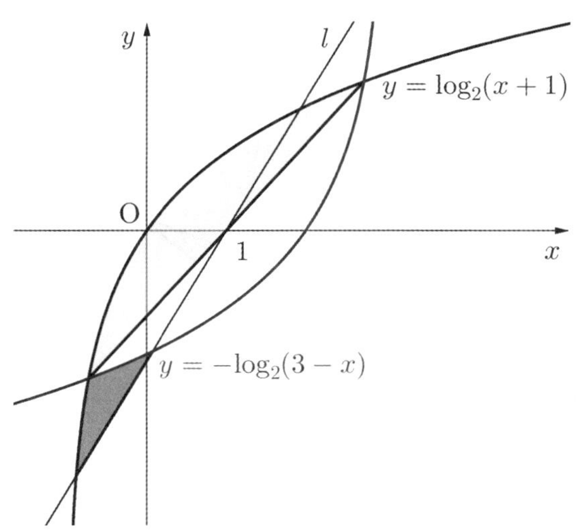

따라서 $y = \log_2(x+1)$과 $(1, 0)$을 지나는 직선의
최소 넓이는 다음 그림과 같이
$y = \log_2(x+1)$의 $(1, 0)$에 대칭인 곡선의 두 교점을
직선 l이 지날 때이다.

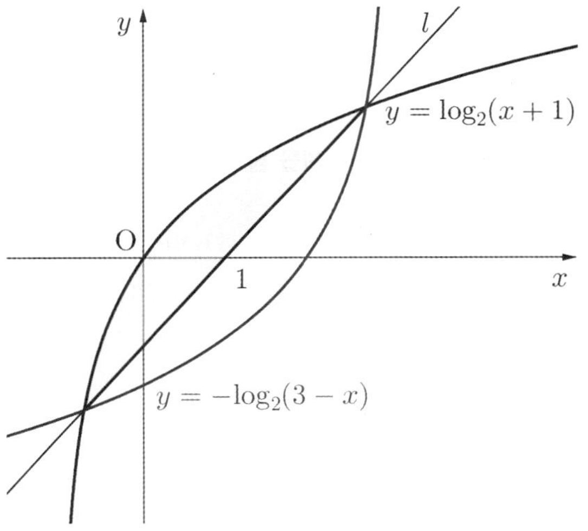

⇨ 만약 한 점 A에 대칭인 두 곡선이 두 점에서 만나면
두 점을 연결한 현은 한 곡선과 점 A를 지나는 직선으로
둘러싸인 활꼴 모양의 넓이가 최소일 때의 직선의 일부가
된다.
(수학강사연구모임 **쒸니** 선생님 아이디어)

$(1, 0)$을 지나고 기울기가 m_1, m_2 $(m_1 < m_2)$인 두 직선과
$y = \log_2(x+1)$으로 둘러싸인 부분의 넓이를 생각해 보자.

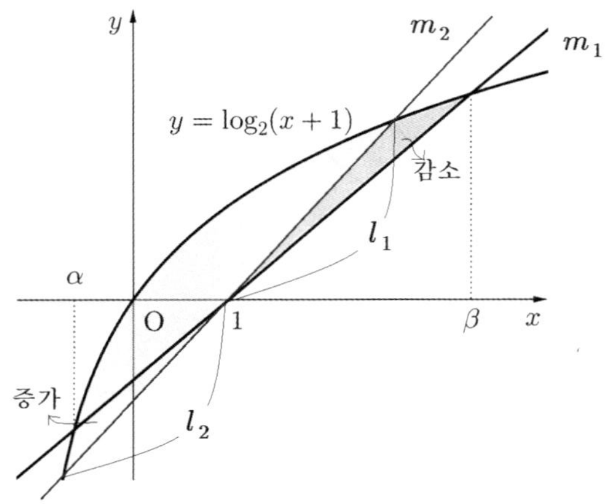

기울기가 m_2인 직선이 $y = \log_2(x+1)$과 만나는 점 중
x좌표가 양수인 점과 $(1, 0)$사이 거리를 l_1이라 하고 x좌표가
음수인 점과 $(1, 0)$사이 거리를 l_2이라 하자.

기울기가 m_1인 직선을 기준으로 l_1은 기울기가 커질수록
작아지고 l_2는 기울기가 커질수록 커진다.

l_1과 l_2는 넓이의 변화율을 나타내므로 $l_1 = l_2$일 때 넓이가
최소가 된다.

[랑데뷰세미나(100) 넓이의 변화율 참고]

즉, $(\alpha, f(\alpha))$, $(\beta, (f(\beta)))$의 중점이 $(1, 0)$이 될 때 최소가
된다.

따라서 $\beta = 2 - \alpha$

$\log_2(\alpha+1) + \log_2(\beta+1)$
$= \log_2(\alpha+1) + \log(3-\alpha) = 0$

에서 $(\alpha+1)(3-\alpha) = -\alpha^2 + 2\alpha + 3 = 1$

$\alpha^2 - 2\alpha - 2 = 0$

$\alpha = 2 - \beta$을 대입하면

$\beta^2 - 2\beta - 2 = 0$이다.

그러므로

$x^2 - 2x - 2 = 0$의 두 근이 α, β이다.

$\alpha + \beta = 2$, $\alpha\beta = -2$

$\therefore \ \alpha^2 + \beta^2 = (\alpha+\beta)^2 - 2\alpha\beta = 8$

23 정답 71

$\log_2(x-1) - \log_4\left(x - \log_3\sqrt{n}\right) = 1$에서

로그의 진수 조건에서 $x > 1$이고 $x > \dfrac{1}{2}\log_3 n$이어야 한다.

$n = 9$일 때, $\dfrac{1}{2}\log_3 9 = 1$이므로

$1 \leq n \leq 9$일 때, $x > 1$이고 $n \geq 10$일 때,

$x > \dfrac{1}{2}\log_3 n$이다. $\cdots$ ㉠

한편, 방정식을 정리하면

$\log_2(x-1) = \log_4\left(x - \dfrac{1}{2}\log_3 n\right) + 1$

$\log_4(x-1)^2 = \log_4(4x - 2\log_3 n)$

$(x-1)^2 = 4x - 2\log_3 n$

$x^2 - 6x + 1 = -2\log_3 n$

$f(x) = x^2 - 6x + 1 = (x-3)^2 - 8$이라 하면

방정식의 실근의 개수는

$x > 1$이고 $x > \dfrac{1}{2}\log_3 n$일 때 곡선 $y = f(x)$와

직선 $y = -2\log_3 n$의 교점의 개수와 같다.

(i) $1 \leq n \leq 9$일 때,

㉠에서 $x > 1$이고 곡선 $y = f(x)$와 직선 $y = -2\log_3 n$의

교점의 개수가 2이기 위해서는

$f(1) = -4$이므로 $-8 < -2\log_3 n < -4$이어야 한다.

$2 < \log_3 n < 4$

$9 < n < 81$

따라서 모순이다.

(ii) $n \geq 10$일 때,

㉠에서 $x > \dfrac{1}{2}\log_3 n$이고 곡선 $y = f(x)$와 직선 $y = -2\log_3 n$의

교점의 개수가 2이기 위해서는

$f\left(\dfrac{1}{2}\log_3 n\right) = \left(\dfrac{\log_3 n}{2} - 3\right)^2 - 8$이므로

$-8 < -2\log_3 n < \left(\dfrac{\log_3 n}{2} - 3\right)^2 - 8$이어야 한다.

$-\dfrac{1}{2}\left(\dfrac{\log_3 n}{2} - 3\right)^2 + 4 < \log_3 n < 4$

부등식을 풀면

$\log_3 n < 4$에서 $n < 3^4 = 81$

$-\dfrac{1}{2}\left(\dfrac{\log_3 n}{2} - 3\right)^2 + 4 < \log_3 n$에서

$-\dfrac{1}{8}(\log_3 n)^2 + \dfrac{3}{2}\log_3 n - \dfrac{1}{2} < \log_3 n$

$(\log_3 n)^2 - 4\log_3 n + 4 > 0$에서 항상 성립한다.

그러므로

$10 \leq n < 81$

(i), (ii)에서 자연수 n의 개수는 71이다.

24 정답 29

$f(x) = a^{x+2} + b$의 점근선은 $y = b$이므로 점 P의 좌표는
$(0, b)$이다.

$P(0, b)$, $A(2, 1)$에서 점 A는 점 P를 x축으로 2만큼,
y축으로 $1 - b$만큼 평행이동한 점이다.

(가)에서 삼각형 APQ는 직각이등변삼각형이므로
점 Q는 점 A를 x축으로 $b-1$만큼, y축으로 2만큼 평행이동한
점이어야 한다.
따라서 점 $Q(b+1,\,3)$이다.
(나)에서 직각삼각형의 외접원의 중심은 빗변의 중점에 위치하고
그 점이 $y=-x$위에 있으므로 $P(0,\,b)$와 $Q(b+1,\,3)$의
중점 $\left(\dfrac{b+1}{2},\,\dfrac{b+3}{2}\right)$는 $y=-x$위에 있다.

따라서 $\dfrac{b+3}{2}=-\dfrac{b+1}{2}$에서 $b=-2$

그러므로 $f(x)=a^{x+2}-2$이고 점 $Q(-1,\,3)$이
곡선 $y=f(x)$위에 있으므로
$3=a^{-1+2}-2$에서
$a=5$이다.
따라서 $a^2+b^2=25+4=29$이다.

25 정답 15

$f(x)=\log_a(x+b)$의 점근선은 $x=-b$이므로
점 P의 좌표는 $(-b,\,0)$이다.
$P(-b,\,0)$, $A(3,\,-2)$에서
점 A는 점 P를 x축으로 $3+b$만큼, y축으로 -2만큼
평행이동한 점이다.
(가)에서 삼각형 APQ는 직각이등변삼각형이므로
$y=-2$과 $x=-b$와의 교점을 P'라 하고 점 Q를 지나고 x축에
수직인 직선이 $y=-2$과 만나는 점을 Q'라 하면
$\triangle PAP' \equiv \triangle QAQ'$이다.

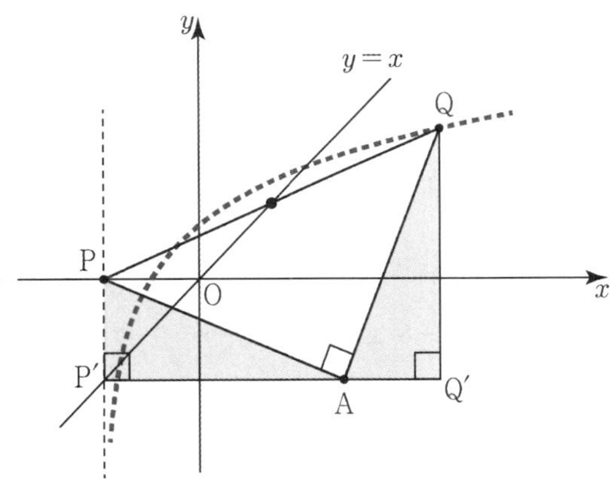

따라서 점 Q는 점 $A(3,\,-2)$를 x축으로 2만큼,
y축으로 $3+b$만큼 평행이동한 점이어야 한다.
그러므로 점 $Q(5,\,1+b)$이다.
(나)에서 직각삼각형의 외접원의 중심은 빗변의 중점에 위치하고
그 점이 $y=x$위에 있으므로 $P(-b,\,0)$와 $Q(5,\,1+b)$의
중점 $\left(\dfrac{-b+5}{2},\,\dfrac{b+1}{2}\right)$는 $y=x$위에 있다.

따라서 $\dfrac{b+1}{2}=\dfrac{-b+5}{2}$에서 $b=2$

그러므로 $f(x)=\log_a(x+2)$이고 점 $Q(5,\,3)$이 곡선
$y=f(x)$위에 있으므로

$3=\log_a 7$에서 $a^3=7$이다.
$a^3+b^3=7+8=15$

26 정답 ①

[그림 : 최성훈T]

직선 $y=k$가 두 곡선 $y=2^{x+1}$, $y=2^{3x+2}$와 만나는 점의
x좌표를 구해보자.
$2^{x+1}=k$, $x+1=\log_2 k$
$\therefore\ x=-1+\log_2 k$
$2^{3x+2}=k$, $3x+2=\log_2 k$
$\therefore\ x=\dfrac{-2+\log_2 k}{3}$

따라서
$$\overline{AB}=\dfrac{-2+\log_2 k}{3}-(-1+\log_2 k)$$
$$=\dfrac{1-2\log_2 k}{3}$$

직선 $y=k+a$가 두 곡선 $y=2^{x+1}$, $y=2^{3x+2}$와 만나는
교점을 구해보자.
$2^{x+1}=k+a$, $x+1=\log_2(k+a)$
$\therefore\ x=-1+\log_2(k+a)$
$2^{3x+2}=k+a$, $3x+2=\log_2(k+a)$
$\therefore\ x=\dfrac{-2+\log_2(k+a)}{3}$

따라서
$$\overline{CD}=\{-1+\log_2(k+a)\}-\left\{\dfrac{-2+\log_2(k+a)}{3}\right\}$$
$$=\dfrac{-1+2\log_2(k+a)}{3}$$

$\overline{AB}=\overline{CD}$이므로
$1-2\log_2 k=-1+2\log_2(k+a)$
$2\log_2(k^2+ak)=2$
$\log_2(k^2+ak)=1$
$k^2+ak=2$

따라서 $a=\dfrac{2}{k}-k$

$f(k)=\dfrac{2}{k}-k$

$f(1)=1$, $f\left(\dfrac{1}{2}\right)=\dfrac{7}{2}$, $f\left(\dfrac{1}{4}\right)=\dfrac{31}{4}$

$f(1)\times f\left(\dfrac{1}{2}\right)\times f\left(\dfrac{1}{4}\right)=\dfrac{217}{8}$

27 정답 13

k는 자연수이다.

m	$f(m)$	$f(m)f(n)$
1	0	모순
3	1	$\log \sqrt{n}$ 가 자연수 $\sqrt{n}=2^k$꼴 $n=2^{2k}$로 n는 자연수로 모순
3^2	2	$\log n$가 자연수 $n=2^k$꼴로 n는 자연수로 모순
3^3	3	$\log n^{\frac{3}{2}}$가 자연수 $n^{\frac{3}{2}}=2^k$꼴 $n=2^{\frac{2k}{3}}$꼴 $2^{\frac{2}{3}}, 2^{\frac{4}{3}}, 2^{\frac{8}{3}}, 2^{\frac{10}{3}}, 2^{\frac{14}{3}}, 2^{\frac{16}{3}}$으로 6개 $2^{\frac{20}{3}}>100$
3^4	4	$\log n^2$가 자연수 $n^2=2^k$꼴 $n=2^{\frac{k}{2}}$꼴 $2^{\frac{1}{2}}, 2^{\frac{3}{2}}, 2^{\frac{5}{2}}, 2^{\frac{7}{2}}, 2^{\frac{9}{2}}, 2^{\frac{11}{2}}, 2^{\frac{13}{2}}$으로 7개 $2^{\frac{15}{2}}>100$

따라서
순서쌍 (m, n)의 개수는 $6+7=13$이다.

28 정답 21

[그림 : 최성훈T]

함수 $f(x)$의 그래프와 함수 $g(x)$의 그래프가 서로 다른 두 점에서 만날 때, 두 점의 x좌표를 각각 a, b $(a>b)$라 하자.
함수 $f(x)$는 증가함수이므로 만족하는 a, b는 $a>0$, $b<0$이

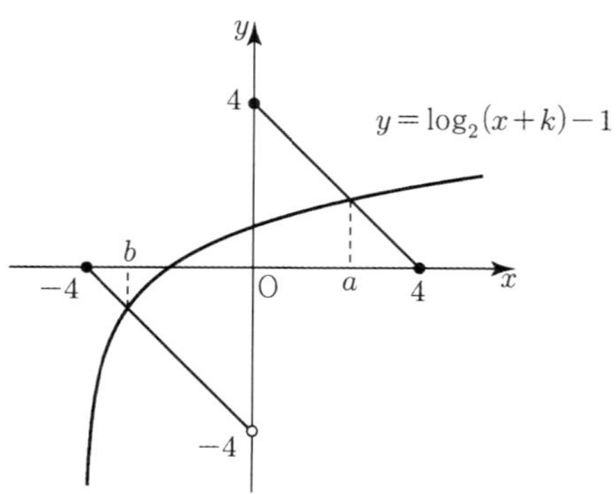

$a>0$이므로 $f(4) \geq 0$
$b<0$이므로 $f(-4) \leq 0$
또한 교점의 개수가 2이기 위해서는
$-4 < f(0) \leq 4$이다.
(i) $f(4) \geq 0$에서 $\log_2(4+k)-1 \geq 0$
$\log_2(4+k) \geq 1$
$4+k \geq 2$
$\therefore k \geq -2$
(ii) $f(-4) \leq 0$에서 $\log_2(-4+k)-1 \leq 0$
$\log_2(-4+k) \leq 1$
$-4+k \leq 2$
$\therefore k \leq 6$
(iii) $-4 < f(0) \leq 4$에서 $-4 < \log_2 k - 1 \leq 4$
$-3 < \log_2 k \leq 5$
$\frac{1}{8} < k \leq 32$
$\therefore \frac{1}{8} < k \leq 32$
(i), (ii), (iii)에서
$\frac{1}{8} < k \leq 6$
따라서 가능한 정수 k의 합은
$1+2+3+4+5+6=21$
이다.

29 정답 25

수열 $\{a_n\}$은 첫째항이 $\frac{1}{9}$이고 공비가 $3^{\frac{2}{3}}$이므로
$$a_n = \frac{1}{9} \times \left(3^{\frac{2}{3}}\right)^{n-1} = 3^{-2} \times 3^{\frac{2n-2}{3}} = 3^{\frac{2n-8}{3}}$$
$\log 1 = 0$, $\log 10 = 1$이므로
(i) $a_n = 3^{\frac{2n-8}{3}} \geq 1$인 n의 값의 범위는
$3^{\frac{2n-8}{3}} \geq 3^0$에서 $2n-8 \geq 0$, $n \geq 4$
즉, $a_3 < 1$, $a_4 \geq 1$
(ii) $a_n = 3^{\frac{2n-8}{3}} \geq 10$인 n의 값의 범위는
$3^{2n-8} \geq 10^3$에서
$n=7$이면 $3^{2\times7-8}=3^6=729$,
$n=8$이면 $3^8=6561$이므로
$n \geq 8$
즉, $a_7 < 10$, $a_8 > 10$
수열 $\{a_n\}$은 증가하는 수열이므로
$a_1 = \frac{1}{9} < a_2 < a_3 < a_4 = 1 < a_5 < a_6$
$< a_7 < 10 < a_8 < a_9 < \cdots$
$\log a_n$의 정수부분이 b_n이므로
$b_1 = b_2 = b_3 = -1$

$b_4 = b_5 = b_6 = b_7 = 0$

$b_8 = 1$이고 $n \geq 8$일 때 $b_n \geq 1$

따라서

$n = 3$일 때, $\sum\limits_{k=1}^{3} b_k = \sum\limits_{k=1}^{3} (-1) = -3$

$n = 4$일 때, $\sum\limits_{k=1}^{4} b_k = -3 + 0 = -3$

$n = 5$일 때, $\sum\limits_{k=1}^{5} b_k = -3 + 0 + 0 = -3$

$n = 6$일 때, $\sum\limits_{k=1}^{6} b_k = -3 + 0 + 0 + 0 = -3$

$n = 7$일 때, $\sum\limits_{k=1}^{7} b_k = -3 + 0 + 0 + 0 + 0 = -3$

$n = 8$일 때, $\sum\limits_{k=1}^{8} b_k = -3 + 0 + 0 + 0 + 0 + 1 = -2$

$\sum\limits_{k=1}^{n} b_k = -3$을 만족하는 n은 3, 4, 5, 6, 7이므로 구하는

값은

$3 + 4 + 5 + 6 + 7 = 25$

30 정답 404

$\log x = n + f(x)$ (단, n은 정수, $0 \leq f(x) < 1$)

이므로 $f(x) = \log x - n$에서 $x \geq \dfrac{1}{100}$ 을

$\dfrac{1}{100} \leq x < \dfrac{1}{10}$, $\dfrac{1}{10} \leq x < 1$, $1 \leq x < 10$, $\cdots$

으로 나눌 때 정수 n이 결정되므로

$y = -18f(x)$ 의 그래프 개형을 파악할 수 있다.

또한 $(a-22)^2 + b^2$은 a-b평면에서 $(22, 0)$과 (a, b)의

$\sqrt{}$ 거리 를 나타내므로 그래프를 그려서 $(22, 0)$에 가까운 곳을

조사해 보자.

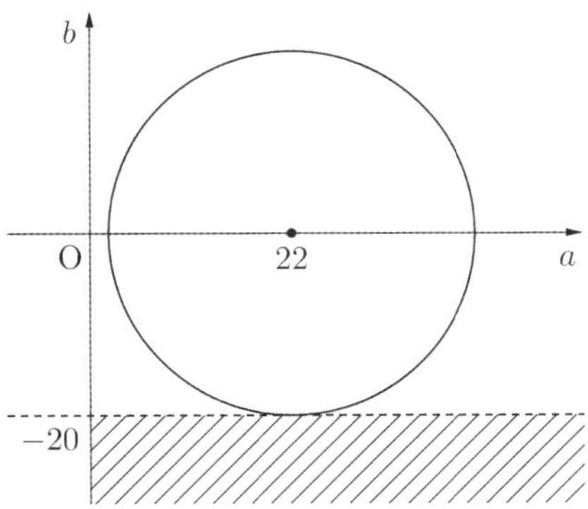

(i) $\dfrac{1}{100} \leq x < \dfrac{1}{10}$에서 $y = -18f(x)$ 와 $g(x) = ax + b$의

그래프가 한 점에서만 만나기 위한 상황은 다음과 같다.

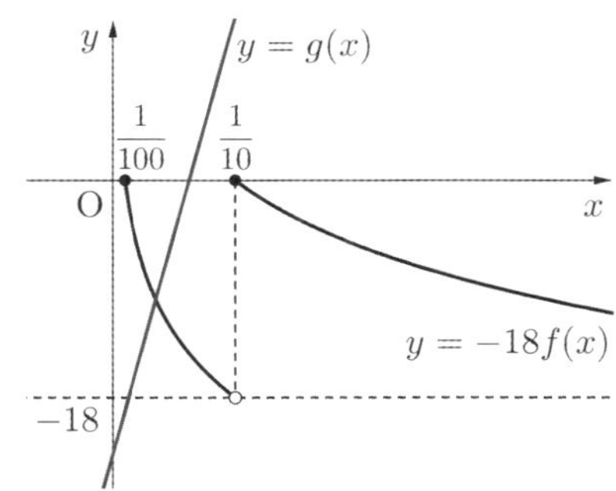

$g\left(\dfrac{1}{100}\right) \leq 0$, $g\left(\dfrac{1}{10}\right) > 0$이므로

$b \leq -\dfrac{1}{100}a$, $b > -\dfrac{1}{10}a \rightarrow$ 두 직선 $b = -\dfrac{1}{100}a$,

$b = -\dfrac{1}{10}a$와 $b = -20$의 교점은

각각 $(2000, -20)$, $(300, -20)$이므로 $(a-22)^2 + b^2$의

최솟값과는 거리가 멀다.

(값을 계산하기 전에 (ii)을 알아본 뒤 내린 결정)

(ii) $\alpha \geq -1$인 정수 α에 대하여 $10^{\alpha} \leq x < 10^{\alpha+1}$에서

$y = -18f(x)$ 와 $g(x) = ax + b$의 그래프가 한 점에서만 만나기

위한 상황은 다음과 같다.

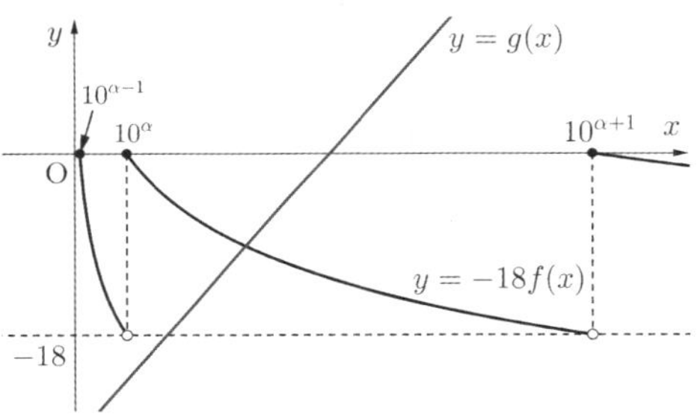

$g(10^{\alpha}) \leq -18$, $g(10^{\alpha+1}) > 0$이므로

$b \leq -10^{\alpha}a - 18$, $b > -10^{\alpha+1}a \rightarrow$ 두 직선 $b = -10^{\alpha}a$,

$b = -10^{\alpha+1}a$의 교점은 $\left(\dfrac{2}{10^{\alpha}}, -20\right)$이므로

$(a-22)^2 + b^2$의 $(22, 0)$과 가장 가까울 때는 $\alpha = -1$인

$(20, -20)$일 때다.

따라서 $b = -\dfrac{1}{10}a - 18$와 $(22, 0)$의 거리의 제곱값이

$(a-22)^2 + b^2$의 최솟값이다.

즉, $x + 10y + 180 = 0$과 $(22, 0)$의 거리를 d라 할 때

$\therefore d^2 = \left(\dfrac{|22 + 180|}{\sqrt{1^2 + 10^2}}\right)^2 = \dfrac{202^2}{101} = 404$

그러므로 $(a-22)^2 + b^2$의 최솟값은 404이다.

[다른 풀이]-김은수T

점 $(22, 0)$와 $(20, -20)$을 지나는 직선의 거리의 최솟값은

두 점 $(22, 0)$와 $(20, -20)$사이의 거리이므로

$(a-22)^2 + b^2 \geq (22-20)^2 + 20^2 = 404$

[랑데뷰세미나 세미나(18)참고]

$A(1, 0)$, $B(2k-1, 0)$이므로 $\overline{AB}=2k-2$

따라서 직각삼각형의 빗변의 길이가 $2k-2$이다.

두 곡선 $y=\log_a x$, $y=\log_a(2k-x)$은 $x=k$에 대칭이므로

꼭짓점 C에서 $\overline{AB}$에 내린 수선의 발을 H라 하면

$$\overline{AH}=\overline{CH}=\frac{2k-2}{2}=k-1$$

따라서 꼭짓점 C의 좌표는 $(k, k-1)$이다. $\cdots$㉠

꼭짓점의 좌표가 $A(1, 0)$, $B(2k-1, 0)$, $C(k, k-1)$인

직각이등변 삼각형 ABC의 내부의 격자점중 y좌표 q의 값으로

가능한 수는 1부터 $k-2$까지 이다.

(i) $q=1$일 때,

$y=1$가 변 AC와 만나는 점의 좌표는 $(2, 1)$,

변 BC와 만나는 점의 좌표는 $(2k-2, 1)$

따라서 p의 값으로 가능한 자연수는 3부터 $2k-3$까지이다.

$\therefore$ $2k-5$개

(ii) $q=2$일 때,

$y=2$가 변 AC와 만나는 점의 좌표는 $(3, 2)$,

변 BC와 만나는 점의 좌표는 $(2k-3, 2)$

따라서 p의 값으로 가능한 자연수는 4부터 $2k-4$까지이다.

$\therefore$ $2k-7$개

$\vdots$　　　　$\vdots$

(k-2) $q=k-2$일 때,

$y=k-2$가 변 AC와 만나는 점의 좌표는 $(k-1, k-2)$,

변 BC와 만나는 점의 좌표는 $(k+1, k-2)$

따라서 p의 값으로 가능한 자연수는 k뿐이다.

$\therefore$ 1개

(i)~(k-2)에서 격자점 (p, q)의 개수는 첫째항이 1,

항수가 $k-2$, 끝항이 $2k-5$인 등차수열의 합을 나타내므로

$$\frac{(k-2)\{1+(2k-5)\}}{2}=(k-2)^2$$이다.

$(k-2)^2=100$에서 $k=12$이다.

한편, ㉠에서 $(k, k-1)=(12, 11)$이 $y=\log_a x$위의 점이므로

$11=\log_a 12$

$a^{11}=12$

$\therefore$ $a^{22}=144$

$a^{22}+k=144+12=156$

[그림 : 최성흔T]

$y=-x+k+10$은 $y=-x+k$을 y축의 방향으로 10만큼

평행이동 한 그래프이므로 $A(a, 2^a)$라 할 때, 점 A는

$y=-x+k$위의 점이므로 $2^a=-a+k$에서 $k=a+2^a$

점 A를 y축의 방향으로 10만큼 평행이동 한 점

$A'(a, 2^a+10)$이고 A'는 직선 $y=-x+k+10$위에 있다.

따라서 삼각형 ABA'는 직각이등변삼각형이므로 점 B의 좌표는

$(a+5, 2^a+5)$이다.

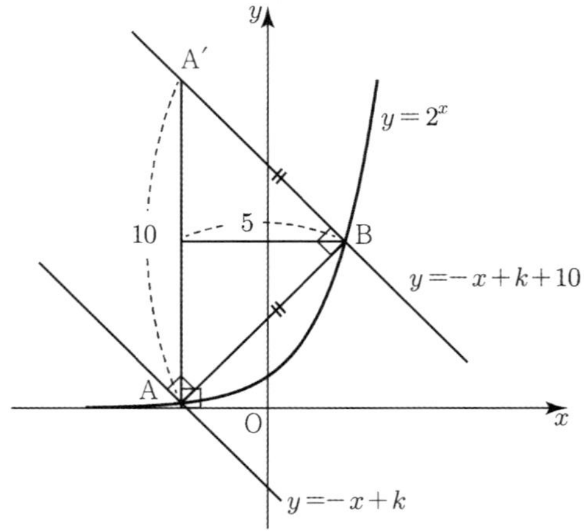

점 B는 $y=2^x$위에 있으므로 $2^a+5=2^{a+5}$에서

$31\times 2^a=5$, $\therefore$ $2^a=\frac{5}{31}$, $a=\log_2\left(\frac{5}{31}\right)$이다.

따라서 $k=a+2^a=\frac{5}{31}+\log_2\left(\frac{5}{31}\right)$

$\therefore$ $\alpha=\frac{5}{31}$

[랑데뷰팁]

$y=-x+k+10$은 $y=-x+k$을 x축의 방향으로 10만큼

평행이동 한 그래프로 봐도 동일한 결과를 얻을 수 있다.

(2) $y=-x+k+6$은 $y=-x+k$을 x축의 방향으로 6만큼

평행이동 한 그래프이므로 $A(a, \log_2 a)$라 할 때,

점 A는 $y=-x+k$위의 점이므로 $\log_2 a=-a+k$에서

$k=a+\log_2 a\cdots$㉠

점 A를 x축의 방향으로 6만큼 평행이동 한 점

$A'(a+6, \log_2 a)$이고 A'는 직선 $y=-x+k+6$위에

있다. 따라서 삼각형 ABA'는 직각이등변삼각형이므로

점 B의 좌표는 $(a+3, \log_2 a+3)$이다.

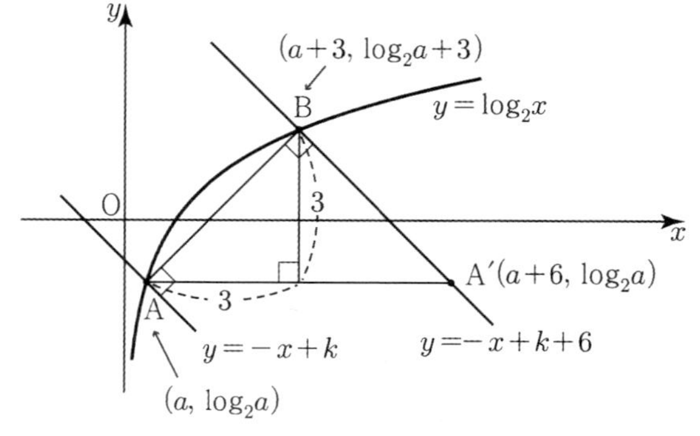

점 B는 $y=\log_2 x$위에 있으므로

$\log_2 a+3=\log_2(a+3)$에서

$$\log_2\left(1+\frac{3}{a}\right)=3$$

$$1+\frac{3}{a}=8$$

$$\frac{3}{a}=7$$

$$a=\frac{3}{7}\text{이다.}$$

$\bigcirc$에서 $k=a+\log_2 a=\dfrac{3}{7}+\log_2\dfrac{3}{7}$

따라서 $\alpha=\dfrac{3}{7}$이다.

$p=7$, $q=3$이므로 $p+q=10$이다.

[랑데뷰팁]

$y=-x+k+10$은 $y=-x+k$을 y축의 방향으로 10만큼 평행이동 한 그래프로 봐도 동일한 결과를 얻을 수 있다.

---

33 정답 2

함수 $f(x)$는 $x=-2$와 $x=2$에서 극솟값 0을 갖고, $x=0$에서 극댓값 1을 갖는 함수이다.

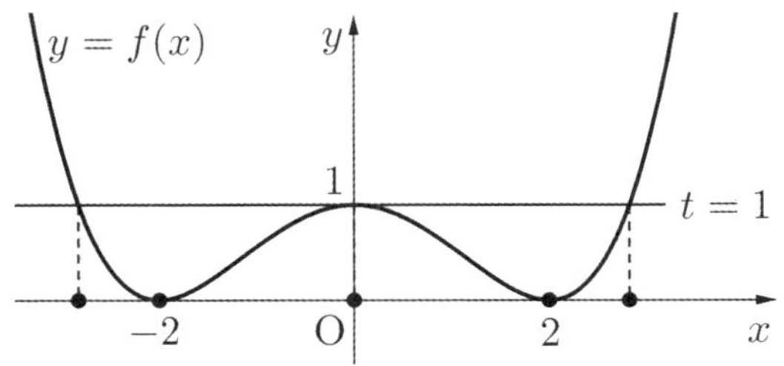

$f(x)=t$라 두면 $t=a^t-1$에서 $a\neq 0$이므로 a에 관계없이 $t=0$의 해를 갖는다.

$f(x)=0$의 해의 개수는 2개다.

해의 총 개수 5개 중 나머지 3개가 나오는 경우는 t 가 $f(x)$의 극댓값 1이 되는 경우다.

따라서 $1=a^1-1$에서 $a=2$이다.

[다른 풀이]-장정보T

y축 대칭인 함수 $f(x)$에 대하여 함수 $g(x)=a^{f(x)}-1$이라 하면

$f(-x)=f(x)$이므로

$g(-x)=a^{f(-x)}-1=a^{f(x)}-1=g(x)$로 함수 $g(x)$도

y축 대칭함수이다.

따라서 $f(x)=g(x)$의 교점은 y축을 기준으로 좌우 대칭으로 나타나므로

짝수개가 존재한다.

따라서 $f(x)=a^{f(x)}-1$의 해가 5개로 홀수개이므로

$f(x)$의 $(0,1)$이 교점에 포함되어야 한다.

그러므로 $f(0)=a^{f(0)}-1$에서

$$1=a^1-1$$

$$\therefore\ a=2$$

34 정답 ①

$$3^{2x}=\left(\frac{625}{9}\right)^y=25$$

$$25^{\frac{1}{x}}=3^2 \Rightarrow 5^{\frac{1}{x}}=3$$

$$25^{\frac{1}{y}}=\left(\frac{25}{3}\right)^2 \Rightarrow 5^{\frac{1}{y}}=\frac{25}{3}$$

$$5^{\frac{1}{x}+\frac{1}{y}}=25$$

$$5^{\frac{1}{x}-\frac{1}{y}}=\frac{9}{25}$$

$$\left(5^{\frac{1}{x}+\frac{1}{y}}\right)^{\frac{1}{x}-\frac{1}{y}}=25^{\frac{1}{x}-\frac{1}{y}}=\left(5^{\frac{1}{x}-\frac{1}{y}}\right)^2=\left(\frac{9}{25}\right)^2$$

$$5^{\frac{1}{x^2}-\frac{1}{y^2}}=\frac{81}{625}$$

$$5^{\frac{y^2-x^2}{x^2y^2}}=5^{\frac{(y-x)(y+x)}{x^2y^2}}=5^{-\frac{(x-y)(x+y)}{x^2y^2}}=\frac{81}{625}$$

$$5^{\frac{(x-y)(x+y)}{x^2y^2}}=\frac{625}{81}$$

$$5^{\frac{(x-y)(x+y)}{4x^2y^2}}=\frac{5}{3}$$

35 정답 21

$$2^x+2^{-x}\geq 2\sqrt{2^x\cdot\frac{1}{2^x}}=2$$

$2^x+2^{-x}=t$로 놓으면 $t\geq 2$

$$4^x+4^{-x}-n(2^{x+1}+2^{-x+1})+4k^2+2$$

$$=(2^x+2^{-x})^2-2-2n(2^x+2^{-x})+4k^2+2$$

$$=t^2-2nt+4k^2$$

$f(t)=t^2-2nt+4k^2$라 두자.

방정식 $4^x+4^{-x}-n(2^{x+1}+2^{-x+1})+4k^2+2=0$이 4개의 실근을 가지려면 $t>2$인 범위에서 방정식 $f(t)=0$의 서로 다른 두 실근이 존재해야한다. $\rightarrow$ [$y=2^x+2^{-x}$와 $y=a\ (a>2)$는 항상 두 점에서 만난다.]

(i) 이차함수 $f(t)$의 대칭축 $t=n>2$

$\therefore\ n>2$

(ii) 판별식 $\dfrac{D}{4}=n^2-4k^2>0$

$\therefore\ n>2k\ (\because n$은 자연수$)$

(iii) $f(2)=4-4n+4k^2>0$

$\therefore\ n<k^2+1$

(i), (ii), (iii)에 의하여 $2k < n < k^2 + 1 \cdots \bigcirc$

$k = 1$ 일 때 $2 < n < 2$ $\therefore \ a_1 = 0$

$k = 2$ 일 때 $4 < n < 5$ $\therefore \ a_2 = 0$

$k = 3$ 일 때 $6 < n < 10$ $\therefore \ a_3 = 3$

$k = 4$ 일 때 $8 < n < 17$ $\therefore \ a_4 = 8$

$k = 5$ 일 때 $10 < n \le 20$ $\therefore \ a_5 = 10$

$$\sum_{k=1}^{5} a_k = 0 + 0 + 3 + 8 + 10 = 21$$

[랑데뷰팁]

$\bigcirc$에서 $a_k = \left(k^2 + 1\right) - (2k) - 1 = k^2 - 2k$

$\therefore \ a_k = k(k-2)$

$a_1 = -1 \Rightarrow a_1 = 0$

$a_2 = 0$

$a_3 = 3$

$a_4 = 8$

$a_5 = 10$

삼각함수

36 정답 ①

[그림 : 이정배T]

곡선 $y = a\sin\dfrac{\pi x}{2k}$ 은 주기가 $2\pi \times \dfrac{2k}{\pi} = 4k$ 이고

최댓값이 a, 최솟값이 $-a$인 곡선이다.

$$y = |x - 2k| - k = \begin{cases} -x + k \ (x \le 2k) \\ x - 3k \ \ (x > 2k) \end{cases} \text{에서}$$

점 A의 x좌표를 α라 하면 점 A는 직선 $y = -x + k$위의
점이므로 $A(\alpha, \ -\alpha + k)$이고

점 B의 x좌표를 β라 하면 점 B는 직선 $y = x - 3k$위의
점이므로 $B(\beta, \ \beta - 3k)$이다.

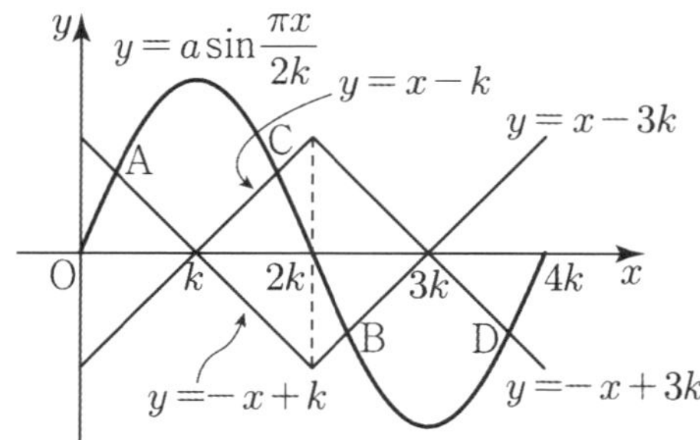

두 점 A, B의 중점의 x좌표가 4이므로 $\dfrac{\alpha + \beta}{2} = 4$

$\therefore \ \alpha + \beta = 8 \ \cdots\cdots \ \bigcirc$

대칭성 성질에 의해 점 A의 y좌표와 점 B의 y좌표는 절댓값이

같고 부호가 다르다.

$\rightarrow$ 그림과 같이 $0 \le x \le 2k$에서 $y = a\sin\dfrac{\pi x}{2k}$와

$y = -x + k$의 두 그래프를 동시에 x축 대칭이동한 후 x축의
방향으로 $2k$만큼 평행이동시키면 그림과 같이 점 A가
점 A_1으로 점 A이 점 A_2로 옮겨진다. 이때, $A_2 = B$이다.

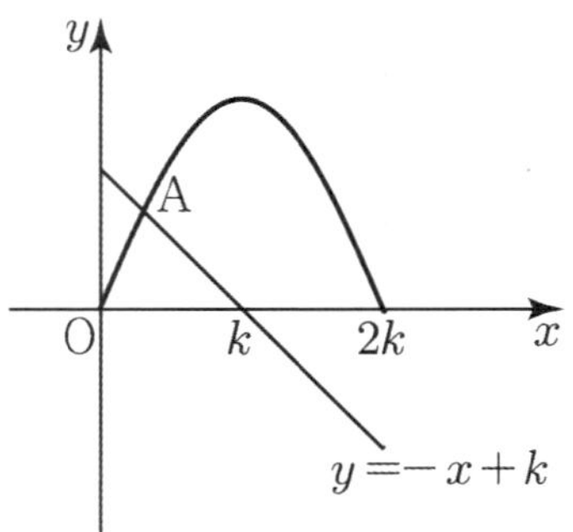

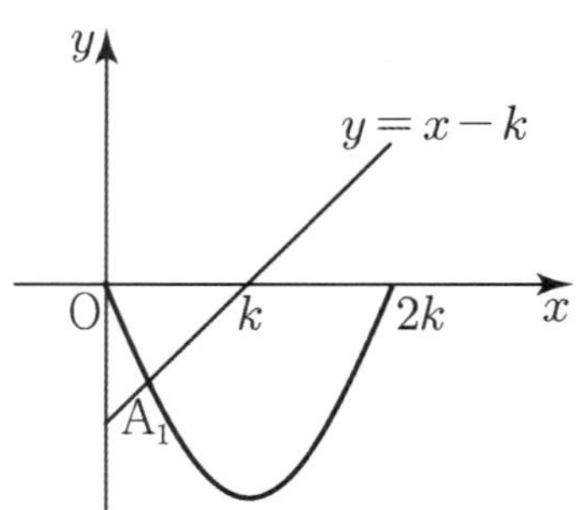

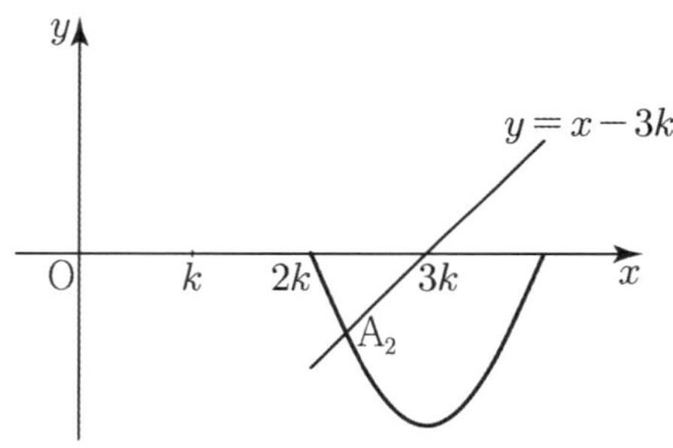

따라서 점 A의 y좌표와 점 B의 y좌표는 절댓값이 같고 부호가
반대이다.

$-\alpha + k = -(\beta - 3k)$

$-\alpha + \beta = 2k \ \cdots\cdots \ \bigcirc\!\!\bigcirc$

$\bigcirc$, $\bigcirc\!\!\bigcirc$에서

$\therefore \ \alpha + k = 4 \ \cdots\cdots \ \bigcirc\!\!\bigcirc\!\!\bigcirc$

대칭성 성질에 의해 점 A와 점 C는 $x = k$에 대칭이고
점 B와 점 D는 $x = 3k$에 대칭이다.

$\rightarrow$ 위와 같은 방법으로 $0 \le x \le k$에서 $y = a\sin\dfrac{\pi x}{2k}$와

$y = -x + k$의 두 그래프를 동시에 $x = k$에 대칭이동하면
점 A가 점 C로 옮겨진다.
따라서 $C(2k - \alpha, \ -\alpha + k)$

그러므로 사각형 ABDC는 평행사변형이고

$\overline{\text{AC}} = 2(k - \alpha)$

점 A와 점 B의 y좌표의 차가 $2(k - \alpha)$이므로

평행사변형 ABDC의 넓이는 $2(k - \alpha) \times 2(k - \alpha) = 16$

$\therefore \ k - \alpha = 2 \ \cdots\cdots$ ㉣

㉢, ㉣에서 $k = 3$, $\alpha = 1$이다.

따라서 점 $A(1, 2)$이고 점 A가 곡선 $y = a \sin \dfrac{\pi x}{6}$ 위에

있으므로 $a = 4$이다.

그러므로 $a \times k = 4 \times 3 = 12$이다.

37 정답 38

[그림 : 도정영T]

열린구간 $(0, b+2)$을 구간 $(0, b]$와 구간 $(b, b+2)$로 나눠서
생각하자.

곡선 $y = \sin a\pi(x - b)$은 주기가 $\dfrac{2\pi}{a\pi} = \dfrac{2}{a}$이고 최댓값 1,

최솟값 -1을 갖는 그래프이다.

우선 구간 $(b, b+2)$에서 알아보자.

① $a = 1$일 때, 곡선 $y = \sin \pi(x - b)$은 주기가 2이고
$y = \sin \pi x$를 x축의 방향으로 b만큼 평행이동한 그래프이므로
$b < x < b+2$에서 다음과 같다.

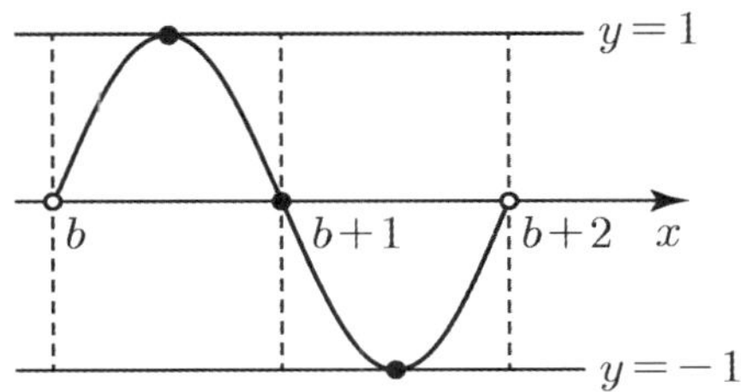

② $a = 2$일 때, 곡선 $y = \sin 2\pi(x - b)$은 주기가 1이고
$y = \sin 2\pi x$를 x축의 방향으로 b만큼 평행이동한 그래프이므로
$b < x < b+2$에서 다음과 같다.

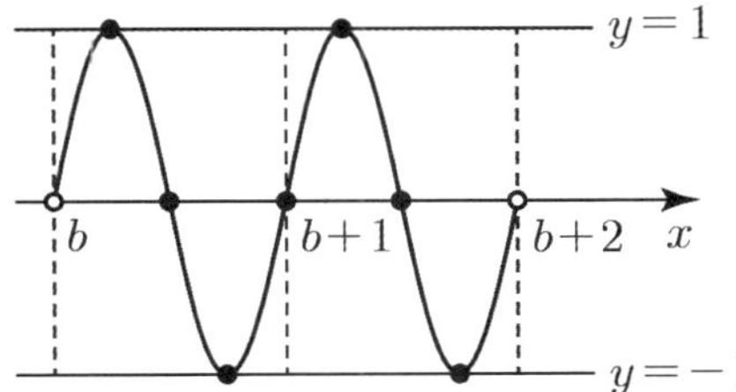

③ $a = 3$일 때, 곡선 $y = \sin 3\pi(x - b)$은 주기가 $\dfrac{2}{3}$이고

$y = \sin 3\pi x$를 x축의 방향으로 b만큼 평행이동한 그래프이므로
$b < x < b+2$에서 다음과 같다.

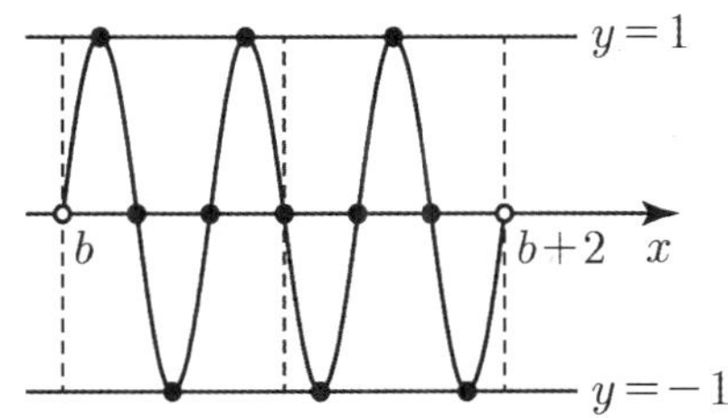

따라서 다음 표와 같다.

	$y = 1$	$y = 0$	$y = -1$	(a, b)
$a = 1$	1	1	1	3
$a = 2$	2	3	2	7
$a = 3$	3	5	3	11
$\vdots$	$\vdots$	$\vdots$	$\vdots$	$\vdots$
a	a	$2a - 1$	a	$4a - 1$ ㉠

$(0, b]$에서 $1 \le b \le 2$이므로 b의 값은 1 또는 2이다.

(i) $b = 1$일 때,

① $a = 1$이면 곡선 $y = \sin \pi(x - 1)$은 주기가 2이고
$y = \sin \pi x$를 x축의 방향으로 1만큼 평행이동한 그래프이므로
$0 < x \le 1$에서 다음과 같다.

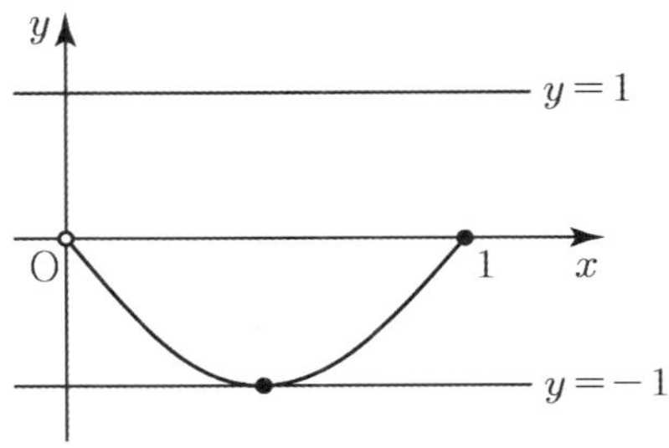

② $a = 2$이면 곡선 $y = \sin 2\pi(x - 1)$은 주기가 1이고
$y = \sin 2\pi x$를 x축의 방향으로 1만큼 평행이동한 그래프이므로
$0 < x \le 1$에서 다음과 같다.

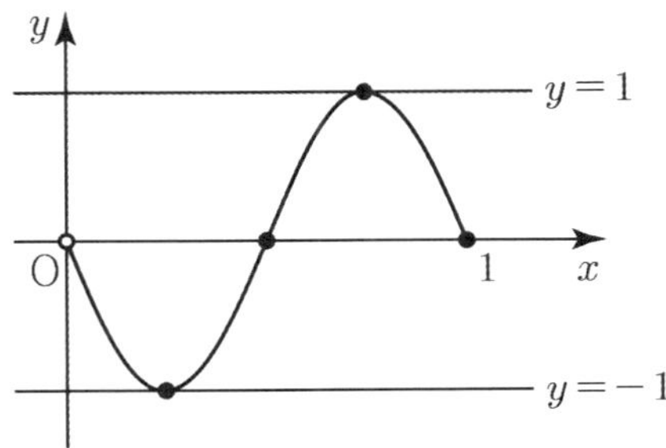

③ $a=3$이면 곡선 $y=\sin 3\pi(x-1)$은 주기가 $\dfrac{2}{3}$이고

$y=\sin 3\pi x$를 x축의 방향으로 1만큼 평행이동한 그래프이므로
$0<x\le 1$에서 다음과 같다.

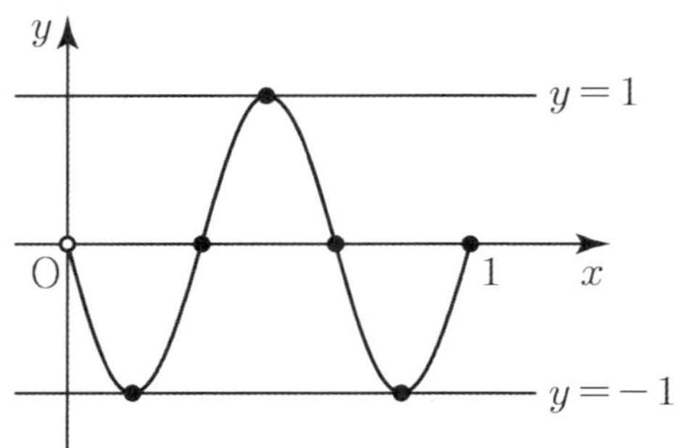

따라서 다음 표와 같다.

	$y=1$	$y=0$	$y=-1$	$(a,1)$
$a=1$	0	1	1	2
$a=2$	1	2	1	4
$a=3$	1	3	2	6
$\vdots$	$\vdots$	$\vdots$	$\vdots$	$\vdots$
				$2a$ ㉠

㉠, ㉡에서 $(a,1)=6a-1$
$6a-1=119$에서 $a=20$
$\therefore a+b=21$

(ii) $b=2$일 때,
① $a=1$이면 곡선 $y=\sin \pi(x-2)$은 주기가 2이고
$y=\sin \pi x$를 x축의 방향으로 2만큼 평행이동한 그래프이므로
$0<x\le 2$에서 다음과 같다.

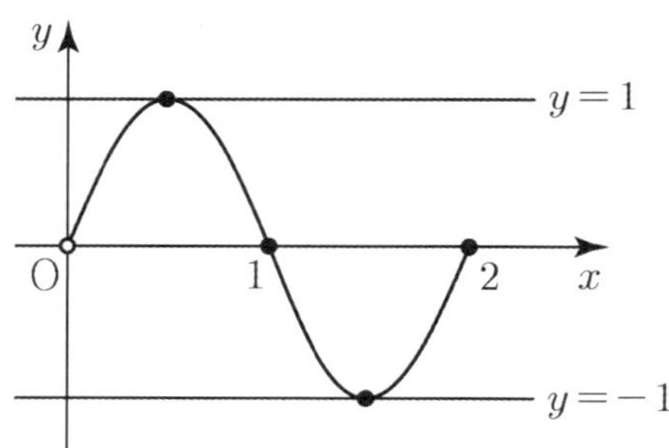

② $a=2$이면 곡선 $y=\sin 2\pi(x-2)$은 주기가 1이고
$y=\sin 2\pi x$를 x축의 방향으로 2만큼 평행이동한 그래프이므로
$0<x\le 2$에서 다음과 같다.

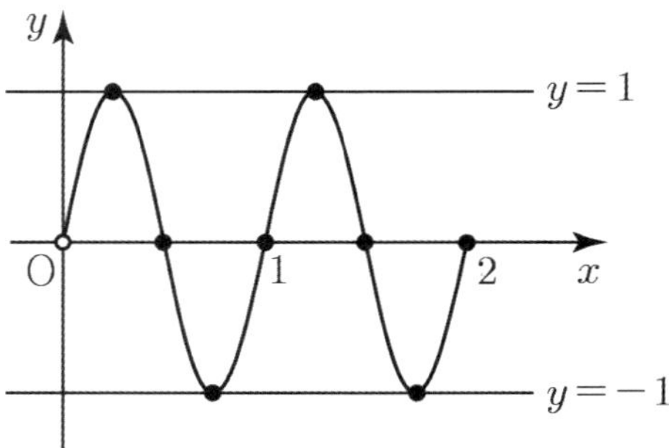

② $a=3$이면 곡선 $y=\sin 3\pi(x-2)$은 주기가 $\dfrac{2}{3}$이고
$y=\sin 3\pi x$를 x축의 방향으로 2만큼 평행이동한 그래프이므로
$0<x\le 2$에서 다음과 같다.

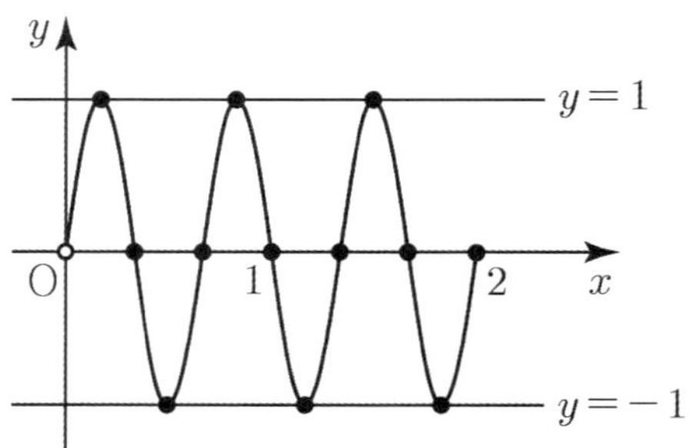

따라서 다음 표와 같다.

	$y=1$	$y=0$	$y=-1$	$(a,2)$
$a=1$	1	2	1	4
$a=2$	2	4	2	8
$a=3$	3	6	3	12
$\vdots$	$\vdots$	$\vdots$	$\vdots$	$\vdots$
				$4a$ ㉡

㉠, ㉡에서 $(a,2)=8a-1$
$8a-1=119$에서 $a=15$
$\therefore a+b=17$
$M=21$, $m=17$이므로 $M+m=38$이다.

38 정답 ①

[그림 : 서태욱T]
함수 $f(x)$의 최댓값은 $a-b$, 최솟값은 $-a-b$이고
그래프의 주기는 $2\pi\times\dfrac{1}{a\pi}=\dfrac{2}{a}$이다.

$f(x)=a\sin\left\{a\pi\left(x+\dfrac{1}{ab}\right)\right\}+b$에서 함수 $f(x)$의 그래프는

$y=a\sin a\pi x+b$를 x축의 방향으로 $-\dfrac{1}{ab}$만큼 평행이동한
그래프이다.

a, b가 자연수이므로 $-1<-\dfrac{1}{ab}<0$에서 아래 그림과 같이

$\dfrac{1}{2a}-\dfrac{1}{ab}>0$인 경우와 $\dfrac{1}{2a}-\dfrac{1}{ab}\leq 0$인 경우로 나눠서 생각해 보자.

(i) $\dfrac{1}{2a}-\dfrac{1}{ab}>0$일 때,

즉, $\dfrac{1}{2a}>\dfrac{1}{ab}$에서 $b>2$이다.

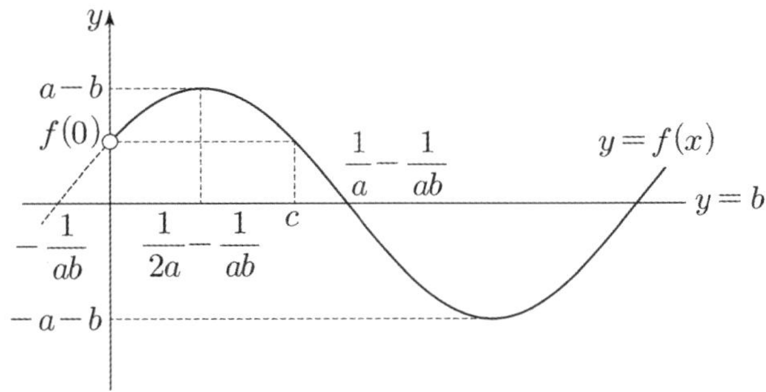

$x=0$과 $x=c$의 중점이 $x=\dfrac{1}{2a}-\dfrac{1}{ab}$이므로 $\dfrac{c}{2}=\dfrac{1}{2a}-\dfrac{1}{ab}$

$c=\dfrac{1}{a}-\dfrac{2}{ab}$이다.

$8\times a\times c=a-b$에서

$8a\left(\dfrac{1}{a}-\dfrac{2}{ab}\right)=a-b$

$8-\dfrac{16}{b}=a-b$

$a=8+b-\dfrac{16}{b}$

b가 2보다 큰 자연수이고 a가 자연수이므로 $b=4$, $b=8$, $b=16$이 가능하다.

㉠ $b=4$일 때, $a=8+4-4=8$에서 $a+b=8+4=12$

㉡ $b=8$일 때, $a=8+8-2=14$에서 $a+b=14+8=22$

㉢ $b=16$일 때, $a=8+16-1=23$에서 $a+b=23+16=39$

(ii) $\dfrac{1}{2a}-\dfrac{1}{ab}\leq 0$일 때,

즉, $\dfrac{1}{2a}\leq\dfrac{1}{ab}$에서 $b\leq 2$이다.

㉠ $b=1$일 때, $f(x)=a\sin(a\pi x+\pi)-1=-a\sin(a\pi x)-1$

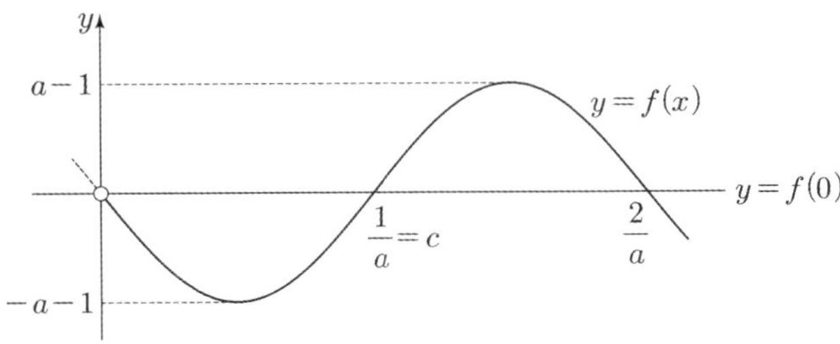

$c=\dfrac{1}{a}$이므로 $8\times a\times\dfrac{1}{a}=a-1$에서 $a=9$

$a+b=9+1=10$

㉡ $b=2$일 때, $f(x)=a\sin\left(a\pi x+\dfrac{\pi}{2}\right)-2=-a\cos(a\pi x)-2$

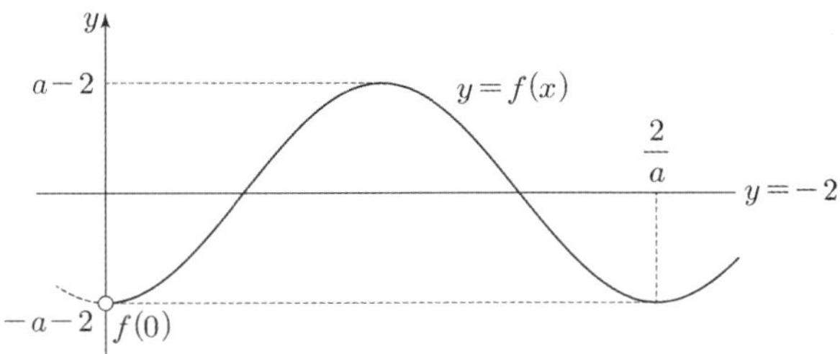

$c=\dfrac{2}{a}$이므로 $8\times a\times\dfrac{2}{a}=a-2$에서 $a=18$

$a+b=18+2=20$

(i), (ii)에서 모든 $a+b$의 합은

$12+22+39+10+20=103$

이다.

39 정답 ⑤

선분 AD가 원 C_2의 지름이므로 $\angle \mathrm{AO_1D}=\dfrac{\pi}{2}$이다.

직각삼각형 $\mathrm{ADO_1}$에서 $\angle \mathrm{ADO_1}=\theta$라 하면 $\overline{\mathrm{AD}}=6$,

$\overline{\mathrm{AO_1}}=2$이므로 $\sin\theta=\dfrac{1}{3}$, $\cos\theta=\dfrac{2\sqrt{2}}{3}$이다. …… ㉠

원 C_2에서 호 $\mathrm{AO_1}$에 대한 원주각으로

$\angle \mathrm{ADO_1}=\angle \mathrm{ABO_1}=\theta$이다.

선분 $\mathrm{O_1O_2}$와 선분 AB가 만나는 점을 H라 하자.

두 원의 중심을 이은 직선은 두 원의 공통현을 수직이등분

하므로 $\angle \mathrm{O_1HB}=\dfrac{\pi}{2}$, $\overline{\mathrm{AB}}=2\times\overline{\mathrm{BH}}$이다.

직각삼각형 $\mathrm{O_1BH}$에서 $\overline{\mathrm{O_1B}}=2$이므로 ㉠의 $\cos\theta=\dfrac{2\sqrt{2}}{3}$에서

$\overline{\mathrm{BH}}=\dfrac{4\sqrt{2}}{3}$이다.

따라서 $\overline{\mathrm{AB}}=\dfrac{8\sqrt{2}}{3}$

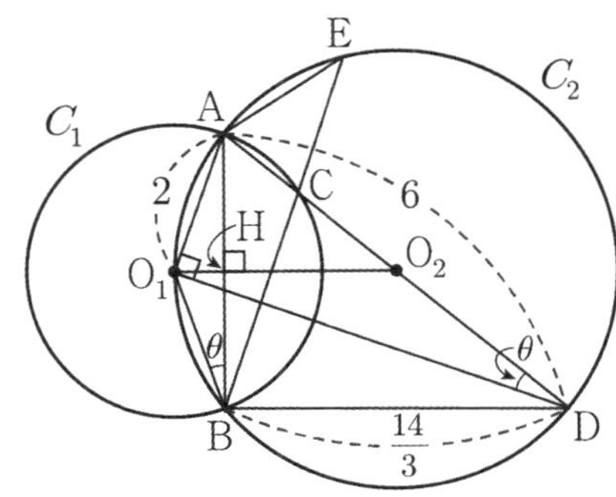

$\angle \mathrm{ABD}=\dfrac{\pi}{2}$이므로 직각삼각형 ABD에서 피타고라스 정리를 적용하면

$\overline{\mathrm{BD}}=\sqrt{6^2-\left(\dfrac{8\sqrt{2}}{3}\right)^2}=\sqrt{36-\dfrac{128}{9}}=\sqrt{\dfrac{324-128}{9}}$

$=\sqrt{\dfrac{196}{9}}=\dfrac{14}{3}$

$\overline{AO_1} = \overline{BO_1}$이므로 $\angle ADO_1 = \angle BDO_1 = \theta$이다.

원 C_2에 내접하는 사각형 AO_1BD에서 $\angle ADB = 2\theta$이므로

$\angle AO_1B = \pi - 2\theta$

원 C_1에서 호 AB중 긴 쪽의 원의 중심각

$\angle AO_1B = \pi + 2\theta$이므로 중심각 원주각 성질에 의해

$\angle ACB = \dfrac{\pi}{2} + \theta$이다.

따라서 $\angle BCD = \dfrac{\pi}{2} - \theta$이고 삼각형 DBC에서

$\angle CBD = \pi - \left(\dfrac{\pi}{2} - \theta + 2\theta\right) = \dfrac{\pi}{2} - \theta$이다.

그러므로 $\overline{BD} = \overline{CD} = \dfrac{14}{3}$이고 $\overline{AC} = 6 - \dfrac{14}{3} = \dfrac{4}{3}$이다.

(삼각형 CBD) $\backsim$ (삼각형 CAE) $(\because AA)$에서

$\overline{BC} : \overline{BD} = \dfrac{28}{9} : \dfrac{14}{3} = 2 : 3$이므로

$\overline{AE} = \overline{AC} \times \dfrac{3}{2} = 2$이다.

그러므로 $\overline{BD} \times \overline{AE} = \dfrac{14}{3} \times 2 = \dfrac{28}{3}$

[추가 설명] – 코사인법칙으로 선분 CD길이 구하기

삼각형 ABD에서 $\sin A = \dfrac{7}{9}$, $\cos D = \dfrac{7}{9}$이다.

삼각형 ABC에서 사인법칙을 적용하면

$\overline{BC} = 4\sin A = \dfrac{28}{9}$이다.

삼각형 BCD에서 $\overline{CD} = x$라 하고 코사인법칙을 적용하면

$\left(\dfrac{28}{9}\right)^2 = \left(\dfrac{14}{3}\right)^2 + x^2 - 2 \times \dfrac{14}{3} \times x \times \cos D$

$\dfrac{784}{81} = \dfrac{196}{9} + x^2 - \dfrac{196}{27}x$

$x^2 - \dfrac{196}{27}x + \dfrac{980}{81} = 0$

$81x^2 - 488x + 980 = 0$

$(3x - 14)(27x - 70) = 0$

$x = \dfrac{14}{3} \ \left(\because x > \overline{O_2D} = 3\right)$

40 정답 ④

삼각형 ABC에서 코사인법칙을 적용하면

$\overline{BC}^2 = 2^2 + 3^2 - 2 \times 2 \times 3 \times \left(-\dfrac{1}{4}\right)$

$\qquad = 4 + 9 + 3 = 16$

$\therefore \ \overline{BC} = 4$

한편, $\sin(\angle BAC) = \dfrac{\sqrt{15}}{4}$이므로

삼각형 ABC의 넓이는 $\dfrac{1}{2} \times 2 \times 3 \times \dfrac{\sqrt{15}}{4} = \dfrac{3}{4}\sqrt{15}$

사각형 ABDC의 넓이는 삼각형 ABC의 넓이와

삼각형 DBC넓이의 합이므로 삼각형 DBC넓이가 최대일 때 사각형 ABDC의 넓이가 최대가 된다.

원 O의 반지름의 길이를 R이라 하면 사인법칙에서

$\dfrac{\overline{BC}}{\sin(\angle BAC)} = \dfrac{4}{\frac{\sqrt{15}}{4}} = 2R$

$R = \dfrac{8}{\sqrt{15}}$

삼각형 DBC에서 $\overline{BC} = 4$이므로 원 위의 점 D에서 선분 BC에 내린 수선의 발을 H라 하면

$\overline{DH} \leq \dfrac{2}{\sqrt{15}} + \dfrac{8}{\sqrt{15}} = \dfrac{10}{\sqrt{15}} = \dfrac{2}{3}\sqrt{15}$이다.

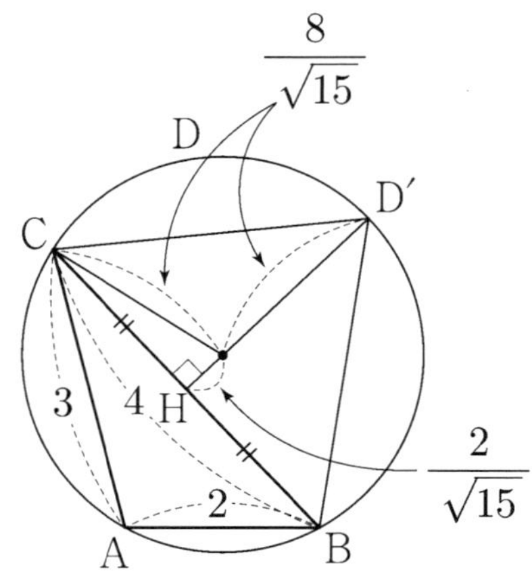

삼각형 DBC 넓이의 최댓값은 $\dfrac{1}{2} \times 4 \times \dfrac{2}{3}\sqrt{15} = \dfrac{4}{3}\sqrt{15}$

그러므로 사각형 ABDC 넓이의 최댓값은

$\dfrac{3}{4}\sqrt{15} + \dfrac{4}{3}\sqrt{15} = \dfrac{25}{12}\sqrt{15}$ $\cdots\cdots$ ㉠

따라서 사각형 ABDC의 넓이가 최대일 때는 D가 D′에 올 때이다.

직각삼각형 D′HB에서 피타고라스정리를 적용하면

$\overline{BD'} = \sqrt{\left(\dfrac{2}{3}\sqrt{15}\right)^2 + 2^2} = \sqrt{\dfrac{20}{3} + 4} = \dfrac{4\sqrt{6}}{3}$

(삼각형 EAC) $\backsim$ (삼각형 EBD′) $(AA$ 닮음)

이고 닮음비가 $3 : \dfrac{4\sqrt{6}}{3} = 9 : 4\sqrt{6}$이다.

따라서 두 삼각형의 넓이비는 $81 : 96 = 27 : 32$이다. $\cdots\cdots$ ㉡

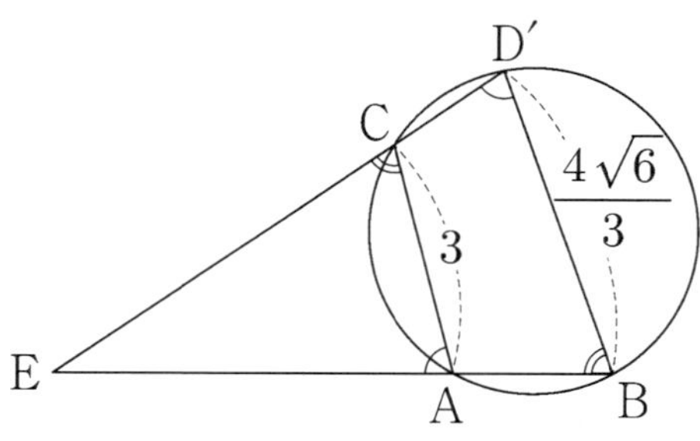

삼각형 EAC의 넓이를 S라 하고 ㉠에서 사각형 ABDC 넓이의 최댓값은 $\dfrac{25}{12}\sqrt{15}$이므로 ㉡에서

$$27 : 32 = S : S + \frac{25}{12}\sqrt{15}$$

$$32S = 27S + \frac{225}{4}\sqrt{15}$$

$$5S = \frac{225}{4}\sqrt{15}$$

$$\therefore S = \frac{45}{4}\sqrt{15}$$

41 정답 ⑤

x에 대한 이차방정식 $(x+\sin\pi t)(x-\cos\pi t)=0$의 해는
$x=-\sin\pi t$ 또는 $x=\cos\pi t$
이다.

$t-x$평면의 $0 \le t \le 2$에서 $x=-\sin\pi t$, $x=\cos\pi t$의
그래프를 그린 뒤 두 곡선 중 x의 값이 크거나 같은 부분이
$\alpha(t)$이고 x의 값이 작거나 같은 부분이 $\beta(t)$이다.
따라서 $x=\alpha(t)$의 그래프와 $x=\beta(t)$의 그래프는 다음과 같다.

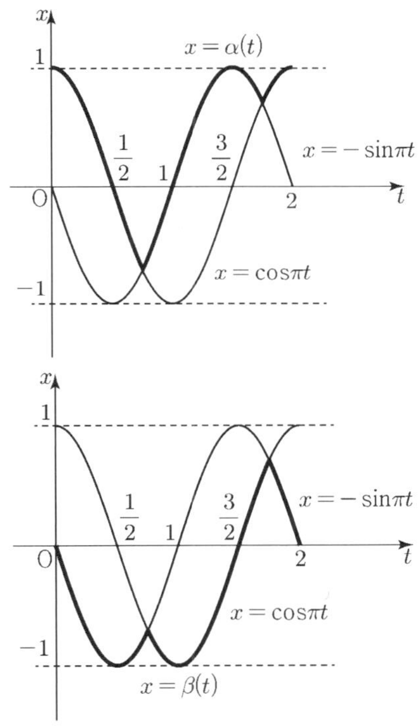

따라서 $\alpha(s)=\beta\left(s+\frac{1}{2}\right)$을 만족시키는 s의 값은
$\frac{3}{4} \le s \le \frac{5}{4}$이다.

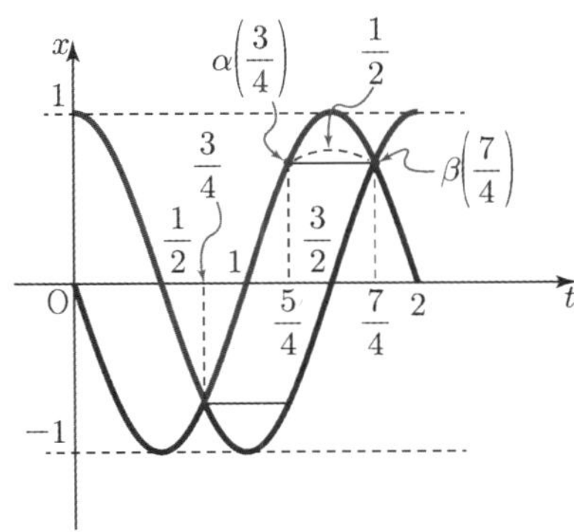

42 정답 ③

$\frac{\pi}{a}(x+b)=\theta$라면 $y=\cos\theta$와 $y=\sin 2\theta$의 그래프가
$\theta > 0$에서 만나는 점을 A, B, C에 대응한 점을
각각 A′, B′, C′라 하면
$\cos\theta = \sin\left(\frac{\pi}{2}-\theta\right)$이므로

$\sin 2\theta = \sin\left(\frac{\pi}{2}-\theta\right)$에서 $2\theta=\frac{\pi}{2}-\theta$, $\theta=\frac{\pi}{6}$

$\sin 2\theta = \sin\left(\frac{\pi}{2}+\theta\right)$에서 $2\theta=\frac{\pi}{2}+\theta$, $\theta=\frac{\pi}{2}$

$\sin 2\theta = \sin\left(\frac{5}{2}\pi-\theta\right)$에서 $2\theta=\frac{5}{2}\pi-\theta$, $\theta=\frac{5}{6}\pi$

$\vdots$

따라서 $\theta=\frac{\pi}{6}$, $\frac{\pi}{2}$, $\frac{5\pi}{6}$, $\cdots$다.

$\sin\left(2\times\frac{\pi}{6}\right)=\frac{\sqrt{3}}{2}$이므로 점 $A'\left(\frac{\pi}{6}, \frac{\sqrt{3}}{2}\right)$,

$B'\left(\frac{5}{6}\pi, -\frac{\sqrt{3}}{2}\right)$, $C'\left(\frac{\pi}{6}, -\frac{\sqrt{3}}{2}\right)$이다.

그러므로 $\overline{A'C'} = \sqrt{3}$이다.

$\overline{AC}=\overline{A'C'}$이므로 $\overline{AC}=\sqrt{3}$

직각삼각형 ABC에서 $\angle ABC = \frac{\pi}{3}$이므로 $\overline{BC}=1$이다.

$y=\sin\frac{2\pi}{a}(x+b)$의 그래프는 $y=\sin x$의 그래프의 폭을

$\frac{a}{2\pi}$배 그래프이므로 (주기도 $\frac{2\pi}{\frac{2\pi}{a}}=2\pi\times\frac{a}{2\pi}=a$)

$\overline{B'C'}=\frac{5}{6}\pi-\frac{\pi}{6}=\frac{2}{3}\pi$에서 $\overline{BC}=\frac{a}{2\pi}\left(\frac{5\pi}{6}-\frac{\pi}{6}\right)=\frac{2}{3}a$이다.

$\frac{2}{3}a=1$에서 $a=\frac{3}{2}$

따라서 $y=\sin\frac{2}{3}\pi(x+b)$이고 점 A가 $\left(0, \frac{\sqrt{3}}{2}\right)$이므로

$\sin\frac{2\pi}{a}b=\sin\frac{4\pi}{3}b=\frac{\sqrt{3}}{2}$에서 $b=\frac{1}{4}$

$$\therefore a+b = \frac{3}{2}+\frac{1}{4}=\frac{7}{4}$$

43 정답 30

곡선 $y=f(x)$는 주기가 4이고 $x=1$과 $x=-1$에 선대칭
곡선이다.
점 P의 x좌표를 $p\,(p>0)$라 하면 점 Q의 x좌표는 $-p$이고

점 P$'$의 x좌표는 $2-p$이다.

따라서 $\overline{PP'}=2p-2$이므로 두 정삼각형 PP$'$R와 QQ$'$S는 한 변의 길이가 $2p-2$인 정삼각형이다.

따라서 점 R의 y좌표는 $g(1)=f(p)+\dfrac{\sqrt{3}}{2}\,\overline{PP'}$이다.

$$g(1)=-2\cos\left(\frac{\pi}{2}+a\right)+\frac{2\sqrt{3}}{3},$$

$f(p)+\sqrt{3}\,(p-1)=\sin\dfrac{\pi}{2}p+\sqrt{3}\,(p-1)$에서

$$2\sin a+\frac{2\sqrt{3}}{3}=\sin\frac{\pi}{2}p+\sqrt{3}\,(p-1) \ \cdots\cdots\ \text{㉠}$$

점 S의 y좌표는 $g(-1)=f(-p)+\dfrac{\sqrt{3}}{2}\,\overline{QQ'}$이다.

$$g(-1)=-2\cos\left(-\frac{\pi}{2}+a\right)+\frac{2\sqrt{3}}{3},$$

$f(-p)+\sqrt{3}\,(p-1)=\sin\left(-\dfrac{\pi}{2}p\right)+\sqrt{3}\,(p-1)$에서

$$-2\sin a+\frac{2\sqrt{3}}{3}=-\sin\frac{\pi}{2}p+\sqrt{3}\,(p-1) \ \cdots\cdots\ \text{㉡}$$

㉠, ㉡에서 변변 더하면 $\dfrac{4}{3}\sqrt{3}=2\sqrt{3}\,(p-1)$

$$\therefore\ p=\frac{5}{3}\text{이다.}$$

따라서 점 $\mathrm{P}\left(\dfrac{5}{3},\ \dfrac{1}{2}\right)$이다.

점 P는 직선 $y=mx$ 위의 점이므로 $m=\dfrac{3}{10}$이다.

따라서 $100m=30$이다.

44 정답 ②

[정답 : 배용제T]

[검토자 : 장세완T]

(i) $0<t\le\dfrac{\pi}{6}$일 때, 그림과 같다.

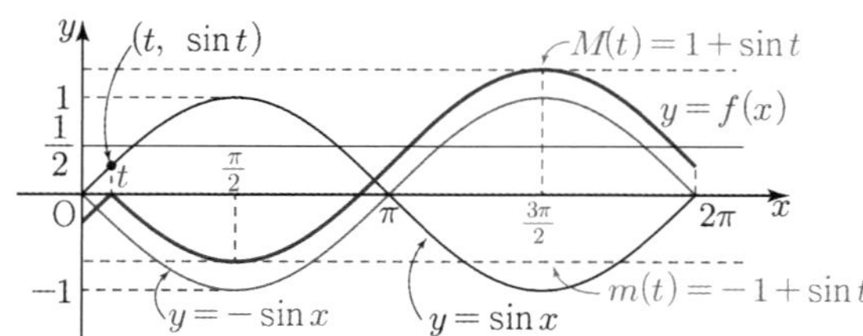

$M(t)=1+\sin t$, $m(t)=-1+\sin t$이다.

따라서 $M(t)-m(t)=2$

(ii) $\dfrac{\pi}{6}<t\le\pi$일 때, 그림과 같다.

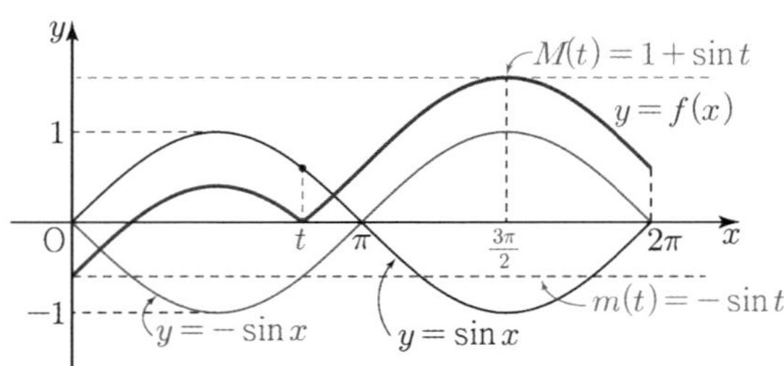

$M(t)=1+\sin t$, $m(t)=-\sin t$이다.

따라서 $M(t)-m(t)=1+2\sin t$

(iii) $\pi<t\le\dfrac{11}{6}\pi$일 때, 그림과 같다.

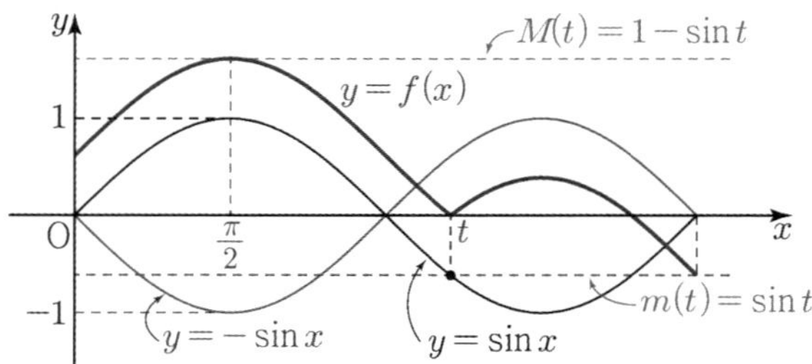

$M(t)=1-\sin t$, $m(t)=\sin t$이다.

따라서 $M(t)-m(t)=1-2\sin t$

(iv) $\dfrac{11}{6}\pi<t<2\pi$일 때, 그림과 같다.

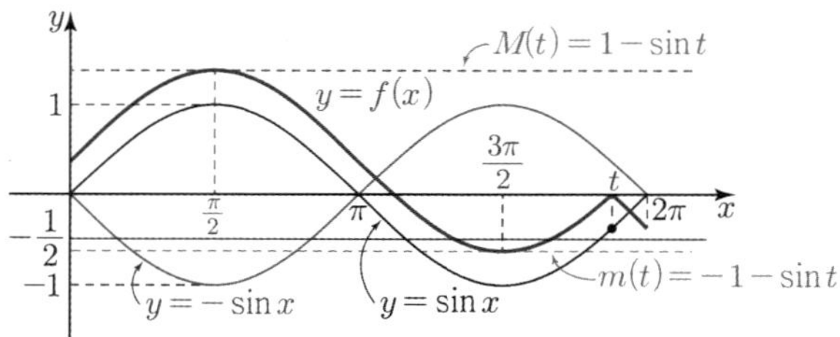

$M(t)=1-\sin t$, $m(t)=-1-\sin t$이다.

따라서 $M(t)-m(t)=2$

(i)~(iv)에서

함수 $M(t)-m(t)$의 그래프는 그림과 같다.

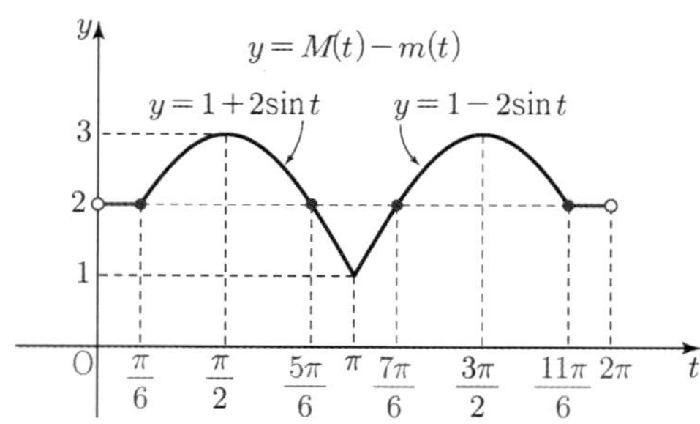

방정식 $M(t)-m(t)=2$의 해집합 A는

$$A=\left\{t\ \middle|\ 0<t\le\frac{\pi}{6},\ \frac{5}{6}\pi,\ \frac{7}{6}\pi,\ \frac{11}{6}\pi\le t<2\pi\right\}\text{이다.}$$

따라서 $\dfrac{\pi}{3}\notin A$

[출제자 : 최성훈T]

사각형 RPBQ는 원 C_1에 내접하므로

$\angle ARP = \angle PBQ = \theta$이고,

$\overline{PR} : \overline{BQ} = 5 : 8$이므로 $\overline{PR} = 5k$, $\overline{BQ} = 8k$,

원 C_1의 반지름의 길이를 a라 하면, $\overline{AP} = \overline{PB} = 2a$이다.

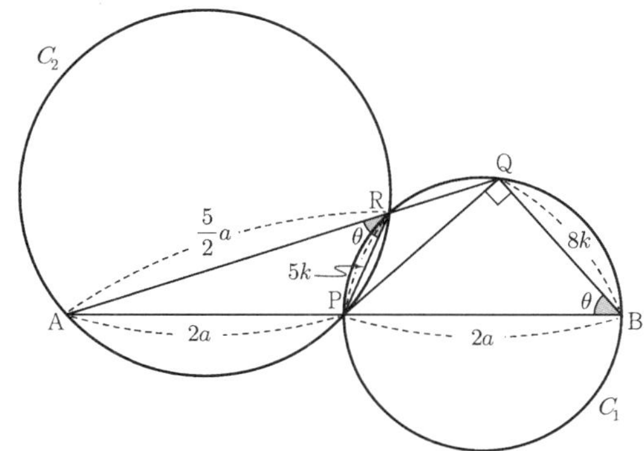

삼각형 APR과 삼각형 ABQ는 서로 닮음(AA닮음)이다.

따라서 $\overline{AR} : \overline{AB} = 5 : 8$이므로 $\overline{AR} = \dfrac{5}{2}a$,

$\overline{PB}$는 원 C_1의 지름이므로 $\angle PQB = 90°$이다.

삼각형 PBQ에서 $\cos\theta = \dfrac{4k}{a}$이다. $\cdots\cdots$ ㉠

삼각형 APR에서 코사인법칙을 적용하면

$(2a)^2 = \left(\dfrac{5}{2}a\right)^2 + (5k)^2 - 2 \times \dfrac{5}{2}a \times 5k \times \cos\theta$

$4a^2 = \dfrac{25}{4}a^2 + 25k^2 - 2 \times \dfrac{5}{2}a \times 5k \times \dfrac{4k}{a}$

$= \dfrac{25}{4}a^2 + 25k^2 - 100k^2$

따라서 $3a^2 = 100k^2 \Rightarrow \left(\dfrac{k}{a}\right)^2 = \dfrac{3}{100}$ $\cdots\cdots$ ㉡

C_1의 반지름의 길이는 a이고,

C_2의 반지름을 R이라 할 때 삼각형 APR에서 $\dfrac{2a}{\sin\theta} = 2R$,

$R = \dfrac{a}{\sin\theta}$

따라서 두 원의 넓이의 비는

$\pi a^2 : \pi\left(\dfrac{a}{\sin\theta}\right)^2 = \sin^2\theta : 1$

$= (1 - \cos^2\theta) : 1$

$= \left(1 - \left(\dfrac{4k}{a}\right)^2\right) : 1$

$= \left(1 - 16 \times \dfrac{3}{100}\right) : 1 \ (\because ㉠, ㉡)$

$= 13 : 25$

$m = 13$, $n = 25$이므로 $m + n = 38$

[그림 : 도정영T]

[검토자 : 강동희T]

그림과 같이 사분원 OAB를 포함하는 원을 그리면

$\angle APQ = \dfrac{\pi}{2}$이므로 원의 지름의 끝점 중 A가 아닌 점을 S라

할 때, 직선 PQ는 직선 OA와 점 S에서 만난다.

$\overline{OA} = \dfrac{13}{2}$이므로 $\overline{AS} = 13$이다. 직각삼각형 APS에서

$\overline{AP} = 5$이므로 $\overline{PS} = 12$이다.

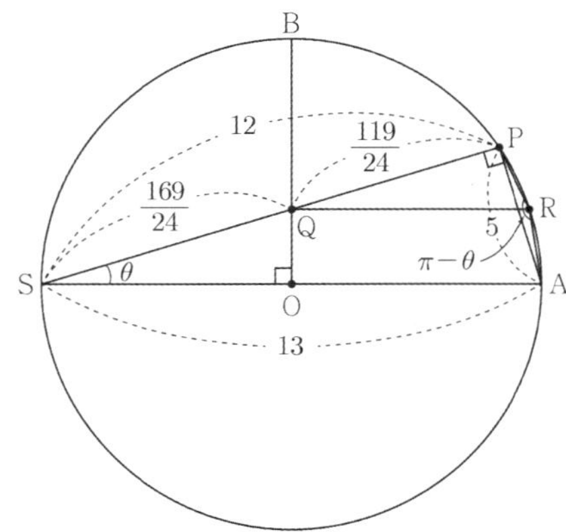

$\triangle APS \backsim \triangle QOS$이므로 $12 : 13 = \dfrac{13}{2} : \overline{QS}$에서

$\overline{QS} = \dfrac{169}{24}$이다. $\cdots\cdots$ ㉠

따라서 $\overline{PQ} = 12 - \dfrac{169}{24} = \dfrac{119}{24}$

한편, $\angle ASP = \theta$라 하면 사각형 ARPS는 원에 내접하므로

$\angle ARP = \pi - \theta$이다.

직각삼각형 APS에서 $\sin\theta = \dfrac{5}{13}$, $\cos\theta = \dfrac{12}{13}$이다.

점 R가 호 AP의 중점이므로 $\overline{AR} = \overline{PR} = x$라 하고

삼각형 APR에서 코사인법칙을 적용하면

$25 = x^2 + x^2 - 2x^2\cos(\pi - \theta)$

$25 = 2x^2 + \dfrac{24}{13}x^2$

$\dfrac{50}{13}x^2 = 25$에서 $x^2 = \dfrac{13}{2}$이다.

또한 삼각형 APR에서 $\angle APR = \alpha$라 하고 사인법칙을

적용하면

$\dfrac{\dfrac{\sqrt{26}}{2}}{\sin\alpha} = 13$

$\therefore \ \sin\alpha = \dfrac{1}{\sqrt{26}}$, $\cos\alpha = \dfrac{5}{\sqrt{26}}$

따라서 삼각형 PQR의 넓이 S는

$S = \dfrac{1}{2} \times \dfrac{119}{24} \times \dfrac{\sqrt{26}}{2} \times \sin\left(\dfrac{\pi}{2} + \alpha\right)$

$$= \frac{1}{2} \times \frac{119}{24} \times \frac{\sqrt{26}}{2} \times \frac{5}{\sqrt{26}}$$

$$= \frac{595}{96}$$

[랑데뷰팁]-정찬도T의 의견

㉠에서 $\overline{QS} = \dfrac{\overline{SB}}{\cos\theta}$ 을 이용해도 좋다.

[랑데뷰팁]-정찬도T 추가설명 [미적분]

$\alpha = \dfrac{\theta}{2}$ 임을 이용하면,

$$\sin^2\alpha = \sin^2\frac{\theta}{2} = \frac{1-\cos\theta}{2} = \frac{1}{26} , \quad \sin\alpha = \frac{1}{\sqrt{26}}$$

$$\cos^2\alpha = \cos^2\frac{\theta}{2} = \frac{1+\cos\theta}{2} = \frac{25}{26} , \quad \cos\alpha = \frac{5}{\sqrt{26}}$$

$$\cos\alpha = \frac{\frac{5}{2}}{\overline{PR}} \text{ 에서 } \overline{PR} = \overline{AR} = \frac{\sqrt{26}}{2}$$

---

47 정답 16

[출제자 : 정일권T]

[그림 : 이정배T]

함수 $f(x)$의 그래프는 주기가 2이고 최대 $\sqrt{3}$,

최소 0인 삼각함수이고, 삼각형 PAB가 직각삼각형이므로

$\angle P = \dfrac{\pi}{2}$ 또는 $\angle B = \dfrac{\pi}{2}$ 인 경우를 그래프로 나타내면 조건을

만족하는 점 P는 $P_1\left(\angle P = \dfrac{\pi}{2}\right)$ 또는 $P_2\left(\angle B = \dfrac{\pi}{2}\right)$ 이다.($\because$

점 P는 x 또는 x축 아래의 점은 만족하지 않는다.)

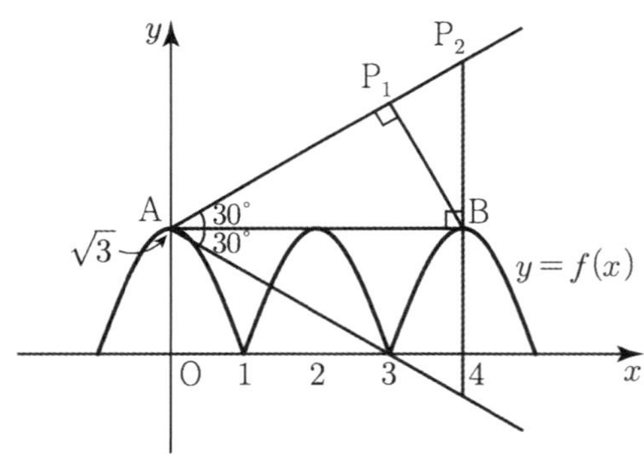

그래프에서 P_1일 때가 함수 $g(x)$가 최대가 되는 점이 될 때 a가

최소이다.

$P_1(3, 2\sqrt{3})$ 이므로 $a = 2\sqrt{3} \ (\because a > 0)$ 이고,

$b = 2 \ (\because b > 0)$ 일 때 최소이다.

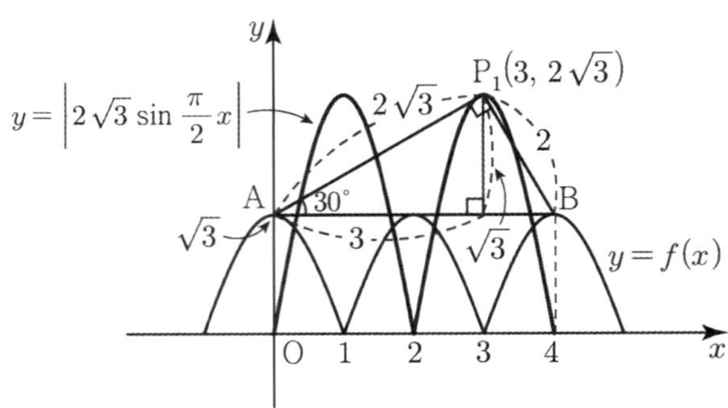

따라서 $m^2 + n^2 = 12 + 4 = 16$ 이다.

---

48 정답 ②

[출제자 : 김종렬T]

$0 \le x \le 9$ 에서 곡선 $y = \left| 6\sin\dfrac{\pi}{3}x \right|$ 는 다음 그림과 같고,

따라서 $m = 6$ 이다.

$\triangle A_1 A_i P$ 의 넓이가 최대이려면 밑변과 높이가 최대여야 하므로

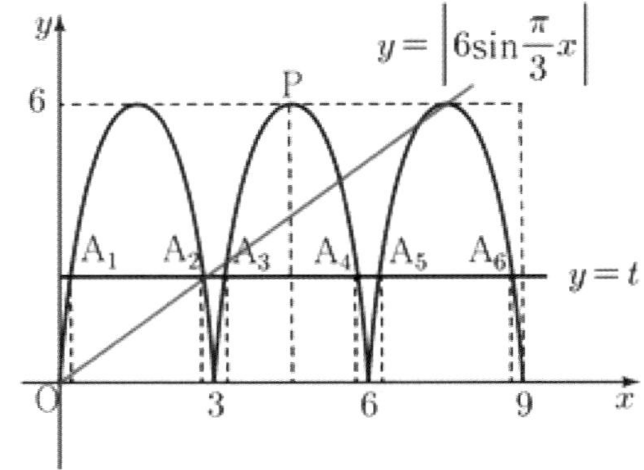

$A_i = A_6$ 이고 이등변삼각 형이면서 넓이가 최대이려면

점 P의 y좌표는 6 이고 x 좌표는 $\dfrac{9}{2}$ 이다.

따라서 조건을 만족하는 삼각형은 $\triangle A_1 A_6 P$ 이고

점 A_1의 x 좌표를 α 라 하면

점 A_1의 좌표는 (α, t) 점 A_6의 좌표는 $(9-\alpha, t)$ 이고

$\triangle A_1 A_6 P$ 의 무게중심의 좌표는

$\left(\dfrac{9}{2} , \dfrac{2t+6}{3} \right)$ 이므로 조건 (나)에 의해 $\dfrac{2t+6}{3} = \dfrac{10}{3}$ 이다.

$\therefore \ t = 2$

$\therefore \ 6\sin\dfrac{\pi}{3}\alpha = 2$ 이므로 $\sin\dfrac{\pi}{3}\alpha = \dfrac{1}{3}$ 이다.

따라서 $\tan\dfrac{\pi}{3}\alpha = \dfrac{1}{2\sqrt{2}}$

또한 $\overline{OA_2} = \overline{A_2 B_2}$ 이므로 B_2 는 $(6-2\alpha, 4)$ 이다.

$-6\sin\dfrac{\pi}{3}(6-2\alpha) = 4, \ 6\sin\dfrac{2\alpha\pi}{3} = 4, \ \therefore \sin\dfrac{2\alpha\pi}{3} = \dfrac{2}{3}$

$\therefore \ \sin\dfrac{2\pi}{3}\alpha + \dfrac{1}{\tan\dfrac{\pi}{3}\alpha} = 2\sqrt{2} + \dfrac{2}{3}$

[그림 : 이정배T]

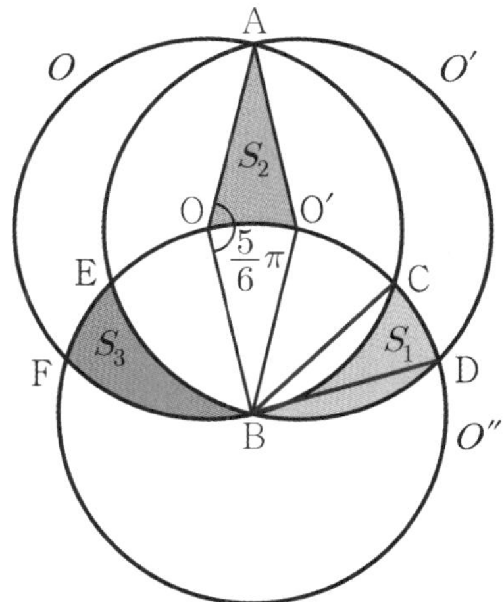

위 그림에서 호BC, 호CD, 호BD로 둘러싸인 부분의 넓이를 T라 하면 호BE, 호EF, 호FB로 둘러싸인 넓이도 T이다.
$\angle CBD = 30°$이므로 호BD와 현BD로 둘러싸인 활꼴의 넓이는 호BC와 현BC로 둘러싸인 활꼴의 넓이와 같다.
따라서 (부채꼴 OBO') $= T$
즉, $S_1 = T$
마찬가지로 $S_3 = T$
이다.
그러므로
$$S_1 + S_3 + 2S_2$$
$$= (S_1 + S_2) + (S_3 + S_2)$$
$$= 2(S_1 + T)$$
$$= 2 \times (\text{마름모 } AOBO' \text{의 넓이})$$
$$= 2 \times 2 \times \frac{1}{2} \times 2^2 \times \sin\frac{5}{6}\pi$$
$$= 4$$

50 정답 ③

[그림 : 이호진T]

$\overline{DA} = a$라 하면 $\overline{AB} = 2a$이다.
삼각형 DAB에서 코사인법칙에 의하여
$$\overline{BD}^2 = a^2 + (2a)^2 - 2 \times a \times 2a \times \cos\frac{2}{3}\pi = 7a^2$$
이므로 $\overline{BD} = \sqrt{7}a$이다.
$\overline{DE} : \overline{EB} = 2 : 3$이므로
(삼각형 ABC의 넓이) : (삼각형 ADC의 넓이) $= 3 : 2$이다.
$\angle ABC = \theta$라 할 때,
(삼각형 ABC의 넓이) $= \frac{1}{2} \times \overline{BA} \times \overline{BC} \times \sin\theta$
(삼각형 ADC의 넓이) $= \frac{1}{2} \times \overline{DA} \times \overline{DC} \times \sin(\pi - \theta)$이고
(삼각형 ABC의 넓이) : (삼각형 ADC의 넓이)

$$= \overline{BA} \times \overline{BC} : \overline{DA} \times \overline{DC} = 3 : 2$$이므로
$$\overline{BC} = \frac{3}{4}\overline{DC}$$이다. $\overline{DC} = 4k$라 하면
$\overline{BC} = 3k$이고 $\overline{BD} = \sqrt{7}a$, $\angle BCD = \frac{\pi}{3}$이므로
삼각형 BCD에서 코사인법칙에 의하여
$$\cos\frac{\pi}{3} = \frac{(3k)^2 + (4k)^2 - (\sqrt{7}a)^2}{2 \times 3k \times 4k}$$이므로
$$7a^2 = 13k^2, \ k = \sqrt{\frac{7}{13}}a$$이다.
삼각형 DAB의 외접원의 반지름의 길이가 2이고 사인법칙에 의하여
$$\frac{\sqrt{7}a}{\sin\frac{2}{3}\pi} = 4$$이므로 $a = \frac{2\sqrt{21}}{7}$이다.
(삼각형 BCD의 넓이)
$$= \frac{1}{2} \times 4k \times 3k \times \sin\frac{\pi}{3}$$
$$= 3\sqrt{3} \times k^2$$
$$= \frac{21\sqrt{3}}{13} \times a^2$$
$$= \frac{36}{13}\sqrt{3}$$

51 정답 12

[그림 : 이호진T]

$g(x) = p\sin 2x + q$라 하면
$f(0) = |q|$, $f\left(\frac{\pi}{4}\right) = |p + q|$에서 $f(0) < f\left(\frac{\pi}{4}\right)$를 만족시키려면
$p > 0 \ (\because q > 0, \ p + q \geq 0)$이어야 한다.
$g(x)$의 최솟값인 $g\left(\frac{3\pi}{4}\right) = -p + q$ 의 부호에 따라
함수 $y = f(x)$의 그래프는 다음과 같은 경우가 있다.

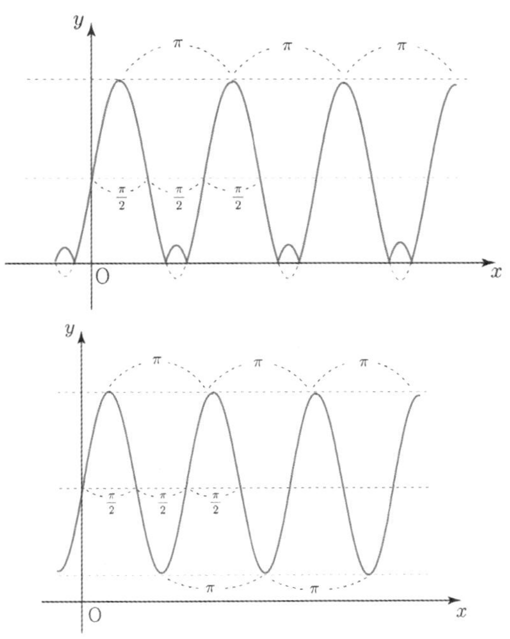

(i) $-p+q<0$ 일 때

적선 $y=t$가 곡선 $y=f(x)$와 만나는 모든 점의 x좌표를

나열한 수열은 $t=f(0)$이면 첫째항이 0이고 공차가 $\dfrac{\pi}{2}$인

등차수열이고, $t=f\left(\dfrac{\pi}{4}\right)$이면 첫째항이 $\dfrac{\pi}{4}$이고 공차가 π인

등차수열이다. 한편, 나머지 경우에는 직선 $y=t$가

곡선 $y=f(x)$와 만나는 모든 점의 x좌표를 나열한 수열은

연속하는 두 항사이의 차가 $\dfrac{\pi}{2}$보다 큰 값과 $\dfrac{\pi}{2}$보다 작은 값이

모두 있으므로 등차수열이 되지 않는다.

이때 $\alpha+\beta=10$이므로 $q+(p+q)=p+2q=10$ $\cdots\cdots$ ㉠

수열 $\{a_n\}$은 첫째항이 0이고 공차가 $\dfrac{\pi}{2}$인 등차수열이므로

$a_2=\dfrac{\pi}{2}$

수열 $\{b_n\}$은 첫째항이 $\dfrac{\pi}{4}$이고 공차가 π인 등차수열이므로

$b_2=\dfrac{5\pi}{4}$

$a_2=\dfrac{\pi}{2}$, $f(b_2)=p+q$, $\dfrac{f(b_2)}{a_2}=\dfrac{14}{\pi}$

$\therefore p+q=7$ $\cdots\cdots$ ㉡

㉠, ㉡을 연립하여 풀면 $p=4$, $q=3$

(ii) $-p+q\geq 0$ 일 때

직선 $y=t$가 곡선 $y=f(x)$와 만나는 모든 점의 x좌표를

나열한 수열은 $t=f(0)$이면 공차가 $\dfrac{\pi}{2}$인 등차수열,

$t=f\left(\dfrac{\pi}{4}\right)$이면 공차가 π인 등차수열, $t=f\left(\dfrac{3\pi}{4}\right)$이면 공차가

π인 등차수열이다. 이때 등차수열이 되도록 하는 t의 값이

2개뿐이라는 조건을 만족시키지 않는다.

(i),(ii)에서 $p=4$, $q=3$ 따라서 $pq=12$

52 정답 ⑤

$|f(x)|\geq 1 \Rightarrow f(x)\leq -1$, $f(x)\geq 1$ 이므로

$\tan(\pi\sin^2 2x)\leq -1$ 또는 $\tan(\pi\sin^2 2x)\geq 1$

(i) $\tan(\pi\sin^2 2x)\leq -1$일 때

$\dfrac{\pi}{2}<\pi\sin^2 2x\leq \dfrac{3}{4}\pi$ 이고 $\dfrac{1}{2}<\sin^2 2x\leq \dfrac{3}{4}$ 의 해는

$-\dfrac{\sqrt{3}}{2}\leq \sin 2x<-\dfrac{\sqrt{2}}{2}$, $\dfrac{\sqrt{2}}{2}<\sin 2x\leq \dfrac{\sqrt{3}}{2}$ 이다.

① $-\dfrac{\sqrt{3}}{2}\leq \sin 2x<-\dfrac{\sqrt{2}}{2}$ 일 때

$\dfrac{5}{4}\pi<2x\leq \dfrac{4}{3}\pi$ 또는 $\dfrac{5}{3}\pi\leq 2x<\dfrac{7}{4}\pi$ 이므로

$\dfrac{5}{8}\pi<x\leq \dfrac{2}{3}\pi$ 또는 $\dfrac{5}{6}\pi\leq x<\dfrac{7}{8}\pi\cdots$ ㉠

② $\dfrac{\sqrt{2}}{2}<\sin 2x\leq \dfrac{\sqrt{3}}{2}$ 일 때

$\dfrac{1}{4}\pi<2x\leq \dfrac{1}{3}\pi$ 또는 $\dfrac{2}{3}\pi\leq 2x<\dfrac{3}{4}\pi$ 이므로

$\dfrac{1}{8}\pi<x\leq \dfrac{1}{6}\pi$ 또는 $\dfrac{1}{3}\pi\leq x<\dfrac{3}{8}\pi\cdots$ ㉡

(ii) $\tan(\pi\sin^2 2x)\geq 1$일 때

$\dfrac{\pi}{4}\leq \pi\sin^2 2x<\dfrac{\pi}{2}$이고 $\dfrac{1}{4}\leq \sin^2 2x<\dfrac{1}{2}$의 해는

$-\dfrac{\sqrt{2}}{2}<\sin 2x\leq -\dfrac{1}{2}$, $\dfrac{1}{2}\leq \sin 2x<\dfrac{\sqrt{2}}{2}$이다.

① $-\dfrac{\sqrt{2}}{2}<\sin 2x\leq -\dfrac{1}{2}$일 때

$\dfrac{7}{6}\pi\leq 2x<\dfrac{5}{4}\pi$ 또는 $\dfrac{7}{4}\pi<2x\leq \dfrac{11}{6}\pi$이므로

$\dfrac{7}{12}\pi\leq x<\dfrac{5}{8}\pi$ 또는 $\dfrac{7}{8}\pi<x\leq \dfrac{11}{12}\pi\cdots$ ㉢

② $\dfrac{1}{2}\leq \sin 2x<\dfrac{\sqrt{2}}{2}$일 때

$\dfrac{1}{6}\pi\leq 2x<\dfrac{\pi}{4}$ 또는 $\dfrac{3}{4}\pi<2x\leq \dfrac{5}{6}\pi$이므로

$\dfrac{1}{12}\pi\leq x<\dfrac{\pi}{8}$ 또는 $\dfrac{3}{8}\pi<x\leq \dfrac{5}{12}\pi\cdots$ ㉣

㉠, ㉡, ㉢, ㉣에서

$\dfrac{30}{48}\pi<x\leq \dfrac{32}{48}\pi$ 또는 $\dfrac{40}{48}\pi\leq x<\dfrac{42}{48}\pi\cdots$ ㉠

$\dfrac{6}{48}\pi<x\leq \dfrac{8}{48}\pi$ 또는 $\dfrac{16}{48}\pi\leq x<\dfrac{18}{48}\pi\cdots$ ㉡

$\dfrac{28}{48}\pi\leq x<\dfrac{30}{48}\pi$ 또는 $\dfrac{42}{48}\pi<x\leq \dfrac{44}{48}\pi\cdots$ ㉢

$\dfrac{4}{48}\pi\leq x<\dfrac{6}{48}\pi$ 또는 $\dfrac{18}{48}\pi<x\leq \dfrac{20}{48}\pi\cdots$ ㉣

이므로

$B=\left\{\dfrac{1}{48}\pi,\ \dfrac{3}{48}\pi,\ \dfrac{5}{48}\pi,\ \dfrac{7}{48}\pi,\ \cdots\right\}$와 집합 A의 교집합의

원소는

$\dfrac{5}{48}\pi$, $\dfrac{7}{48}\pi$, $\dfrac{17}{48}\pi$, $\dfrac{19}{48}\pi$, $\dfrac{29}{48}\pi$, $\dfrac{31}{48}\pi$, $\dfrac{41}{48}\pi$, $\dfrac{43}{48}\pi$이다.

따라서

$\dfrac{5+7+17+19+29+31+41+43}{48}\pi=\dfrac{4\times 48}{48}\pi=4\pi$

53 정답 ①

삼각형 ABD의 외접원의 반지름의 길이를 R_1, 삼각형 ADC의

외접원의 반지름의 길이를 R_2라 하자.

(가)에서 $R_1=2R_2$이다.

$\dfrac{\overline{\text{AB}}}{\sin(\angle\text{ADB})}=2R_1$, $\dfrac{\overline{\text{AC}}}{\sin(\angle\text{ADC})}=2R_2$

이고 $\sin(\angle\text{ADB})=\sin(\angle\text{ADC})$이므로 $\overline{\text{AB}}=2\overline{\text{AC}}$이다.

$\therefore \overline{\text{AC}}=3$

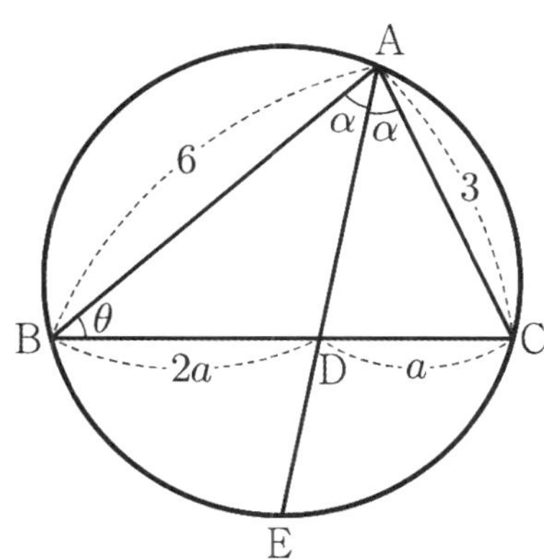

각의 이등분선의 성질에 의해 $\overline{BD}=2\overline{CD}$이므로 $\overline{CD}=a$라 하면 $\overline{BD}=2a$이다.

$\angle BAD=\overline{CAD}=\alpha$라 하고 $\overline{AD}=x$라 하면

삼각형 ABD에서 코사인 법칙을 적용하면
$$\cos\alpha=\frac{6^2+x^2-(2a)^2}{2\times6\times x}=\frac{36+x^2-4a^2}{12x}$$
삼각형 ACD에서 코사인 법칙을 적용하면
$$\cos\alpha=\frac{3^2+x^2-a^2}{2\times3\times x}=\frac{9+x^2-a^2}{6x}$$

$$\frac{36+x^2-4a^2}{12x}=\frac{9+x^2-a^2}{6x}$$
$$36+x^2-4a^2=18+2x^2-2a^2$$
$$18-x^2-2a^2=0\cdots\text{㉠}$$
한편,
삼각형 ABD와 삼각형 ACE가 닮음이므로
$\overline{AB}:\overline{AD}=\overline{AE}:\overline{AC}$이 성립한다.

$\overline{AE}\times\overline{AD}=6\times3$에서 $\overline{AE}=\dfrac{18}{x}$이다.

(나)에서
$$5\overline{AE}^2=27\overline{BC}$$
$$\frac{5\times18^2}{x^2}=27\times3a$$
$$x^2=\frac{20}{a}\cdots\text{㉡}$$
㉠, ㉡에서
$$9-\frac{10}{a}-a^2=0$$
$$a^3-9a+10=0$$
$$(a-2)(a^2+2a-5)=0$$
$$\therefore\ a=2\ (\because\ a\text{는 유리수})$$
따라서 $\overline{BC}=6$이다.

$\overline{AB}=6$, $\overline{BC}=6$, $\overline{AC}=3$이므로 $\angle ABC=\theta$라 하면
$$\cos\theta=\frac{6^2+6^2-3^2}{2\times6\times6}=\frac{7}{8}$$
따라서 $\sin\theta=\dfrac{\sqrt{15}}{8}$

원 O의 반지름의 길이를 R라 하면

$$\frac{3}{\sin\theta}=2R$$
$$\therefore\ R=\frac{12}{\sqrt{15}}$$

그러므로 원 O의 넓이는 $\pi\left(\dfrac{12}{\sqrt{15}}\right)^2=\dfrac{48}{5}\pi$이다.

[다른 풀이]

우산공식에서
$$\overline{AE}\times\overline{AD}=6\times3$$
$$\overline{AD}^2=6\times3-2a\times a=18-2a^2$$
(나)에서 $\overline{AE}=\dfrac{18}{\overline{AD}}$이므로

$$5\times\frac{18^2}{18-2a^2}=27\times3a$$
$$\frac{10}{9-a^2}=a$$
$$a^3-9a+10=0$$
$$(a-2)(a^2+2a-5)=0$$
$$\therefore\ a=2\ (\because\ a\text{는 유리수})$$
따라서 $\overline{BC}=6$이다.

54 정답 9

$\angle ACD=\angle ABD=\theta$라 할 때, $\cos\theta=\dfrac{5}{6}$,

$\sin\theta=\dfrac{\sqrt{11}}{6}$이다.

삼각형 ACD에서 $\overline{CD}=x$라 하고 코사인법칙을 적용하면
$$(\sqrt{3})^2=3^2+x^2-2\times3\times x\times\frac{5}{6}$$
$$x^2-5x+6=0$$
$$(x-2)(x-3)=0$$
$\overline{CD}$는 2 또는 3이다. 삼각형 ABD에서 $\angle ABD$에 대해 코사인 법칙을 적용하여도 같은 값이므로
$\overline{BD}$의 값도 2 또는 3이다.
$\overline{CD}>\overline{BD}$이므로 $\overline{CD}=3$, $\overline{BD}=2$이다.
한편,
이등변삼각형 ABC에서 $\angle ABC=\angle ACD=\alpha$라 하면
$\angle A=\pi-2\alpha$이다.
삼각형 DBC에서 $\angle DBC=\alpha+\theta$, $\angle DCB=\alpha-\theta$이므로
$\angle D=\pi-2\alpha$이다.

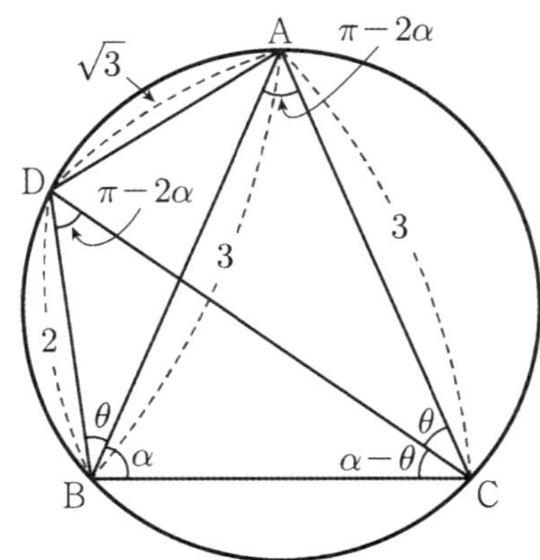

따라서 네 점 A, D, B, C는 한 원 위의 점이다.

사각형 ADBC의 외접원의 반지름의 길이를 R이라 하면

삼각형 ACD에서 $\dfrac{\sqrt{3}}{\sin\theta}=2R$

$\therefore\ 2R=\dfrac{6\sqrt{3}}{\sqrt{11}}$

이등변삼각형 ABC에서 사인법칙을 적용하면

$\dfrac{\overline{BC}}{\sin A}=2R$

따라서 $\overline{BC}=\dfrac{6\sqrt{3}}{\sqrt{11}}\sin A$

이등변삼각형 ABC에서 코사인법칙을 적용하면

$\dfrac{108}{11}\sin^2 A=9+9-2\times3\times3\times\cos A$

$\dfrac{108}{11}(1-\cos^2 A)=18-18\cos A$

$6(1-\cos^2 A)=11-11\cos A$

$6\cos^2 A-11\cos A+5=0$

$(\cos A-1)(6\cos A-5)=0$

$\therefore\ \cos A=\dfrac{5}{6}$

$\angle A=\angle D=\pi-2\alpha$ 이므로 $\sin D=\dfrac{\sqrt{11}}{6}$

사각형 ADBC의 넓이는 두 삼각형 ACD와 DBC의 넓이의 합이다.

(삼각형 ACD의 넓이)

$=\dfrac{1}{2}\times\overline{AC}\times\overline{CD}\times\sin\theta=\dfrac{1}{2}\times3\times3\times\dfrac{\sqrt{11}}{6}=\dfrac{3\sqrt{11}}{4}$

(삼각형 DBC의 넓이)

$=\dfrac{1}{2}\times\overline{DB}\times\overline{DC}\times\sin D=\dfrac{1}{2}\times2\times3\times\dfrac{\sqrt{11}}{6}=\dfrac{\sqrt{11}}{2}$

따라서 사각형 ADBC의 넓이는

$\dfrac{3\sqrt{11}}{4}+\dfrac{\sqrt{11}}{2}=\dfrac{5}{4}\sqrt{11}$ 이다.

$p=4$, $q=5$이므로 $p+q=9$이다.

[다른 풀이]–이소영T

$\overarc{AD}$ 의 원주각 $\angle ACD=\angle ABD=\theta$이므로
네 점 A, B, C, D는 한 원 위의 점이다.

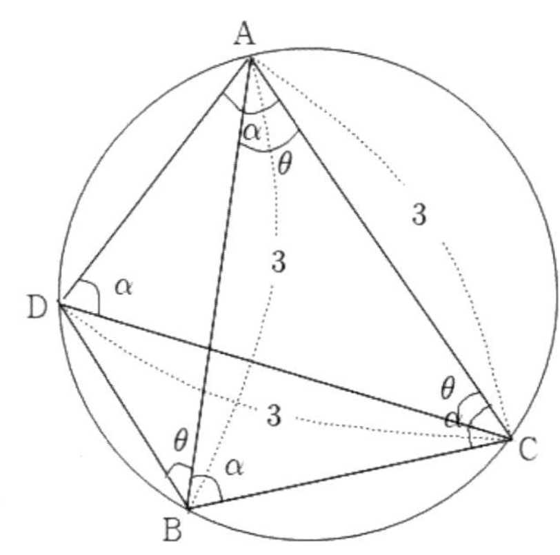

△ABC 은 이등변 삼각형이므로 $\angle ABC=\alpha$ 라 하면
$\angle ABC=\angle ACB=\alpha$ 이다.

$\overarc{AC}$ 에 대한 원주각으로 $\angle ABC=\angle ADC=\alpha$ 이다.

또, △ACD 는 $\overline{AC}=\overline{CD}=3$인 이등변 삼각형이므로
$\angle CDA=\angle CAD=\alpha$ 되고,

△ABC ≡ △CAD (SAS 합동)이다.

따라서 $\angle ACD=\angle BAC=\theta$ 이다.

□ ADBC = △ABC + △ABD 이다.

$\triangle ABC=\dfrac{1}{2}\cdot3\cdot3\cdot\sin\theta$,

$\triangle ABD=\dfrac{1}{2}\cdot3\cdot2\cdot\sin\theta$이므로

$\square ADBC=\dfrac{15}{2}\sin\theta$

$=\dfrac{15}{2}\sqrt{1-\cos^2\theta}$

$=\dfrac{15}{2}\sqrt{1-\dfrac{25}{36}}$

$=\dfrac{15}{12}\sqrt{11}$

$=\dfrac{5}{4}\sqrt{11}=\dfrac{q}{p}\sqrt{11}$

따라서 $p=4$, $q=5$이므로 $p+q=9$이다.

55 정답 ④

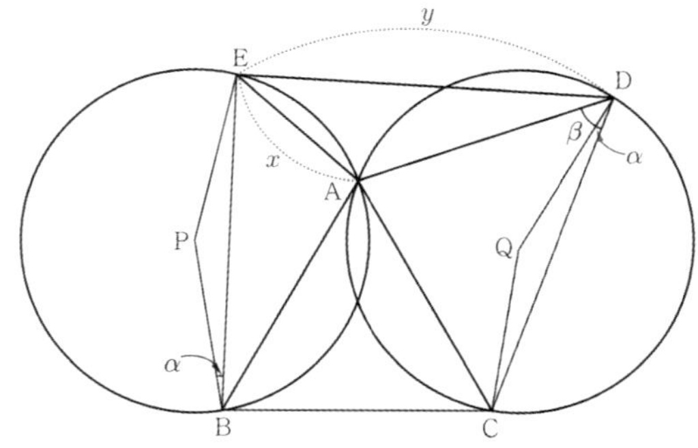

그림과 같이 $\overline{AE}=x$, $\overline{DE}=y$라 하면

$\cos(\angle AED) = \dfrac{11}{14}$ 에서 $\sin(\angle AED) = \sqrt{1 - \left(\dfrac{11}{14}\right)^2} = \dfrac{5\sqrt{3}}{14}$

사인 법칙에 의해

$$\dfrac{5}{\sin(\angle AED)} = \dfrac{y}{\sin \dfrac{2}{3}\pi}, \quad \dfrac{5}{\dfrac{5\sqrt{3}}{14}} = \dfrac{y}{\dfrac{\sqrt{3}}{2}}$$

$$\therefore \ y = 7$$

코사인법칙에 의해

$$7^2 = x^2 + 5^2 - 2 \times x \times 5 \times \cos \dfrac{2}{3}\pi, \quad x^2 + 5x - 24 = 0$$

$$\therefore \ x = 3$$

삼각형 AEB와 삼각형 ACD의 외접원의 반지름의 길이가

서로 같으므로 $\overline{DC} = \overline{EB}$ $\angle DAC = \theta$이면

$\angle EAB = \pi - \theta$이므로

코사인법칙에 의해

$$5^2 + 5^2 - 2 \times 5 \times 5 \times \cos \theta = 3^2 + 5^2 - 2 \times 3 \times 5 \times \cos(\pi - \theta)$$

$$50 - 50\cos\theta = 34 + 30\cos\theta$$

$$\therefore \ \cos\theta = \dfrac{1}{5}$$

$$\overline{CD}^2 = 5^2 + 5^2 - 2 \times 5 \times 5 \times \dfrac{1}{5} = 40$$

삼각형 EPB는 삼각형 DQC와 합동이므로

$\angle PBE = \angle QCD = \alpha$

$\angle ADC = \alpha + \beta$

따라서

$$\cos(\alpha + \beta) = \dfrac{5^2 + 40 - 5^2}{2 \times \sqrt{40} \times 5} = \dfrac{40}{20\sqrt{10}} = \dfrac{\sqrt{10}}{5}$$

56 정답 ③

[출제자 : 김수T]

사각형 ABCD가 원에 내접함 $\Rightarrow$

$\angle BAD = \pi - \angle BCD = \dfrac{\pi}{3}$이고, $\angle ABD = \angle ADB$ 이므로

$\overline{AB} = \overline{AD}$ $\Rightarrow$ 삼각형 ABD는 정삼각형이다.

또한,

$\angle ACB = \angle ACD = \dfrac{\pi}{3}$ (원주각의 성질에 의해서)

$\Rightarrow \sin(\angle BAC) : \sin(\angle DAC) = 2 : 1$ 은 사인법칙에

의해서 $\overline{BC} : \overline{CD} = 2 : 1$ 이고

이므로 $\overline{BP} = 2k$, $\overline{PD} = k$, $\overline{AB} = 3k$, $\overline{AP} = x$ 라 놓으면

삼각형 APD에서 코사인법칙에 의해

$$x^2 = (3k)^2 + k^2 - 2 \times 3k \times k \times \dfrac{1}{2} \ \Rightarrow \ x = \sqrt{7}k$$을 얻는다.

두 삼각형 PAB, PDC는 닮음이므로 ($\because$ 그림을 참고)

$\overline{AB} : \overline{DC} = \overline{AP} : \overline{DP} = \sqrt{7} : 1 \ \Rightarrow \ \overline{CD} = \dfrac{3k}{\sqrt{7}}, \ \overline{BC} = \dfrac{6k}{\sqrt{7}}$

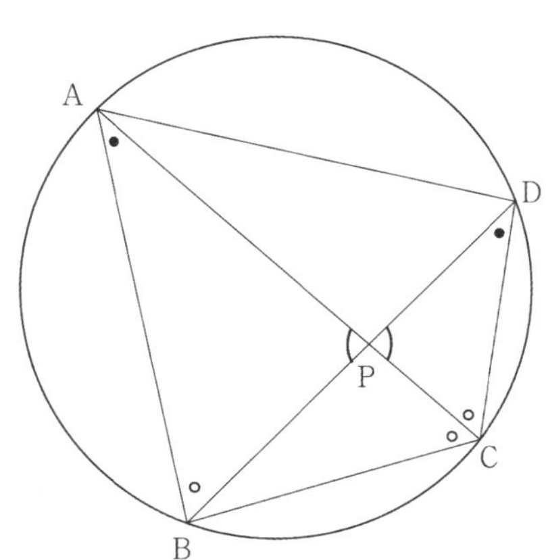

$\therefore$ (사각형 ABCD의 넓이)

$$= \dfrac{\sqrt{3}}{4} \times \overline{BD}^2 + \dfrac{1}{2} \times \overline{BC} \times \overline{CD} \times \sin \dfrac{2}{3}\pi$$

$$= \dfrac{\sqrt{3}}{4} 9k^2 + \dfrac{1}{2} \times \dfrac{3k}{\sqrt{7}} \times \dfrac{6k}{\sqrt{7}} \times \sin \dfrac{2}{3}\pi$$

$$= \dfrac{81k^2\sqrt{3}}{28} = \dfrac{81\sqrt{3}}{4}$$

$$\therefore \ k = \sqrt{7} \ \text{이고} \ x = \sqrt{7}k = 7 \ \text{이다.}$$

57 정답 20

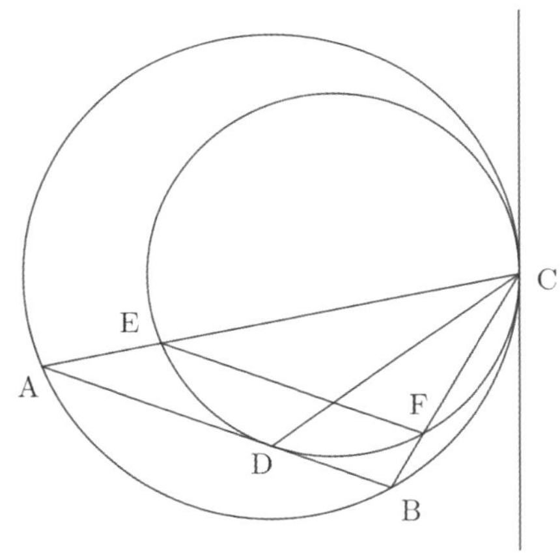

점 C에서 두 원에 접선을 긋고

현 BC와 접선이 이루는 각을 θ라 하면

$\angle BAC = \angle FEC = \theta$이다.

따라서, $\overline{AB} /\!\!/ \overline{EF}$이다.

$\overline{AB}$는 EDF를 지나는 원과 점 D에서 접하는 접선이므로

$\angle EDA = \angle ECD$이다.

$\overline{AB} /\!\!/ \overline{EF}$이므로 $\angle EDA = \angle FED$이다.

원주각의 성질에 의해 $\angle FED = \angle DCB$이다.

따라서, $\angle ACD = \angle DCB$이고 $\overline{CD}$는 각 ACB의

이등분선이다.

$\overline{AD} : \overline{DB} = \overline{AC} : \overline{BC}$

$\overline{AD} : \overline{DB} = 9 : 5$이고 $\overline{AB} = 14$이므로

$\overline{AD} = 9$.

삼각형 ABC에서 $\angle BAC = \theta$이므로

$$\cos\theta = \frac{14^2 + 18^2 - 10^2}{2 \times 14 \times 18} = \frac{5}{6}$$이므로

$$\sin\theta = \frac{\sqrt{11}}{6}$$

삼각형 ADC에서 코사인법칙을 적용하면

$$\overline{CD}^2 = 9^2 + 18^2 - 2 \times 9 \times 18 \times \frac{5}{6}$$

$$\overline{CD} = 3\sqrt{15}$$

$$\frac{\overline{CD}}{\sin\theta} = 2R$$이므로 $R = \frac{9\sqrt{15}}{\sqrt{11}} = \frac{9\sqrt{165}}{11}$

따라서, $p = 11$, $q = 9$이고, $p+q = 20$이다.

58 정답 29

[그림 : 이정배T]

$\overline{AB} = 2$, $\overline{BC} = 3$, $\cos(\angle ABC) = \frac{9}{16}$이므로

코사인법칙을 적용하면

$$\overline{AC}^2 = 2^2 + 3^2 - 2 \times 2 \times 3 \times \frac{9}{16}$$

$$= 4 + 9 - \frac{27}{4} = \frac{25}{4}$$

$$\therefore \ \overline{AC} = \frac{5}{2}$$

삼각형 ABC에서 코사인법칙을 이용하여 $\cos A$를 구해보자.

$$\cos A = \frac{\overline{AB}^2 + \overline{AC}^2 - \overline{BC}^2}{2 \times \overline{AB} \times \overline{AC}}$$

$$= \frac{2^2 + \left(\frac{5}{2}\right)^2 - 3^2}{2 \times 2 \times \frac{5}{2}} = \frac{1}{8}$$

이므로

$$\overline{AP} = \frac{1}{4}, \quad \overline{AQ} = \frac{5}{16}$$

$$\sin(\angle ABP) = \frac{\frac{1}{4}}{2} = \frac{1}{8}$$

따라서 $\cos(\angle ABP) = \frac{3\sqrt{7}}{8}$

$$\overline{BQ} = 2 - \frac{5}{16} = \frac{27}{16}$$

삼각형 BRQ에서

$$\cos(\angle RBQ) = \cos(\angle ABP) = \frac{3\sqrt{7}}{8} = \frac{\overline{BQ}}{\overline{BR}}$$

$$\overline{BR} = \frac{8}{3\sqrt{7}} \times \overline{BQ} = \frac{8}{3\sqrt{7}} \times \frac{27}{16} = \frac{9}{2\sqrt{7}}$$

삼각형 ABR에서 코사인법칙을 적용하면

$$\overline{AR}^2 = 2^2 + \left(\frac{9}{2\sqrt{7}}\right)^2 - 2 \times 2 \times \frac{9}{2\sqrt{7}} \times \frac{3\sqrt{7}}{8}$$

$$= 4 + \frac{81}{28} - \frac{27}{4}$$

$$= \frac{112 + 81 - 189}{28} = \frac{1}{7}$$

선분 $\overline{AR}$이 네 점 A, Q, R, P를 지나는 원의 지름이므로

원의 넓이는 $\pi\left(\frac{\overline{AR}}{2}\right)^2 = \pi\frac{\overline{AR}^2}{4} = \frac{1}{28}\pi$

$$p + q = 29$$

59 정답 ⑤

점 B와 점 E를 잇는 선분 BE를 긋는다.

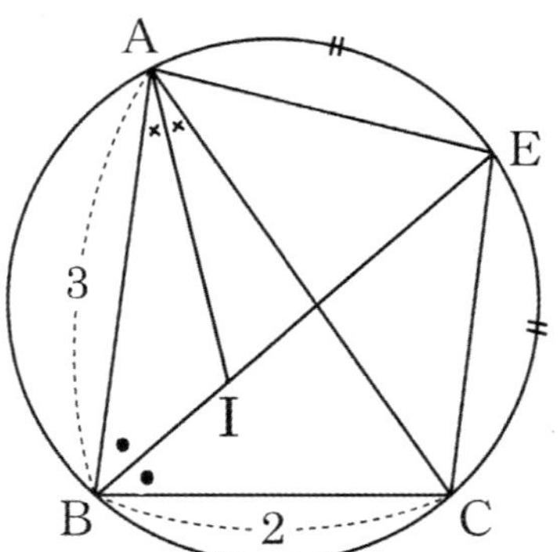

호 EA와 호 EC가 같으므로 $\angle ABE = \angle EBC$이다. 따라서 선분 BE는 각 ABC의 이등분선이고 삼각형 ABC의 내접원의 중심인 I는 선분 BE 위의 점이다.

따라서 $\angle BIE = \pi$

삼각형 ABI에서 $\angle AIE = \angle IAB + \angle ABI$

한편, $\angle IAB = \angle CAI$, $\angle ABI = \angle IBC$

그러므로 $\angle AIE = \angle CAI + \angle IBC$

$= \angle CAI + \angle EAC$

$= \angle EAI$

즉, $\overline{AE} = \overline{EI}$이다. 또 $\overline{AI} = \overline{EI}$이므로 삼각형 AEI는 정삼각형이다.

$$\angle AEI = \frac{\pi}{3}$$

$\angle AEB$와 $\angle ACB$는 호 AB의 원주각이므로 서로 같다.

따라서 $\angle ACB = \frac{\pi}{3}$

$\overline{AC} = t$ 라 하고

사각형 ABCE는 원에 내접하므로 $\angle ABC = 180° - \angle AEC$

삼각형 ABC에서 $\angle ABC$에 대해 코사인법칙을 쓰면

$$\cos(\angle ABC) = \frac{3^2 + 2^2 - t^2}{2 \times 3 \times 2} = -\frac{t^2}{12} + \frac{13}{12} \ \cdots \ ㉠$$

$\overline{AI} = \overline{AE} = x$ 라 하고

삼각형 ABC에서 $\angle AEC$에 대해 코사인법칙을 쓰면

$$\cos(\angle\,AEC)=\frac{x^2+x^2-t^2}{2\times x\times x}\quad\cdots\;\bigcirc\!\!\!\!L$$

$\bigcirc$과 $\bigcirc\!\!\!\!L$에서 $\cos(\angle\,ABC)+\cos(\angle\,AEC)=0$이므로

$$-\frac{t^2}{12}+\frac{13}{12}+\frac{x^2+x^2-t^2}{2\times x\times x}=0$$

삼각형 ABC에서 코사인법칙을 이용하면

$$\overline{AB}^2=\overline{AC}^2+\overline{3C}^2-2\times\overline{AC}\times\overline{BC}\times\cos\theta$$

$$9=t^2+4-2\times t\times 2\times\cos 60°$$

$$t^2-2t-5=0$$

$$t=1+\sqrt6$$

대입하여 정리하면

$$x^2=3+\sqrt6$$

이다.

60 정답 ①

서로 닮은 도형인 직각삼각형 BCF와 직각삼각형 EDF에서

$$\overline{BC}:\overline{CF}=\overline{ED}:\overline{DF}\rightarrow 3:4=\overline{ED}:1$$

$$\therefore\;\overline{ED}=\frac{3}{4}$$

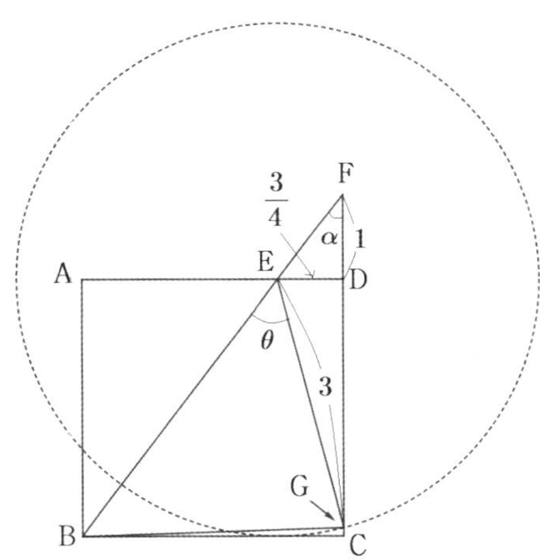

직각삼각형 EDG에서 $\overline{EG}=3$이므로

$$\overline{DG}=\sqrt{\overline{EG}^2-\overline{ED}^2}$$

$$=\sqrt{3^2-\left(\frac{3}{4}\right)^2}=\sqrt{9-\frac{9}{16}}=\frac{3}{4}\sqrt{15}$$

따라서 $\overline{FG}=\overline{FD}+\overline{DG}=1+\frac{3}{4}\sqrt{15}$

$\angle BEG=\theta$, $\angle EFG=\alpha$라 하면

삼각형 BFC에서 $\overline{BF}=5$이므로 $\sin\alpha=\frac{3}{5}$

삼각형 FEG에서 사인법칙을 적용하면

$$\frac{\overline{EG}}{\sin\alpha}=\frac{\overline{FG}}{\sin(\pi-\theta)}\rightarrow$$

$$\frac{3}{\dfrac{3}{5}}=\frac{1+\dfrac{3}{4}\sqrt{15}}{\sin\theta}\rightarrow 5\sin\theta=1+\frac{3}{4}\sqrt{15}$$

따라서 $\sin(\angle BEG)=\sin\theta=\frac{1}{5}+\frac{3}{20}\sqrt{15}$

[다른 풀이]–서영만T

$\angle AEB=\theta_1$, $\angle DEG=\theta_2$, $\angle BEC=\theta$라 하면

$$\theta=\pi-(\alpha+\beta)$$

삼각형 EAB에서 $\overline{EB}=\dfrac{15}{4}$이므로

$$\sin\theta_1=\frac{3}{\dfrac{15}{4}}=\frac{4}{5},\;\cos\theta_1=\frac{3}{5}$$

삼각형 EDG에서 $\overline{DG}=\dfrac{3}{4}\sqrt{15}$, $\overline{EG}=3$이므로

$$\sin\theta_2=\frac{\dfrac{3}{4}\sqrt{15}}{3}=\frac{\sqrt{15}}{4},\;\cos\theta_2=\frac{\dfrac{3}{4}}{3}=\frac{1}{4}$$

따라서

$$\sin\theta=\sin(\pi-(\theta_1+\theta_2))$$

$$=\sin(\theta_1+\theta_2)=\sin\theta_1\cos\theta_2+\cos\theta_1\sin\theta_2$$

$$=\frac{4}{5}\times\frac{1}{4}+\frac{3}{5}\times\frac{\sqrt{15}}{4}$$

$$=\frac{1}{5}+\frac{3}{20}\sqrt{15}$$

61 정답 ②

$\overline{AB}=a$, $\overline{BC}=b$, $\overline{CD}=c$라 두자. 그리고 선분 OC와 선분 BD를 그으면 다음 그림과 같다.

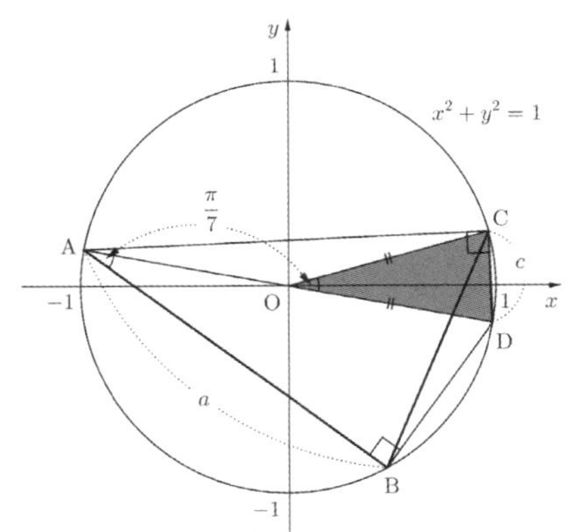

$\overline{AD}$는 원의 지름이므로 $\overline{AD}=2$이다.

따라서 $a=2\cos\dfrac{\pi}{7}\;\cdots\;\bigcirc$이다.

$\angle ADC$는 호 AC의 원주각이므로 $\angle ABC=\dfrac{3}{7}\pi$와 같고

$\angle ACD=\dfrac{\pi}{2}$이므로 $c=2\cos\dfrac{3}{7}\pi\;\cdots\;\bigcirc\!\!\!\!L$이다.

그리고 $\triangle ODC$는 이등변삼각형이므로

$\angle ADC = \angle OCD = \dfrac{3}{7}\pi$이므로

$\angle COD = \dfrac{\pi}{7}$이다.

이제 $\triangle ODC$에 코사인법칙을 적용하면 $c^2 = 2 - 2\cos\dfrac{\pi}{7}$이다.

㉠을 대입하여 정리하면 $a = 2 - c^2 \cdots$ ㉢

$\overline{AD}$와 $\overline{BC}$의 교점을 H라 두고 선분 OB를 그으면 다음 그림과 같다.

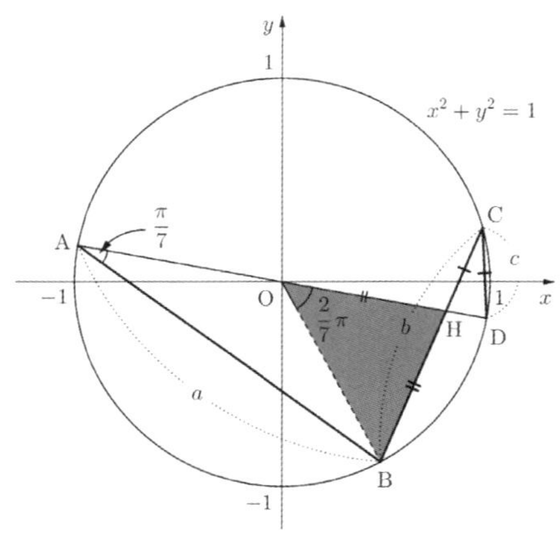

b를 구하기 위하여 $\overline{BH}$와 $\overline{CH}$를 구해보도록 하자.

1) $\overline{CH}$의 값

우선 $\triangle CHD$에서 $\angle D$는 호 AC의 원주각이므로 $\dfrac{3}{7}\pi$이다.

그리고 $\angle C$는 호 BD의 원주각이므로 $\dfrac{\pi}{7}$이다. 따라서

$\angle CHD = \dfrac{3}{7}\pi$ 이므로 $\triangle CHD$는 이등변삼각형이 된다. 따라서 $\overline{CH} = c$이다.

2) $\overline{BH}$의 값

$\triangle OAB$는 $\overline{OA}$와 $\overline{OB}$가 주어진 원의 반지름과 같으므로 이등변삼각형이다. 따라서 $\angle OBA = \dfrac{\pi}{7}$이다. 그러므로

$\angle OBC = \dfrac{2}{7}\pi$이다. 그런데 $\angle BOD$는 호 BD의 중심각이므로 $\dfrac{2}{7}\pi$이다. 즉, $\triangle OBH$는 양 끝각이 같으므로 이등변삼각형이다. 따라서 $\overline{OH} = \overline{BH}$이다.

이제 $\triangle ABH$를 보도록 하자. 우선 $\angle A$와 $\angle B$는 각각 $\dfrac{\pi}{7}$, $\dfrac{3}{7}\pi$라고 문제에 주어져있다.

따라서 $\angle AHB = \dfrac{3}{7}\pi$이다. 양 끝각이 같으므로

$\triangle ABH$는 이등변삼각형이 된다. 그러므로 $\overline{AH} = a$이다. 그런데 $\overline{OA} = 1$이므로 $\overline{OH} = a - 1$이다.

즉, $\overline{BH} = \overline{OH} = a - 1$

1), 2)에 의해 $b = a + c - 1 \cdots$ ㉣이 된다.

㉣에 ㉢을 대입하여 정리하면 $b = -c^2 + c + 1$이 된다.

이 식에 ㉢의 식을 각 변끼리 곱하고, c를 양변에 곱하면

$abc = c(2 - c^2)(-c^2 + c + 1) \cdots$ ㉤

$\overline{BH}$를 다른 방법으로도 구해보자. $\triangle ABH$에서 $\overline{BH}$를 구해보면

$\overline{BH} = 2a\cos\dfrac{3}{7}\pi$이다. ㉡을 대입하면 $\overline{BH} = ac$이고

$a - 1 = ac$에서 a에 대해 정리하면 $a = \dfrac{1}{1 - c}$이다.

㉢을 대입하여 정리하면 $(1 - c)(2 - c^2) = 1$이 된다.

이제 ㉤을 변형해보면
$$abc = c(2 - c^2)(-c^2 + c) + c(2 - c^2)$$
$$= c^2(2 - c^2)(1 - c) + c(2 - c^2)$$

$(1 - c)(2 - c^2) = 1$이므로 $abc = c^2 + c(2 - c^2) = -c^3 + c^2 + 2c$

$(1 - c)(2 - c^2) = c^3 - c^2 - 2c + 2 = 1$이므로

$-c^3 + c^2 + 2c = 2 - 1 = 1$이다.

따라서 $\overline{AB} \times \overline{BC} \times \overline{CD} = abc = 1$이다.

[다른 풀이]-1

$\overline{AB} = a$, $\overline{BC} = b$, $\overline{CD} = c$라 두고 각각을 따로 구해보도록 한다.

삼각형의 넓이를 구하는 방법으로 접근하도록 한다.

1) a의 값

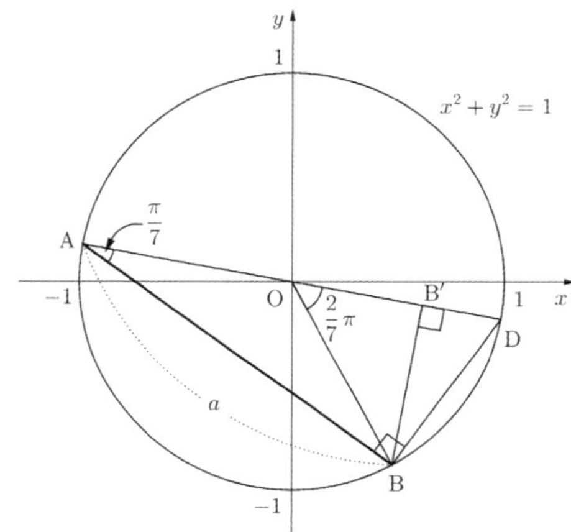

위 그림에서 $\triangle ABD$는 직각삼각형이므로 넓이는 $\dfrac{a}{2} \times \overline{BD}$이다.

그리고 $\overline{BD} = 2\sin\dfrac{\pi}{7}$이므로 $\triangle ABD$의 넓이는 $a\sin\dfrac{\pi}{7} \cdots$ ①.

그리고 선분 $\overline{BB'}$는 $\triangle ABD$의 높이이므로 $\triangle ABD$의 넓이는

$\dfrac{1}{2} \times 2 \times \overline{BB'}$이다. 그리고 $\overline{BB'} = \sin\dfrac{2}{7}\pi$이므로 $\triangle ABD$의

넓이는 $\sin\dfrac{2}{7}\pi \cdots$ ②이다.

①과 ②가 같으므로 $a = \dfrac{\sin\dfrac{2}{7}\pi}{\sin\dfrac{\pi}{7}}$이다.

2) b의 값

직선 OC가 주어진 원과 만나는 점 C가 아닌 점을 C′라 하자.

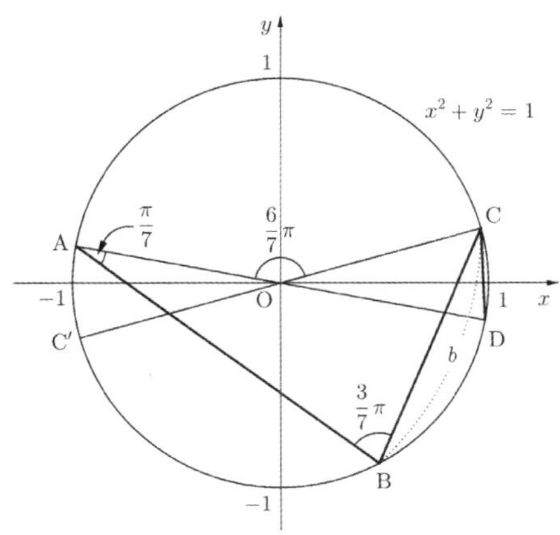

위 그림에서 ∠ABC와 ∠AOC는 각각 호 AC의 원주각과 중심각을 나타낸다. ∠C′OD는 ∠AOC의 맞꼭지각이므로 $\angle C'OD = \dfrac{6}{7}\pi$이다. 이 각은 호 C′D의 중심각이므로

호 C′D의 원주각인 $\angle C'CD = \dfrac{3}{7}\pi$이다.

그리고 ∠BCD는 호 BD의 원주각이므로 $\angle BCD = \dfrac{\pi}{7}$.

따라서 $\angle C'CB = \angle C'CD - \angle BCD = \dfrac{2}{7}\pi$이다.

이제 △CC′D를 그려보도록 하자.

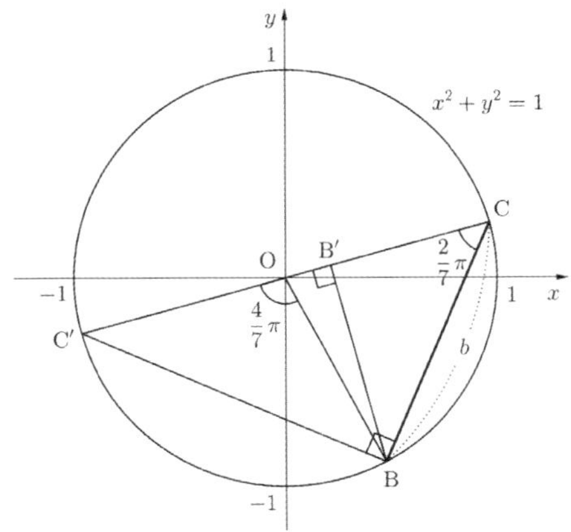

위 그림에서 △CC′D는 직각삼각형이므로 넓이는 $\dfrac{b}{2} \times \overline{BC'}$이다. 그리고 $\overline{BC} = 2\sin\dfrac{2}{7}\pi$ 이므로

△CC′D의 넓이는 $b\sin\dfrac{2}{7}\pi \cdots$ ③.

그리고 선분 BB′는 △CC′D의 높이이므로
△CC′D의 넓이는 $\dfrac{1}{2} \times 2 \times \overline{BB'}$ 이다.

$\angle BOC = \dfrac{3}{7}\pi$이므로 $\overline{BB'} = \sin\dfrac{3}{7}\pi$이다.

따라서 △CC′D의 넓이는 $\sin\dfrac{3}{7}\pi \cdots$ ④이다. ③과 ④가

같으므로 $b = \dfrac{\sin\dfrac{3}{7}\pi}{\sin\dfrac{2}{7}\pi}$이다.

3) c의 값 구하기

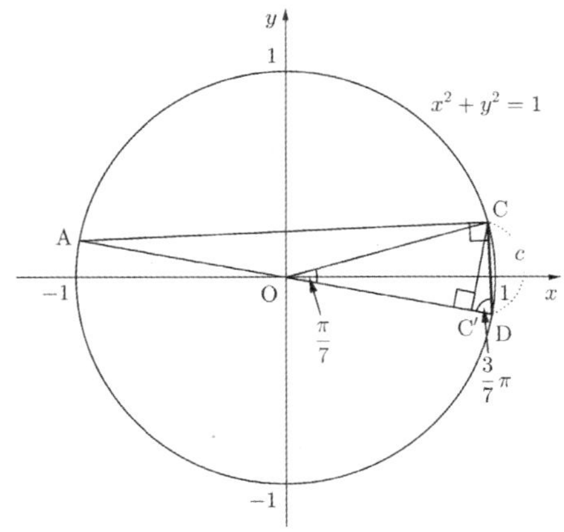

위 그림에서 △ADC는 직각삼각형이므로 넓이는 $\dfrac{c}{2} \times \overline{AC}$이다.

그리고 $\overline{AC} = 2\sin\dfrac{3}{7}\pi$ 이므로 △ADC의 넓이는

$c\sin\dfrac{3}{7}\pi \cdots$ ⑤. 그리고 선분 CC′는 △ADC의 높이이므로

△ADC의 넓이는 $\dfrac{1}{2} \times 2 \times \overline{CC'}$ 이다. 그리고

$\overline{CC'} = \sin\dfrac{\pi}{7}$ 이므로 △ADC의 넓이는 $\sin\dfrac{\pi}{7} \cdots$ ⑥이다.

⑤와 ⑥이 같으므로 $c = \dfrac{\sin\dfrac{\pi}{7}}{\sin\dfrac{3}{7}\pi}$ 이다.

1), 2), 3)에 의하여 $abc = \dfrac{\sin\dfrac{2}{7}\pi}{\sin\dfrac{\pi}{7}} \times \dfrac{\sin\dfrac{3}{7}\pi}{\sin\dfrac{2}{7}\pi} \times \dfrac{\sin\dfrac{\pi}{7}}{\sin\dfrac{3}{7}\pi} = 1$

[다른 풀이]-2

호 BC에 대한 중심각 $\angle BOC = \dfrac{3}{7}\pi$이므로

원주각 $\angle BAC = \dfrac{3}{14}\pi$이다.

따라서 이등변 삼각형 OAC에서 $\angle OAC = \angle OCA = \dfrac{\pi}{14}$이다.

그러므로 $\angle ACB = \dfrac{\pi}{14} + \dfrac{2}{7}\pi = \dfrac{5}{14}\pi$

$\left(\because \angle OBC = \angle OCB = \dfrac{2}{7}\pi \right)$

삼각형 ABC에서 $\dfrac{\overline{AB}}{\sin(\angle ACB)} = \dfrac{\overline{AB}}{\sin\dfrac{5}{14}\pi} = 2$

(사인법칙)이므로

$\overline{AB} = 2\sin\dfrac{5}{14}\pi = 2\cos\left(\dfrac{\pi}{2} - \dfrac{5}{14}\pi\right)$

$= 2\cos\dfrac{\pi}{7} = \dfrac{2\cos\dfrac{\pi}{7}\sin\dfrac{\pi}{7}}{\sin\dfrac{\pi}{7}} = \dfrac{\sin\dfrac{2}{7}\pi}{\sin\dfrac{\pi}{7}}$

삼각형 ABC에서 $\dfrac{\overline{BC}}{\sin(\angle BAC)}=\dfrac{\overline{BC}}{\sin\dfrac{3}{14}\pi}=2$이므로

$$\overline{BC}=2\sin\frac{3}{14}\pi=2\cos\left(\frac{\pi}{2}-\frac{3}{14}\pi\right)$$

$$=2\cos\frac{2}{7}\pi=\frac{2\cos\dfrac{2}{7}\pi\sin\dfrac{2}{7}\pi}{\sin\dfrac{2}{7}\pi}=\frac{\sin\dfrac{4}{7}\pi}{\sin\dfrac{2}{7}\pi}$$

삼각형 ACD에서 $\dfrac{\overline{CD}}{\sin(\angle DAC)}=\dfrac{\overline{CD}}{\sin\dfrac{\pi}{14}}=2$이므로

$$\overline{CD}=2\sin\frac{\pi}{14}=2\cos\left(\frac{\pi}{2}-\frac{\pi}{14}\right)$$

$$=2\cos\frac{3}{7}\pi=\frac{2\cos\dfrac{3}{7}\pi\sin\dfrac{3}{7}\pi}{\sin\dfrac{3}{7}\pi}=\frac{\sin\dfrac{6}{7}\pi}{\sin\dfrac{3}{7}\pi}$$

따라서

$$\overline{AB}\times\overline{BC}\times\overline{CD}=\frac{\sin\dfrac{2}{7}\pi}{\sin\dfrac{\pi}{7}}\times\frac{\sin\dfrac{4}{7}\pi}{\sin\dfrac{2}{7}\pi}\times\frac{\sin\dfrac{6}{7}\pi}{\sin\dfrac{3}{7}\pi}$$

$$=\frac{\sin\dfrac{2}{7}\pi}{\sin\dfrac{\pi}{7}}\times\frac{\sin\dfrac{3}{7}\pi}{\sin\dfrac{2}{7}\pi}\times\frac{\sin\dfrac{\pi}{7}}{\sin\dfrac{3}{7}\pi}=1$$

62 정답 3

$ax=\theta$라면 $0\le\theta<n\pi$이고

$\sin^2 ax=\sin^2\theta=1-\cos^2\theta=1-|\cos\theta|^2$

이므로 $|\cos ax|=t$라면 $0\le\theta<n\pi$일 때 $0\le t\le 1$이고

주어진 부등식은

$2(1-t^2)-kt+3\le 0$

$2t^2+kt-5\ge 0$

다음은 $n=2$일 때 $y=|\cos x|$ $(0\le x<2\pi)$의 그래프이다.

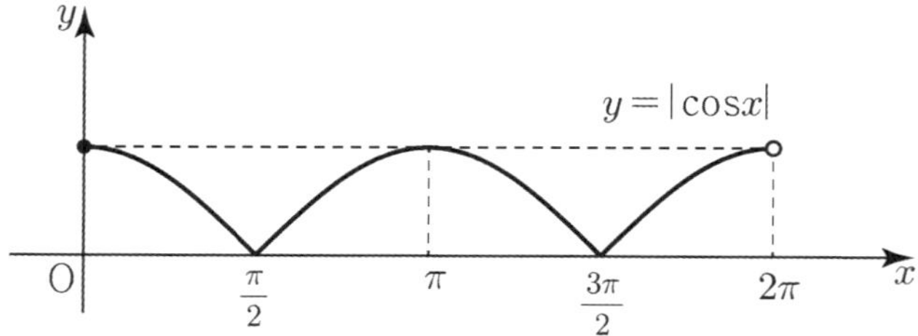

위의 그래프에서 주어진 부등식을 만족하는 실수해가 범위가

아닌 개수로 2가 되기 위해서는

$t=1$ 또는 $t=0$이다.

마찬가지로 실수해가 n개 존재하려면

이차방정식 $2t^2+kt-5=0$

t가 될 수 있는 값은 1만 되거나 또는 0만 되는 것인데

$t=0$이면 두 근의 곱이 $-\dfrac{5}{2}$라는 조건에 모순이다.

따라서 $t=1$이 되며 두 근의 곱이 $-\dfrac{5}{2}$이므로

다른 한 값은 $-\dfrac{5}{2}$이면 된다.

즉, $2t^2+kt-5=0$의 두 근이 $t=1$과 $t=-\dfrac{5}{2}$이어야 한다.

그러므로 근과 계수의 관계에서 $-\dfrac{k}{2}=1-\dfrac{5}{2}=-\dfrac{3}{2}$

따라서 $k=3$

63 정답 ②

$y=a\cos\left(x-\dfrac{\pi}{3}\right)+b$의 그래프는 $y=a\cos x$의 그래프를

x축으로 $\dfrac{\pi}{3}$만큼, y축의 방향으로 b만큼 평행이동한

그래프이다.

$y=a\cos x$의 그래프는 $x=\pi$에서 최솟값 $-a$를 가지므로

$y=a\cos\left(x-\dfrac{\pi}{3}\right)+b$의 그래프는 $x=\dfrac{4}{3}\pi$에서

최솟값 $-a+b$을 갖는다.

따라서 $f(x)=\left|a\cos\left(x-\dfrac{\pi}{3}\right)+b\right|$가 $y=k$와

$0\le x<2\pi$에서 세 점에서 만나고 교점의 x좌표인 α가 최소일

때는 다음 그림과 같이 교점의 x좌표가 $\alpha=0$, $\gamma=\dfrac{4}{3}\pi$일 때다.

이때 $\beta=\dfrac{2}{3}\pi$이다.

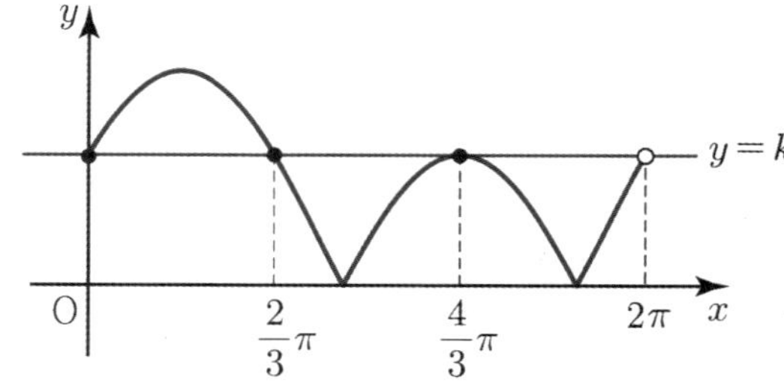

따라서 $f(0)=f\left(\dfrac{2}{3}\pi\right)=f\left(\dfrac{4}{3}\pi\right)$

$\dfrac{1}{2}a+b=|-a+b|$

$\dfrac{1}{2}a+b=a-b$ $(\because a\ge b)$

$\therefore b=\dfrac{1}{4}a$, $\alpha=0$, $\beta=\dfrac{2}{3}\pi$, $\gamma=\dfrac{4}{3}\pi$이다.

그러므로

$$\left(\frac{1}{2}a-\frac{\gamma}{\beta}\right)\times b$$

$$=\left(\frac{1}{2}a-2\right)\times\frac{1}{4}a$$

$$=\frac{1}{8}a^2-\frac{1}{2}a$$

$$=\frac{1}{8}(a^2-4a)$$

$$= \frac{1}{8}(a-2)^2 - \frac{1}{2} \ (1 \leq a \leq 4)$$

$a=2$일 때, $m=-\dfrac{1}{2}$

$a=4$일 때, $M=0$

따라서 $\dfrac{1}{M-m} = \dfrac{1}{\frac{1}{2}} = 2$이다.

64 정답 ①

[그림 : 최성훈T]

$\angle \mathrm{BAC} = \theta$라 하자.

삼각형 ABC의 외접원의 반지름의 길이를 R_1이라 하면

$$\frac{\overline{\mathrm{BC}}}{\sin\theta} = 2R_1, \ R_1 = \frac{\overline{\mathrm{BC}}}{2\sin\theta}$$

삼각형 ADE의 외접원의 반지름의 길이를 R_2이라 하면

$$\frac{\overline{\mathrm{DE}}}{\sin\theta} = 2R_2, \ R_2 = \frac{\overline{\mathrm{DE}}}{2\sin\theta}$$

삼각형 ABC의 외접원의 넓이와

삼각형 ADE의 외접원 넓이의 차가 π이므로

$R_1^2 - R_2^2 = 1$이다.

$$\frac{\overline{\mathrm{BC}}^2}{4\sin^2\theta} - \frac{\overline{\mathrm{DE}}^2}{4\sin^2\theta} = 1$$

$$\therefore \ \overline{\mathrm{BC}}^2 - \overline{\mathrm{DE}}^2 = 4\sin^2\theta \text{이다.} \cdots \bigcirc$$

한편,

삼각형 ABC에서 코사인법칙을 적용하면

$$\overline{\mathrm{BC}}^2 = 4 + 1 - 2 \times 2 \times 1 \times \cos\theta$$

$$= 5 - 4\cos\theta$$

직각삼각형 CAE에서 $\overline{\mathrm{AE}} = \cos\theta$, 직각삼각형 BAD에서

$\overline{\mathrm{AD}} = 2\cos\theta$이다.

삼각형 ADE에서 코사인법칙을 적용하면

$$\overline{\mathrm{DE}}^2 = \cos^2\theta + 4\cos^2\theta - 2 \times \cos\theta \times 2\cos\theta \times \cos\theta$$

$$= 5\cos^2\theta - 4\cos^3\theta$$

$$= \cos^2\theta(5 - 4\cos\theta)$$

$\bigcirc$에서

$$\overline{\mathrm{BC}}^2 - \overline{\mathrm{DE}}^2 = (5 - 4\cos\theta)(1 - \cos^2\theta) = 4(1 - \cos^2\theta)$$

$$5 - 4\cos\theta = 4$$

$$4\cos\theta = 1$$

$$\therefore \ \cos\theta = \frac{1}{4}$$

그러므로

$$\sin(\angle \mathrm{BAC}) = \frac{\sqrt{15}}{4} \text{이다.}$$

65 정답 391

각 구간의 $f(x)$를 구해보자.

$$f(x) = \begin{cases} \sin 2\pi x & (0 \leq x < 1) \\ \sin 4\pi x & \left(1 \leq x < \dfrac{3}{2}\right) \\ \sin 8\pi x & \left(\dfrac{3}{2} \leq x < \dfrac{7}{4}\right) \\ \quad \vdots & \quad \vdots \end{cases}$$

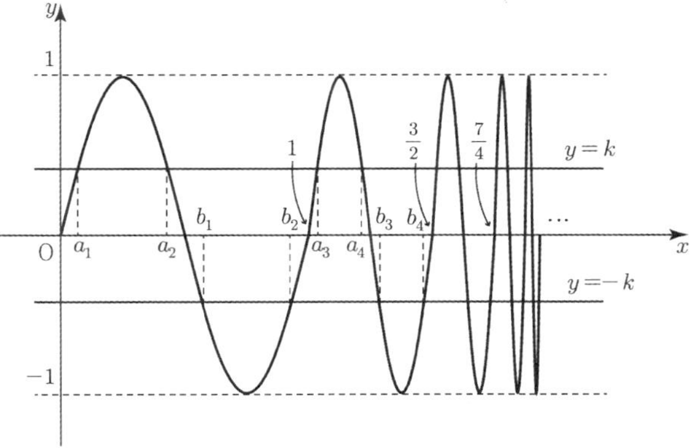

그림에서

$c_n = a_{2n-1} + a_{2n} + b_{2n-1} + b_{2n}$이라 하면

$$c_1 = a_1 + a_2 + b_1 + b_2 = (a_1 + b_2) + (a_2 + b_1)$$

$$= (4 \times 0) + (2 \times 1) = 2$$

$$c_2 = a_3 + a_4 + b_3 + b_4 = (a_3 + b_4) + (a_4 + b_3)$$

$$= (4 \times 1) + \left(2 \times \frac{1}{2}\right) = 5$$

$$c_3 = a_5 + a_6 + b_5 + b_6 = (a_5 + b_6) + (a_6 + b_5)$$

$$= \left\{4 \times \left(1 + \frac{1}{2}\right)\right\} + \left(2 \times \frac{1}{4}\right) = \frac{13}{2}$$

따라서 $c_n = 8 - 8\left(\dfrac{1}{2}\right)^{n-1} + \left(\dfrac{1}{2}\right)^{n-2}$

$$= 8 - 3\left(\frac{1}{2}\right)^{n-2}$$

$$\cdots \quad \cdots$$

$$\therefore \ \sum_{n=1}^{100}(a_n + b_n) = \sum_{n=1}^{50} c_n = \sum_{n=1}^{50} 8 - \left\{3\left(\frac{1}{2}\right)^{n-2}\right\}$$

$$= 400 - 3\sum_{n=1}^{50}\left(\frac{1}{2}\right)^{n-2}$$

$$= 400 - 3\frac{2\left(1 - \dfrac{1}{2^{50}}\right)}{1 - \dfrac{1}{2}}$$

$$= 388 + 12\left(\frac{1}{2}\right)^{50} = 388 + 3\left(\frac{1}{2}\right)^{48}$$

$\therefore \ p = 388, q = 3$이므로 $p + q = 391$

66   정답 47

[그림 : 최성훈T]

a가 최대인 상황에서는 그림과 같이 $|a\cos x - 1| > \dfrac{1}{2}a + 4$의

해가 $\alpha < x < \beta$이기 위해서는 $a - 1 \le \dfrac{1}{2}a + 4 < a + 1$이

성립해야 한다.

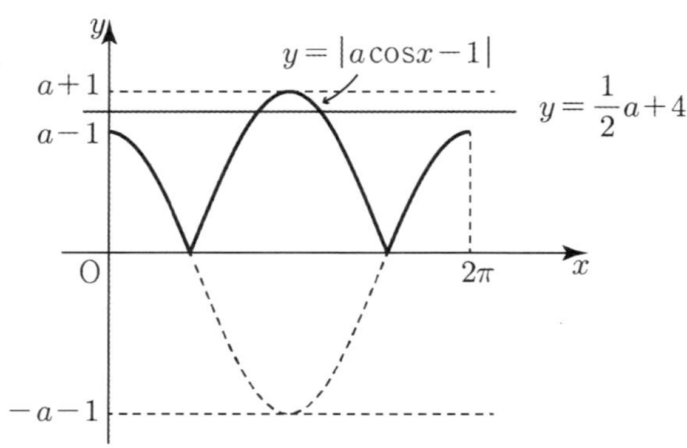

$2a - 2 \le a + 8 < 2a + 2$

즉, $6 < a \le 10$

따라서 $M = 10$이고 $a = 10$일 때

$f(x) = 10\cos x - 1$이고

$|f(x)| > 9$의 해 $\alpha < x < \beta$에서 $x = \alpha$, $x = \beta$는

$f(x) = -9$의 해와 같다.

따라서

$10\cos x - 1 = -9$

$\cos x = -\dfrac{4}{5}$

즉, $\dfrac{\pi}{2} < \alpha < \pi$, $\pi < \beta < \dfrac{3}{2}\pi$이고 $\sin\alpha = \dfrac{3}{5}$,

$\tan\beta = \dfrac{3}{4}$이다.

그러므로

$\sin\alpha + \tan\beta = \dfrac{3}{5} + \dfrac{3}{4} = \dfrac{27}{20}$

$p = 20$, $q = 27$이므로 $p + q = 47$이다.

67   정답 110

(나)에서 $\sin\theta = y$, $\cos\theta = x$라 놓으면 $0 \le \theta \le 2\pi$인 θ에
대하여

$$x^2 + y^2 = 1, \quad ay + bx = a + b$$

을 만족하는 실수 x, y가 존재하므로

중심이 원점이고 반지름의 길이가 1인 원 $x^2 + y^2 = 1$과 직선

$ay + bx = a + b$ 이 만난다.

따라서, 원점에서 직선 $ay + bx - (a+b) = 0$까지의 거리는

1보다 작거나 같다.

즉, $\dfrac{|a+b|}{\sqrt{a^2 + b^2}} \le 1$

양변을 제곱하여 정리하면 $ab \le 0$

(다)에서 0이 아닌 정수 a, b에 대하여

$\sin a > 0$이면 $\sin(-a) < 0$이고

$\cos b > 0$이면 $\cos(-b) > 0$이다.

이제 $0 < a \le 10$, $0 < b \le 10$인 정수 a, b에 대하여

다음 수직선의 위치를 통해 $\sin a$, $\cos b$의 부호를 알 수 있다.

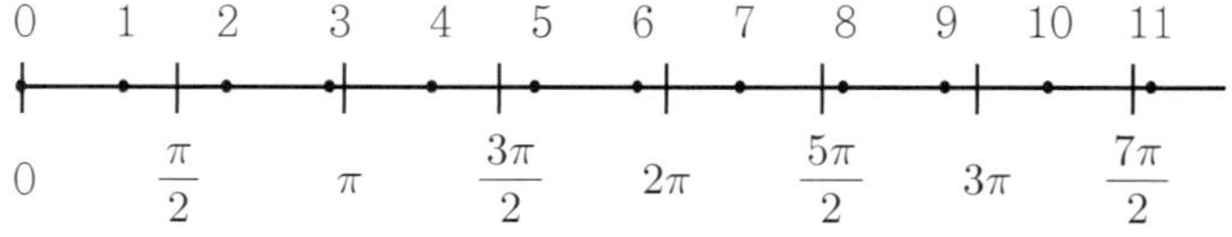

$\sin a > 0$인 a를 구하면 1, 2, 3, 7, 8, 9이고

$\cos b > 0$인 b를 구하면 1, 5, 6, 7

다음의 표는 각각에 대한 만족하는 개수이다.

	$a > 0$	$a < 0$
$\sin a > 0$	6개	4개
$\sin a < 0$	4개	6개

	$b > 0$	$b < 0$
$\cos b > 0$	4개	4개
$\cos b < 0$	6개	6개

(가), (나), (다)에서

$|a| \le 10$, $|b| \le 10$인 정수이고, $ab \le 0$, $\sin a \times \cos b < 0$을

만족하는 경우는

(i) $a = 0$이면 (다)를 만족하지 않으므로 $a \ne 0$이다.

$b = 0$이면 $\sin a < 0$이므로 10개다.

(ii) $a > 0$, $b < 0$인 경우는

$\sin a > 0$, $\cos b < 0$인 경우가 $6 \times 6 = 36$개

$\sin a < 0$, $\cos b > 0$인 경우가 $4 \times 4 = 16$개

(iii) $a < 0$, $b > 0$인 경우는

$\sin a > 0$, $\cos b < 0$인 경우가 $4 \times 6 = 24$개

$\sin a < 0$, $\cos b > 0$인 경우가 $6 \times 4 = 24$개

(i), (ii), (iii)에서

$10 + 36 + 16 + 24 + 24 = 110$

[다른 풀이] - 유승희T

양변을 제곱하여 정리하면 $ab \le 0$

(다)에서 $\sin a \times \cos b < 0$을 만족하는 개수는

(i) $a = 0$이면 (다)를 만족하는 경우는 없다.

$b = 0$이면 $\sin a < 0$인 $|a| \le 10$인 정수 a에 대하여

$\sin a > 0$ 또는 $\sin a < 0$ 중 하나이다.

따라서, 10개다.

(ii) 정수 a에 대하여 $\sin a > 0$ 또는 $\sin a < 0$이고

$\cos b > 0$ 또는 $\cos b < 0$이다.

따라서, 각각의 자연수 p, q에 대하여

$\sin p \times \sin(-p) < 0$, $\cos q \times \cos(-q) > 0$

$\{\sin p \times \cos(-q)\} \times \{\sin(-p) \times \cos q\} < 0$

$(p, -q), (-p, q)$중 하나만 문제의 조건을 만족한다.

따라서, p, q의 가짓수가 각각 10개이므로

$10 \times 10 = 100$

(i), (ii)에서 $10 + 100 = 110$

68 정답 31

원의 넓이가 25π이므로 원의 반지름의 길이는 5이다.

삼각형 ABC에서 사인 법칙을 적용하면

$$\frac{\overline{BC}}{\sin(\angle BAC)} = 2R \text{ 에서 } \overline{BC} = 2 \times 5 \times \sin\frac{\pi}{6} = 5$$

삼각형 CPQ에서 사인법칙을 적용하면

$$\frac{\sqrt{3}}{\sin(\angle PCQ)} = \frac{\overline{QC}}{\sin(\angle CPQ)}$$

따라서

$$\overline{QC} = \frac{\sqrt{3}}{\sin(\angle PCQ)} \times \sin(\angle CPQ)$$

$$\sin(\angle PCQ) = \sin(\angle ACB) = \frac{\overline{AB}}{2R} = \frac{\sqrt{3}}{5} \text{ 이다.}$$

따라서 $\overline{QC} = 5 \times \sin(\angle CPQ)$

$\overline{QC}$가 최대일 때는 $\sin(\angle CPQ) = 1$,

즉 $\angle CPQ = \frac{\pi}{2}$일 때다.

따라서 다음 그림과 같이 $\overline{BC} = 5$이므로 Q′가 B일 때,

$\overline{QC} \leq \overline{BC} = 5$이므로 Q′에서 선분 AC에 내린 수선의 발이 P′이다.

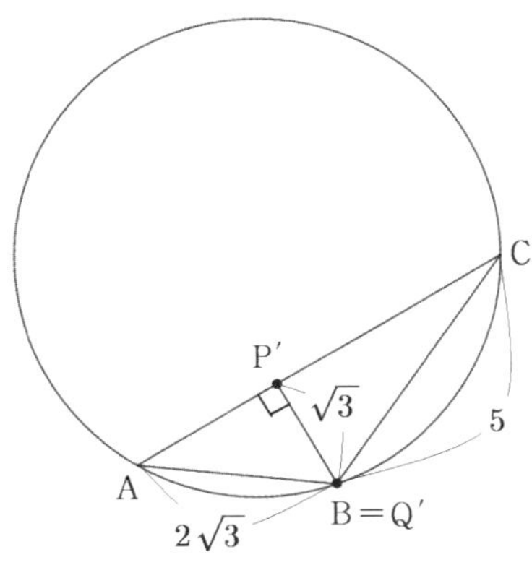

직각삼각형 ABP′에서 $\overline{AP'} = \sqrt{(2\sqrt{3})^2 - (\sqrt{3})^2} = 3$

직각삼각형 CBP′에서 $\overline{P'C} = \sqrt{5^2 - (\sqrt{3})^2} = \sqrt{22}$

$$\left(\frac{\overline{P'C}}{\overline{AP'}}\right)^2 = \left(\frac{\sqrt{22}}{3}\right)^2 = \frac{22}{9}$$

$p = 9$, $q = 22$이므로 $p + q = 31$

[다른 풀이]

삼각형 ABC에서 코사인법칙을 적용하면

$\overline{BC}^2 = \overline{AC}^2 + \overline{AB}^2 - 2\,\overline{AC}\,\overline{AB}\cos\frac{\pi}{6}$ 에서 $\overline{AC} = x$라 두면

$25 = x^2 + 12 - 2 \times x \times 2\sqrt{3} \times \frac{\sqrt{3}}{2}$

$x^2 - 6x - 13 = 0$

$x = 3 \pm \sqrt{22}$

$x > 0$이므로 $x = \overline{AC} = 3 + \sqrt{22}$ 이다

$\overline{QC} = \dfrac{\sqrt{3}}{\sin(\angle PCQ)} \times \sin(\angle CPQ)$ 에서

$\overline{QC}$는 $\angle CPQ = \frac{\pi}{2}$일 때 최대이다.

직각삼각형 ABP′에서

$\overline{AB} = 2\sqrt{3}$, $\overline{BP'} = \overline{Q'P'} = \overline{PQ} = \sqrt{3}$이므로

$\overline{AP'} = 3$이다.

$\overline{AC} = 3 + \sqrt{22}$이므로 $\overline{P'C} = \sqrt{22}$

$$\left(\frac{\overline{P'C}}{\overline{AP'}}\right)^2 = \left(\frac{\sqrt{22}}{3}\right)^2 = \frac{22}{9}$$

$p = 9$, $q = 22$이므로 $p + q = 31$

69 정답 43

선분 AC와 원이 만나는 점을 D라 하자.

$\overline{AD}$가 지름이므로 $\angle ABD = \frac{\pi}{2}$ 이다.

$\angle OAB = \theta$라 하면 문제의 조건에서 $\sin\theta = \frac{1}{4}$,

$\cos\theta = \sqrt{1 - \sin^2\theta} = \frac{\sqrt{15}}{4}$ 이고 $\overline{AD} = 4$,

$\overline{BD} = \overline{AD}\sin\theta = 1$, $\overline{AB} = \overline{AD}\cos\theta = \sqrt{15}$ 이다.

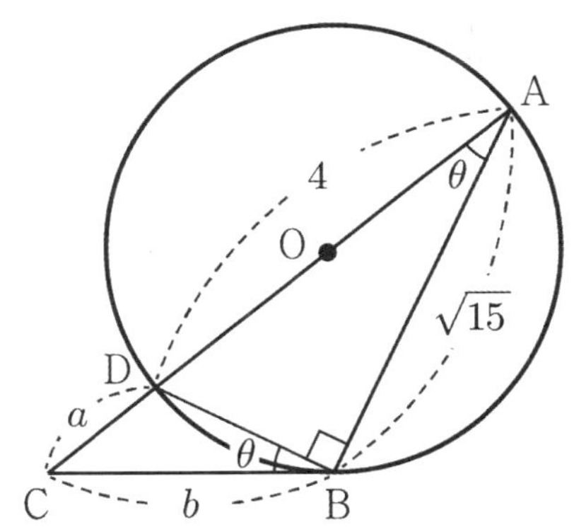

또한, $\angle BDC = \frac{\pi}{2} + \theta$ 이고 접선과 현이 이루는 각은 현에 대한 원주각과 같으므로 $\angle DBC = \theta$ 이다.

$\overline{CD} = a$, $\overline{BC} = b$ 라 놓고 $\triangle BCD$ 에서 사인법칙을 이용하면

$$\frac{a}{\sin\theta} = \frac{b}{\sin\left(\frac{\pi}{2} + \theta\right)}$$

$$\therefore b = \sqrt{15}\,a \ \left(\because \sin\left(\frac{\pi}{2} + \theta\right) = \cos\theta\right) \cdots \text{㉠}$$

또한 $\overline{CD} \times \overline{CA} = \overline{CB}^2$ 이므로 $a(a+4) = b^2 \cdots \text{㉡}$

$\bigcirc$, $\bigcirc$ 에서 $a^2 + 4a = 15a^2 \Rightarrow a = \dfrac{2}{7}$

$\therefore \ (\triangle ABC \text{ 의 넓이}) = \dfrac{1}{2} \times \overline{AC} \times \overline{AB} \times \sin\theta$

$$= \dfrac{1}{2}\left(4 + \dfrac{2}{7}\right) \times \sqrt{15} \times \dfrac{1}{4} = \dfrac{15}{28}\sqrt{15}$$

따라서 $p = 28,\ q = 15$ $\ \therefore\ p + q = 43$

[랑데뷰팁] –닮음 이용

$\triangle BCD = S$

$\triangle ABD = 14S$

$14S = \dfrac{\sqrt{15}}{2}$ 이므로 $S = \dfrac{\sqrt{15}}{28}$

따라서 $\triangle ABC = 15S = \dfrac{15}{28}\sqrt{15}$

---

70 정답 ③

[그림 : 배용제T]

삼각형 ABC에서 $\overline{AB} = \overline{AC} = 4$, $\cos A = -\dfrac{1}{8}$ 이므로

코사인법칙을 적용하면

$$\overline{BC}^2 = 4^2 + 4^2 - 2 \times 4 \times 4 \times \left(-\dfrac{1}{8}\right) = 36$$

$\therefore\ \overline{BC} = 6$

직선 AD는 변 BC를 수직이등분 하므로

$\overline{BD} = 3$, $\angle ADB = \dfrac{\pi}{2}$ 이다.

직각삼각형 ABD에서 피타고라스 정리를 적용하면 $\overline{AD} = \sqrt{7}$

점 G는 삼각형 ABC의 두 중선의 교점이므로

삼각형 ABC의 무게중심이다.

따라서 $\overline{AG} : \overline{DG} = 2 : 1$ 에서 $\overline{AG} = \dfrac{2}{3}\sqrt{7}$, $\overline{DG} = \dfrac{\sqrt{7}}{3}$ 이다.

$\angle ABD = \theta$ 라 두면 $\cos\theta = \dfrac{3}{4}$ 이고

$\angle BAD = \angle FAG = \dfrac{\pi}{2} - \theta$

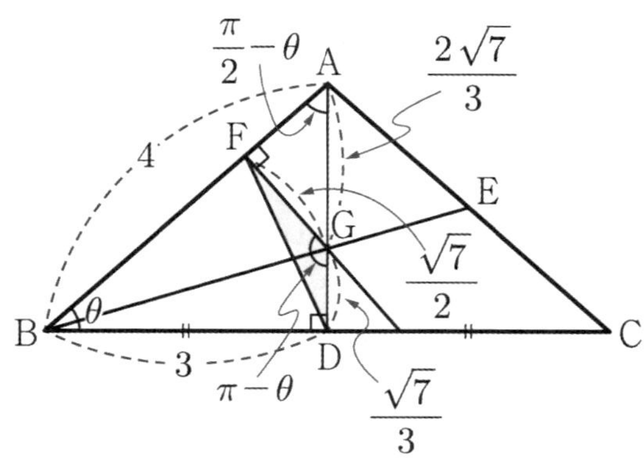

직각삼각형 AFG에서 $\sin\left(\dfrac{\pi}{2} - \theta\right) = \dfrac{\overline{FG}}{\overline{AG}}$

$\cos\theta = \dfrac{\overline{FG}}{\dfrac{2}{3}\sqrt{7}} = \dfrac{3}{4}$ 에서 $\overline{FG} = \dfrac{\sqrt{7}}{2}$

사각형 BDGF에서 $\angle FGD = \pi - \theta$

따라서 삼각형 GFD의 넓이는

$$\dfrac{1}{2} \times \dfrac{\sqrt{7}}{2} \times \dfrac{\sqrt{7}}{3} \times \sin(\pi - \theta)$$

$$= \dfrac{7}{12} \times \dfrac{\sqrt{7}}{4} = \dfrac{7}{48}\sqrt{7}$$

[랑데뷰팁]

삼각형 ABD에서 삼각형 AFD와 삼각형 BFD의

넓이비는 $\overline{AF} : \overline{BF}$ 이고 삼각형 AFD에서 삼각형 AFG와

삼각형 DFG의 넓이비는 $\overline{AG} : \overline{DG} = 2 : 1$ 임을 이용하면

간단히 구할 수 있다.

---

71 정답 ④

직선 $y = -\dfrac{4}{3}x + 4$ 의 x 절편을 $E(3, 0)$, y 절편을 $F(0, 4)$ 라

하자.

원점 O 일 때 $\angle FEO = \theta$ 라 하자.

$\overline{EF} = 5$, $\overline{OE} = 3$, $\overline{OF} = 4$ 이므로 $\sin\theta = \dfrac{4}{5}$, $\cos\theta = \dfrac{3}{5}$ 이다.

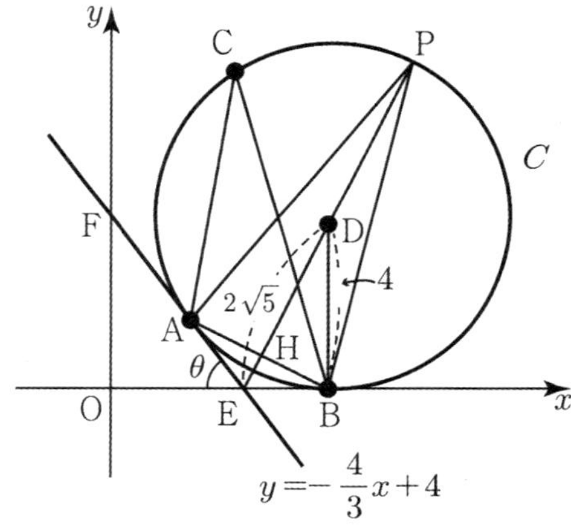

삼각형 AEB에서 $\overline{BE} = \overline{AE} = 2$, $\angle AEB = \pi - \theta$ 이므로

코사인법칙을 적용하면

$$\overline{AB} = \sqrt{2^2 + 2^2 - 2 \times 2 \times 2 \times \cos(\pi - \theta)}$$

$$= \sqrt{8 + \dfrac{24}{5}} = \dfrac{8}{\sqrt{5}}$$ 이다.

원 C 의 중심을 D 라 하면

사각형 DAEB에서 $\angle DAE = \dfrac{\pi}{2}$, $\angle DBE = \dfrac{\pi}{2}$,

$\angle AEB = \pi - \theta$ 이므로

$\angle ADB = \theta$ 이다.

네 점 D, A, E, B는 한 원 위에 있고 그 원의 지름의 길이가

$\overline{DE}$ 이므로

사인법칙을 적용하면

$$\frac{\overline{AB}}{\sin\theta}=\overline{DE} \rightarrow \frac{\dfrac{8}{\sqrt5}}{\dfrac{4}{5}}=\overline{DE}$$

$$\therefore \ \overline{DE}=2\sqrt5$$

직각삼각형 DEB에서 $\overline{DE}=2\sqrt5$, $\overline{BE}=2$이므로

$$\overline{DB}=\sqrt{(2\sqrt5)^2-2^2}=4$$

따라서 원 C의 반지름의 길이는 4이다.

한편, 선분 AB의 수직이등분선이 원 C와 만나는 점 중 점 A에서 더 먼 쪽을 점 P라 하면, 점 C가 점 P일 때 삼각형 넓이가 최대가 된다.

원의 중심 D에서 선분 AB에 내린 수선의 발을 H라 하면

$$\overline{DH}=\sqrt{4^2-\left(\frac{4}{\sqrt5}\right)^2}=\frac{8}{\sqrt5}$$

$$\overline{PH}=\overline{PD}+\overline{DH}=4+\frac{8}{\sqrt5}\ \text{이다.}$$

따라서

삼각형 ABC의 넓이 $\leq$ 삼각형 ABP의 넓이

$$=\frac{1}{2}\times\overline{AB}\times\overline{PH}=\frac{1}{2}\times\frac{8}{\sqrt5}\times\left(4+\frac{8}{\sqrt5}\right)=\frac{16}{\sqrt5}+\frac{32}{5}$$

$$=\frac{32+16\sqrt5}{5}$$

72 정답 ③

[출제자 : 이현일T]

정육각형 ABCDEF의 내부와 정육각형 A′B′C′D′E′F′의 외부의 공통부분의 넓이를 T_1, 두 정육각형의 공통부분의 넓이를 T_2라 하면 다음 그림과 같다.

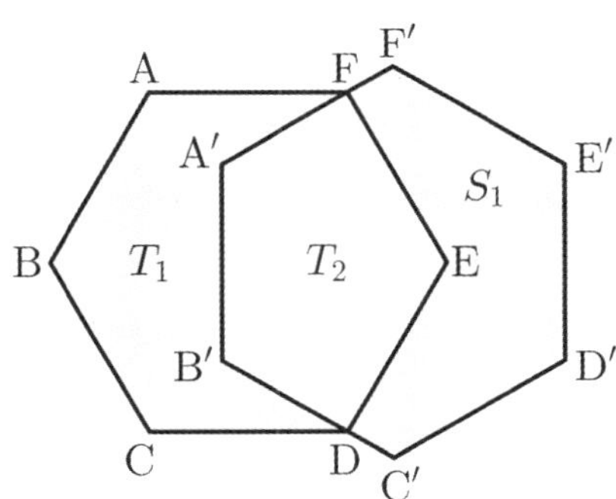

두 정육각형은 각각 변의 길이가 같으므로 넓이가 같다.
따라서

$$T_1+T_2=S_1+T_2$$

$$\therefore \ S_1=T_1$$

따라서 S_1-S_2대신 T_1-S_2를 구해도 된다.

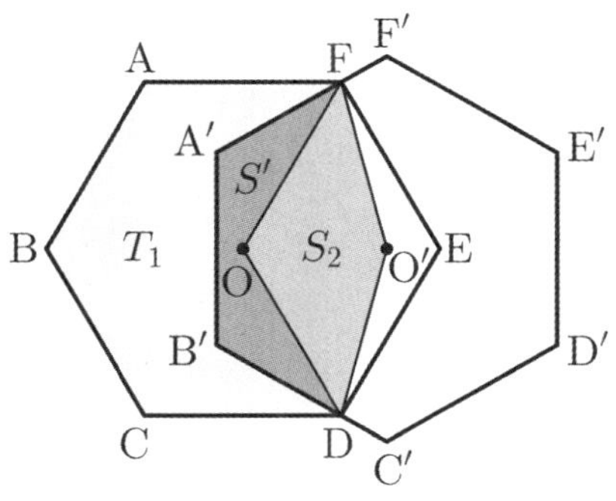

위 그림에서 다각형 A′B′DOF의 넓이를 S'라 하면

$$T_1-S_2=(T_1+S')-(S_2+S')$$

이다. 이제 각각의 넓이를 구해보도록 하자.

1) T_1+S'의 넓이

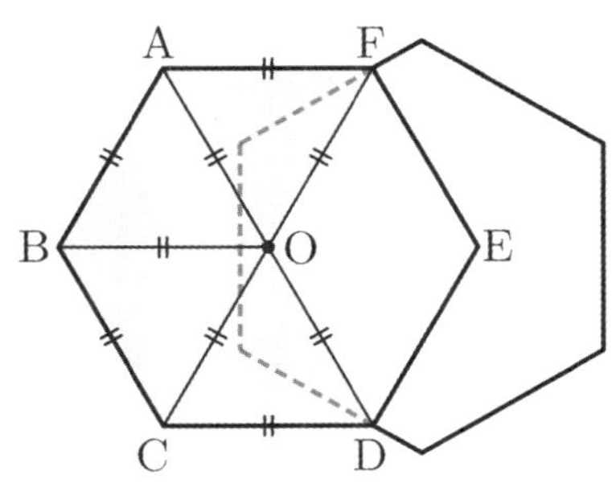

위 그림과 같이 정삼각형 4개의 넓이와 같다.
각 정삼각형은 한 변의 길이가 1이므로

$$T_1+S'=4\times\frac{\sqrt3}{4}\times1^2=\sqrt3$$

2) S_2+S'의 넓이

문제의 조건에서 직선 OO′는 선분 E′D′를 수직이등분한다고 하였으므로 선분 A′B′ 또한 수직이등분한다. 또한, 직선 OO′와 직선 AF는 서로 평행하므로 직선 A′B′와 직선 AF는 서로 수직으로 만난다. 점 A′에서 선분 AF에 내린 수선의 발을 점 H, 점 O′에서 선분 A′F′에 내린 수선의 발을 점 H′, 선분 A′B′의 중점을 점 M이라 하면 다음 그림과 같다.

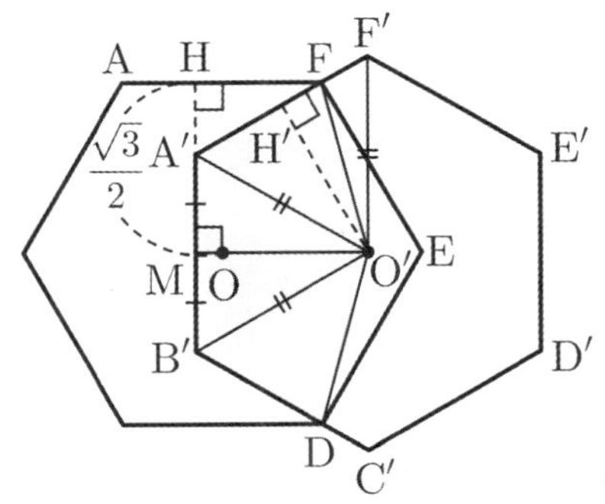

위 그림에서 S_2+S'의 넓이는 정삼각형 A′B′O′의 넓이와 삼각형 A′O′F, 삼각형 B′DO′의 넓이의 합과 같다는 것을 알 수 있다.

선분 MH의 길이는 정삼각형 AOF의 높이와 같으므로
$$\overline{\text{MH}} = \frac{\sqrt{3}}{2}$$

그리고 선분 MA′의 길이는 $\frac{1}{2}$이므로
$$\overline{\text{A′H}} = \frac{\sqrt{3}-1}{2}$$

또한, 직각삼각형 A′FH에서 각 A′의 크기는 정육각형의 외각의 크기와 같으므로
$$\angle \text{A′} = 60°$$

따라서
$$\overline{\text{A′F}} = 2 \times \overline{\text{A′H}} = \sqrt{3}-1$$

그리고 선분 O′H′의 길이는 정삼각형 A′O′F′의 높이와 같으므로
$$\overline{\text{O′H′}} = \frac{\sqrt{3}}{2}$$

따라서
$$S_2 + S′ = \triangle \text{A′B′O′} + \triangle \text{A′O′F} + \triangle \text{B′DO′}$$
$$= \frac{\sqrt{3}}{4} + 2 \times \frac{1}{2} \times (\sqrt{3}-1) \times \frac{\sqrt{3}}{2}$$
$$= \frac{\sqrt{3}}{4} + \frac{3-\sqrt{3}}{2} = \frac{6-\sqrt{3}}{4}$$

1), 2)에 의해
$$S_1 - S_2 = (T_1 + S′) - (S_2 + S′) = \sqrt{3} - \frac{6-\sqrt{3}}{4} = \frac{5\sqrt{3}-6}{4}$$

73 정답 ③

[그림 : 이정배T]

직선 AB와 직선 CD의 교점을 E라 하고 원 C_1의 중심을 O_1, 반지름의 길이를 r_1이라 하면 $\overline{\text{CD}} = 6$, $\angle \text{CAD} = \frac{\pi}{6}$이므로 사인법칙에 의하여
$$\frac{\overline{\text{CD}}}{\sin(\angle \text{CAD})} = 2r_1$$
$$\frac{6}{\frac{1}{2}} = 2r_1, \ r_1 = 6$$

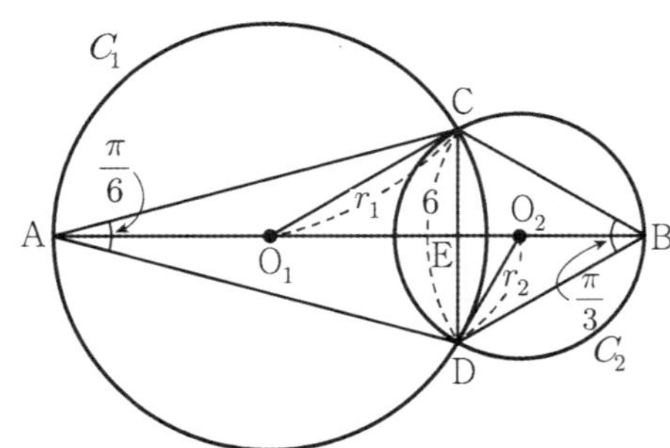

직각삼각형 CO_1E에서
$$\overline{\text{O}_1\text{E}} = \sqrt{\overline{\text{O}_1\text{C}}^2 - \overline{\text{EC}}^2} = \sqrt{6^2 - 3^2} = 3\sqrt{3}$$

삼각형 CDB는 한 변의 길이가 6인 정삼각형이므로

$$\overline{\text{EB}} = \overline{\text{CB}} \cos \frac{\pi}{6} = 6 \times \frac{\sqrt{3}}{2} = 3\sqrt{3}$$

즉, $\overline{\text{AB}} = \overline{\text{AO}_1} + \overline{\text{O}_1\text{E}} + \overline{\text{EB}} = 6(\sqrt{3}+1) \ \cdots ㉠$

한편
$$\angle \text{CAB} + \angle \text{CBA} = \frac{1}{2}\angle \text{CAD} + \frac{1}{2}\angle \text{CBD} = \frac{\pi}{12} + \frac{\pi}{6} = \frac{\pi}{4}$$

이므로
$$\angle \text{ACB} = \pi - \frac{\pi}{4} = \frac{3}{4}\pi$$이므로
$$\sin(\angle \text{ACB}) = \sin \frac{3}{4}\pi = \frac{\sqrt{2}}{2} \ \cdots ㉡$$

삼각형 ABC의 외접원의 반지름의 길이를 r라 하면 사인법칙에 의하여
$$\frac{\overline{\text{AB}}}{\sin(\angle \text{ACB})} = 2r$$

㉠, ㉡에 의하여
$$r = \frac{1}{2} \times \frac{\overline{\text{AB}}}{\sin(\angle \text{ACB})} = 3\sqrt{6} + 3\sqrt{2}$$

따라서 삼각형 ABC의 외접원의 넓이는
$$(3\sqrt{6} + 3\sqrt{2})^2 \pi = 36(2+\sqrt{3})\pi$$

74 정답 7

원 C의 넓이가 최대일 때는 점 Q가 $\overline{\text{AP}}$의 중점일 때이다. 그 때 원 C와 호 AP의 접점을 점 R이라 하자.
$\overline{\text{OQ}} = \sin\theta$이므로 $\overline{\text{QR}} = 1 - \sin\theta$

따라서 원 C의 반지름의 길이는 $\frac{1-\sin\theta}{2}$이다.

원 C의 넓이가 $\frac{1}{9}\pi$이므로 반지름의 길이는 $\frac{1}{3}$이다.

따라서 $\frac{1-\sin\theta}{2} = \frac{1}{3}$

$\therefore \ \sin\theta = \frac{1}{3}$

따라서 $\cos\theta = \frac{2\sqrt{2}}{3}$

$\overline{\text{OA}} = 1$이므로 $\overline{\text{AQ}} = \frac{2\sqrt{2}}{3}$이다.

삼각형 AQB에서 코사인 법칙을 적용하면
$$\overline{\text{BQ}}^2 = \overline{\text{AQ}}^2 + \overline{\text{AB}}^2 - 2 \times \overline{\text{AQ}} \times \overline{\text{AB}} \cos\theta$$
$$= \frac{8}{9} + 4 - 2 \times \frac{2\sqrt{2}}{3} \times 2 \times \frac{2\sqrt{2}}{3}$$
$$= \frac{8+36-32}{9} = \frac{4}{3}$$

$p = 3$, $q = 4$이므로
$p + q = 7$이다.

75 정답 40

[출제자 : 정일권T]

삼각형 ABC에서 사인법칙을 적용하면

$$\frac{\overline{AC}}{\sin\alpha}=\frac{\overline{AB}}{\sin\beta}=10$$ 이므로, 조건 (가)에 의해

$\overline{AB}=2k$, $\overline{AC}=3k$라 두자.

$$\sin\alpha=\frac{3}{2k}=\frac{3k}{10}$$

$$\therefore\ k=\sqrt{5}$$

따라서 선분 BC의 길이는 피타고라스 정리에 의해

$$\overline{BH}=\sqrt{(2\sqrt{5})^2-3^2}=\sqrt{11},$$

$$\overline{CH}=\sqrt{(3\sqrt{5})^2-3^2}=\sqrt{36}=6$$

$$\overline{BC}=\overline{BH}+\overline{CH}$$

$$=6+\sqrt{11}$$

삼각형 ABC의 넓이 S를 구하면

$$S=\frac{1}{2}\times\overline{BC}\times\overline{AH}$$

$$=\frac{1}{2}\times(6+\sqrt{11})\times3$$

$$=9+\frac{3}{2}\sqrt{11}$$

한편, 원의 중심 O에서 현 AB, AC에 내린 수선의 발을 각각 M_1, M_2라 하자.

$$\angle ABC=\angle AOM_2=\alpha,\ \angle ACB=\angle AOM_1=\beta$$

$$\angle OAM_1=\frac{\pi}{2}-\beta,\ \angle BAH=\frac{\pi}{2}-\alpha$$

$$\therefore\ \angle OAH=\alpha-\beta$$

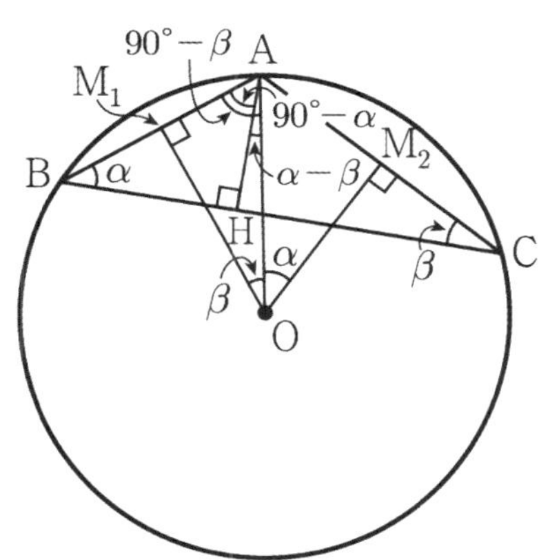

삼각형 AOH에서

코사인법칙을 적용하면

$$\overline{OH}^2=3^2+5^2-2\cdot3\cdot5\cdot\frac{3+2\sqrt{11}}{10}=25-6\sqrt{11}$$

$$2S+\overline{OH}^2=18+3\sqrt{11}+25-6\sqrt{11}=43-3\sqrt{11}$$

76 정답 24

두 점 A, B는 $x=1$에 대칭이고 $\overline{AB}=\frac{4}{3}$이므로 $A\left(\frac{1}{3},\,k\right)$,

$B\left(\frac{5}{3},\,k\right)$이다.

$f(x)=2\sin\left(\frac{\pi}{2}x\right)+1$이라 할 때,

$f\left(\frac{1}{3}\right)=f\left(\frac{5}{3}\right)=2\times\frac{1}{2}+1=2$이므로 $k=2$이다.

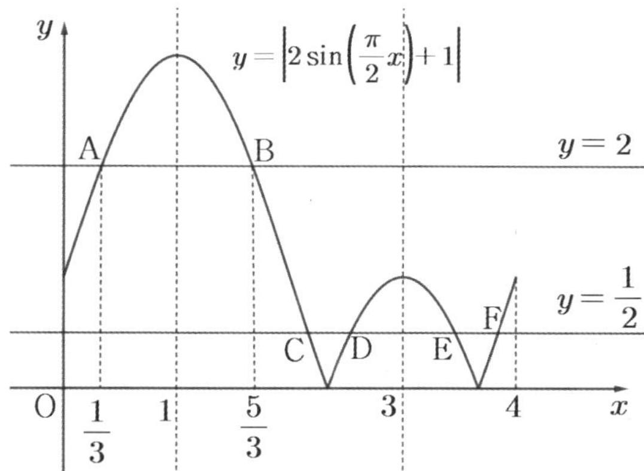

따라서 $y=\frac{1}{k}=\frac{1}{2}$이고 $y=\frac{1}{2}$와 $y=\left|2\sin\left(\frac{\pi}{2}x\right)+1\right|$의 교점 중

점 C와 F는 $x=3$에 대칭이고 마찬가지로 D와 E도 $x=3$에 대칭이다.

즉 네 점 C, D, E, F의 x좌표를 각각 a, b, c, d라 하면

$a+d=6$, $b+c=6$이다.

따라서 $C\left(a,\frac{1}{2}\right)$, $D\left(b,\frac{1}{2}\right)$, $E\left(c,\frac{1}{2}\right)$, $F\left(d,\frac{1}{2}\right)$이고

직선 OC, OD, OE, OF의 기울기 m_1, m_2, m_3, m_4의 값은 다음과 같다.

$$m_1=\frac{1}{2a},\ m_2=\frac{1}{2b},\ m_3=\frac{1}{2c},\ m_4=\frac{1}{2d}$$ 이다.

$$\frac{1}{m_1}+\frac{1}{m_2}+\frac{1}{m_3}+\frac{1}{m_4}$$

$$=2a+2b+2c+2d$$

$$=2(a+d)+2(b+c)=12+12=24$$

77 정답 23

$y=\cos2x$는 주기가 $\frac{2\pi}{2}=\pi$이고 $\cos2x=0$일 때는 $x=\frac{\pi}{4}$,

$\frac{3}{4}\pi$, $\frac{5}{4}\pi$, $\cdots$이다.

열린구간 $(0,\,3)$에서는 $\cos2x=0$의 해가 $x=\frac{\pi}{4}$, $x=\frac{3}{4}\pi$로

2개다.

즉, $a_1=2$

또한, 다음 그림과 같이 열린구간 $(3n-3,\,3n)$의 구간의 길이인

3과 $y=\cos2x$의 주기인 π의 차이의 n배가 $\frac{\pi}{4}$보다 작을 때

까지는 $(3n-3,\,3n)$에서

$y=\cos2x$는 x축과 두 점에서 만난다.

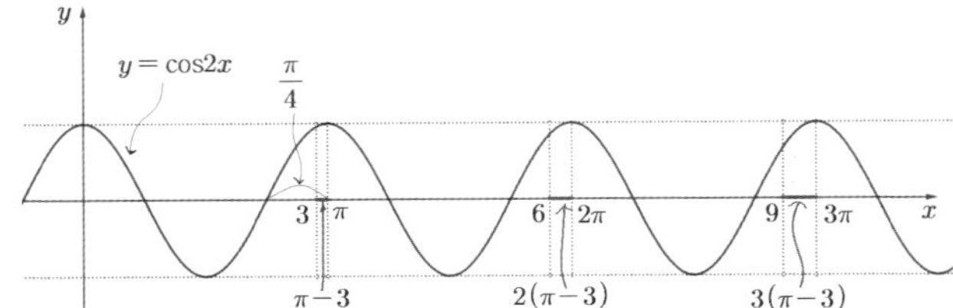

즉, $n(\pi-3)>\dfrac{\pi}{4}$을 만족하는 최소 자연수 n은 6이므로

열린구간 $(15,\,18)$에는 $\cos2x=0$의 해의 개수는 처음으로
1개가 된다.
$$k_1=6\cdots\text{㉠}$$

$n(\pi-3)$의 값은 n이 커질수록 커진다.

따라서 다음 그림과 같이 구간 $((n-1)\pi,\,n\pi)$에서 $x=3n$의
위치가 $n(\pi-3)>\dfrac{3}{4}\pi$이면 구간 $(3(n-1),\,3n)$에서
$y=\cos2x$는 x축과 한점에서 만난다.

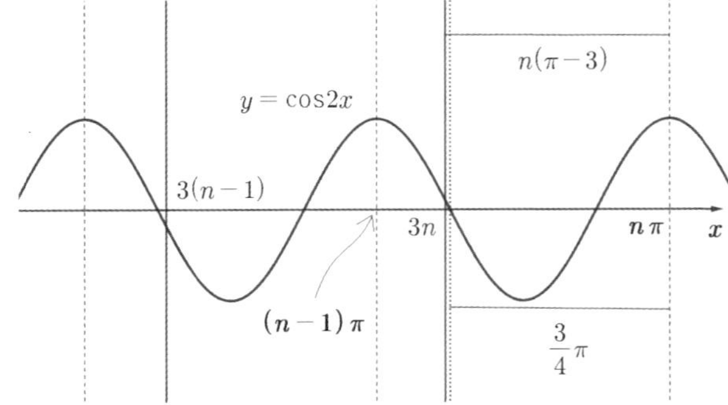

$n(\pi-3)>\dfrac{3}{4}\pi$을 만족하는 최소 자연수 n은 17이므로

열린구간 $(48,\,51)$에는 $\cos2x=0$의 해의 개수는 두 번째로
1개가 된다.
$$k_2=17\cdots\text{㉡}$$
따라서 $k_1+k_2=23$

78 정답 29

(가)에서 $a_{n+1}=a_n+2$ 또는 $a_{n+1}=2a_n-2$이다.

$a_4=a$라 하면 $a_5=a+2$ 또는 $a_5=2a-2$이다.

(나)조건에서 4이하의 자연수 n에 대하여 a_n, a_{n+1}, a_{n+2}에는
3의 배수가 적어도 하나 존재해야 한다.

a_4	a_5	a_6	$a_6-a_4=20$
a	$a+2$	$a+4$	(X)
		$2a+2$	$a=18$
	$2a-2$	$2a$	$a=20$ (X) 20, 38, 40으로 3의 배수 존재하지 않는다.
		$4a-6$	$a=\dfrac{26}{3}$ (X)

따라서
$a_4=18$, $a_5=20$, $a_6=38$ 일 때, 조건을 만족시킨다.
따라서 다음 표와 같다.

a_5	a_4	a_3	a_2	a_1
				$12\,(O)$
			14	$8\,(X)$
		16	9	$7\,(O)$
20	18			$\dfrac{11}{2}\,(X)$
				$6\,(O)$
		10	8	$5\,(X)$
			6	$4\,(O)$
				$4\,(O)$

따라서 모든 a_1의 합은 $4+6+7+12=29$이다.

79 정답 11

[출제자 : 오세준T]
[검토자 : 서영만T]

$a_{13}=7$이므로

$$a_{12}=7-\dfrac{2}{3}=\dfrac{19}{3}$$

$$a_{11}=a_{12}-\dfrac{2}{3}=\dfrac{19}{3}-\dfrac{2}{3}=\dfrac{17}{3}$$

$$a_{10}=a_{11}-\dfrac{2}{3}=\dfrac{17}{3}-\dfrac{2}{3}=5\text{이다.}$$

$n=9$이면 $\log_3 9$는 자연수이고

a_9가 자연수이면

$a_{10}=5=a_9-\log_2 a_9$이므로 $a_9=8$

a_9가 자연수가 아니면

$a_{10} = a_9 + \dfrac{2}{3}$ 이므로 $a_9 = 5 - \dfrac{2}{3} = \dfrac{13}{3}$

$n = 8$이면 $\log_2 8$은 자연수이고

a_8이 자연수이면

$a_9 = 8 = a_8 + 1 - \log_3 a_8$이므로 $a_8 = 9$

a_8이 자연수가 아니면

$a_9 = 8 = a_8 + \dfrac{2}{3}$이므로 $a_8 = \dfrac{22}{3}$

또는

$a_9 = \dfrac{13}{3} = a_8 + \dfrac{2}{3}$이므로 $a_8 = \dfrac{11}{3}$

$n = 7$이면 $a_8 = a_7 + \dfrac{2}{3}$이므로

$a_7 = 9 - \dfrac{2}{3} = \dfrac{25}{3}$ 또는 $a_7 = \dfrac{22}{3} - \dfrac{2}{3} = \dfrac{20}{3}$ 또는

$a_7 = \dfrac{11}{3} - \dfrac{2}{3} = 3$

$n = 6$이면 $a_7 = a_6 + \dfrac{2}{3}$이므로

$a_6 = \dfrac{25}{3} - \dfrac{2}{3} = \dfrac{23}{3}$ 또는 $a_6 = \dfrac{20}{3} - \dfrac{2}{3} = 6$ 또는 $a_6 = 3 - \dfrac{2}{3} = \dfrac{7}{3}$

$n = 5$이면 $a_6 = a_5 + \dfrac{2}{3}$이므로

$a_5 = \dfrac{23}{3} - \dfrac{2}{3} = 7$ 또는 $a_5 = 6 - \dfrac{2}{3} = \dfrac{16}{3}$ 또는 $a_5 = \dfrac{7}{3} - \dfrac{2}{3} = \dfrac{5}{3}$

$n = 4$이면 $\log_2 4$는 자연수이고 a_4가 자연수이면

$a_5 = 7 = a_4 + 1 - \log_3 a_4$이지만 만족하는 a_4의 값이 없다.

a_4가 자연수가 아니면

$a_4 = 7 - \dfrac{2}{3} = \dfrac{19}{3}$ 또는 $a_4 = \dfrac{16}{3} - \dfrac{2}{3} = \dfrac{14}{3}$ 또는 $a_4 = \dfrac{5}{3} - \dfrac{2}{3} = 1$ (X)

따라서 모든 a_4의 값의 합은 $\dfrac{19}{3} + \dfrac{14}{3} = \dfrac{33}{3} = 11$이다.

80 정답 8

(나)에서

$a_{n+2} = a_{n+1} \times a_n \ (a_{n+1} \geq \log_2(n+1))$ ······ ㉠

$a_{n+2} = a_{n+1} + a_n \ (a_{n+1} < \log_2(n+1))$ ······ ㉡

라 하자.

(i) $n = 7$을 대입하면 ㉠에서 $8 = a_8 \times a_7 \ (a_8 \geq 3)$

$a_8 = 4,\ a_7 = 2$ 또는 $a_8 = 8$ 또는 $a_7 = 1$이다.

① $a_8 = 4,\ a_7 = 2$일 때,

$n = 6$이면 $a_7 = 2,\ 2 < \log_2 7 < 3$이므로 ㉡ : $a_8 = a_7 + a_6$에서

$a_6 = 2$

$n = 5$이면 $a_6 = 2,\ 2 < \log_2 6 < 3$이므로 ㉡ : $a_7 = a_6 + a_5$에서

$a_5 = 0$

$n = 4$이면 $a_5 = 0,\ 2 < \log_2 5 < 3$이므로 ㉡ : $a_6 = a_5 + a_4$에서

$a_4 = 2$

$n = 3$이면 $a_4 = 2,\ 2 = \log_2 4$이므로 ㉠ : $a_5 = a_4 \times a_3$에서

$a_3 = 0$

$n = 2$이면 $a_3 = 0,\ 1 < \log_2 3 < 2$이므로 ㉡ : $a_4 = a_3 + a_2$에서

$a_2 = 2$

$n = 1$이면 $a_2 = 2,\ 1 = \log_2 2$이므로 ㉠ : $a_3 = a_2 \times a_1$에서

$a_1 = 0$

과정을 표로 나타내면 다음과 같다.

a_1	a_2	a_3	a_4	a_5	a_6	a_7	a_8
0	←2 ($\because$ ㉡)	←0 ($\because$ ㉠)				↗2	4
			↘2 ($\because$ ㉡)	←0 ($\because$ ㉡)	←2 ($\because$ ㉡)		

② $a_8 = 8,\ a_7 = 1$일 때,

$n = 6$이면 $a_7 = 1,\ 2 < \log_2 7 < 3$이므로 ㉡ : $a_8 = a_7 + a_6$에서

$a_6 = 7$

$n = 5$이면 $a_6 = 7,\ 2 < \log_2 6 < 3$이므로 ㉠ : $a_7 = a_6 \times a_5$에서

$a_5 = \dfrac{1}{7}$로 모순

a_1	a_2	a_3	a_4	a_5	a_6	a_7	a_8
				$\dfrac{1}{7}$ (X)		↗1	8
					↘7 ($\because$ ㉡)		

따라서 가능한 a_1의 값은 0이다.

(ii) $n = 7$을 대입하면 ㉡에서 $8 = a_8 + a_7 \ (a_8 < 3)$

$a_8 = 2,\ a_7 = 6$ 또는 $a_8 = 1,\ a_7 = 7$ 또는 $a_8 = 0,\ a_7 = 8$

…이다.

① $a_8 = 2,\ a_7 = 6$일 때,

$n = 6$이면 $a_7 = 6,\ 2 < \log_2 7 < 3$이므로 ㉠ : $a_8 = a_7 \times a_6$에서

$a_6 = \dfrac{1}{3}$으로 모순

② $a_8 = 1,\ a_7 = 7$일 때,

$n = 6$이면 $a_7 = 7,\ 2 < \log_2 7 < 3$이므로 ㉠ : $a_8 = a_7 \times a_6$에서

$a_6 = \dfrac{1}{7}$으로 모순

③ $a_8 = 0,\ a_7 = 8$일 때,

$n = 6$이면 $a_7 = 8,\ 2 < \log_2 7 < 3$이므로 ㉠ : $a_8 = a_7 \times a_6$에서

$a_6 = 0$

같은 방법으로

a_1	a_2	a_3	a_4	a_5	a_6	a_7	a_8
	$\nearrow 0$		$\nearrow 0$		$\nearrow 0$		
	$(\because \bigcirc)$		$(\because \bigcirc)$		$(\because \bigcirc)$		
8		$\searrow 8$		$\searrow 8$		$\searrow 8$	0
		$(\because \bigcirc)$		$(\because \bigcirc)$			

㉣ $a_8 \leq -1$, $a_7 \geq 9$일 때,

$n=6$이면 $a_7 \geq 9$, $2 < \log_2 7 < 3$이므로 ㉠ :

$a_8 = a_7 \times a_6$에서 $a_6 = \dfrac{a_8}{a_7}$으로 a_6의 값이 정수가 아니므로

모순이다.

따라서 가능한 a_1의 값은 8이다.

(i), (ii)에서 가능한 a_1의 값의 합은 $0+8=8$이다.

81 정답 27

(나)조건에서 b_{n+4}를 (가)의 식을 이용하여 구하면

$$b_{n+2} = \frac{a_{n+1}b_{n+1}}{a_{10}} = \frac{a_{n+1}a_n b_n}{a_{10}^2}$$

$$b_{n+3} = \frac{a_{n+2}b_{n+2}}{a_{10}} = \frac{a_{n+2}}{a_{10}} \cdot \frac{a_{n+1}a_n b_n}{a_{10}^2} = \frac{a_{n+2}a_{n+1}a_n b_n}{a_{10}^3}$$

$$b_{n+4} = \frac{a_{n+3}b_{n+3}}{a_{10}} = \frac{a_{n+3}a_{n+2}a_{n+1}a_n b_n}{a_{10}^4} \text{이다.}$$

(나)식에서 $b_{n+4} = \dfrac{3}{2} b_n$ 이므로 $\dfrac{a_{n+3}a_{n+2}a_{n+1}a_n}{a_{10}^4} = \dfrac{3}{2}$ 임을 알

수 있다. ······㉠

또, $b_{n+4} = \dfrac{3}{2} b_n$이므로 $(b_1,\ b_5,\ b_9,\ \cdots)$, $(b_2,\ b_6,\ b_{10},\ \cdots)$,

$(b_3,\ b_7,\ b_{11},\ \cdots)$, $(b_4,\ b_8,\ b_{12},\ \cdots)$는 각각 공비가 $\dfrac{3}{2}$인

등비수열이다.

m이 자연수일 때, 각 경우의 일반항을 구해보면

$$b_{4m-3} = b_1 \left(\frac{3}{2}\right)^{m-1}$$

$$b_{4m-2} = b_2 \left(\frac{3}{2}\right)^{m-1} = \frac{a_1 b_1}{a_{10}} \left(\frac{3}{2}\right)^{m-1}$$

$$b_{4m-1} = b_3 \left(\frac{3}{2}\right)^{m-1} = \frac{a_2 a_1 b_1}{a_{10}^2} \left(\frac{3}{2}\right)^{m-1}$$

$$b_{4m} = b_4 \left(\frac{3}{2}\right)^{m-1} = \frac{a_3 a_2 a_1 b_1}{a_{10}^3} \left(\frac{3}{2}\right)^{m-1}$$

$m=4$일 때, $b_{13} = b_1 \left(\dfrac{3}{2}\right)^3$, $b_{14} = \dfrac{a_1 b_1}{a_{10}} \left(\dfrac{3}{2}\right)^3$,

$b_{15} = \dfrac{a_2 a_1 b_1}{a_{10}^2} \left(\dfrac{3}{2}\right)^3$, $b_{16} = \dfrac{a_3 a_2 a_1 b_1}{a_{10}^3} \left(\dfrac{3}{2}\right)^3$이다.

$b_{14} = b_{15}$이므로 $\dfrac{a_1 b_1}{a_{10}} \left(\dfrac{3}{2}\right)^3 = \dfrac{a_2 a_1 b_1}{a_{10}^2} \left(\dfrac{3}{2}\right)^3$, $a_2 = a_{10}$임을 알

수 있다.

$b_{13} = b_{16}$이므로

$$b_1 \left(\frac{3}{2}\right)^3 = \frac{a_3 a_2 a_1 b_1}{a_{10}^3} \left(\frac{3}{2}\right)^3$$

$$a_1 a_2 a_3 = a_{10}^3$$

$a_2 = a_{10}$이므로 $a_1 a_2 a_3 = a_2^3$이고, $a_1 a_3 = a_2^2$이다.

$a_2 = 4$이므로 $a_1 a_3 = 16$이다.

㉠에서 $\dfrac{a_{n+3}a_{n+2}a_{n+1}a_n}{a_{10}^4} = \dfrac{3}{2}$

$a_n a_{n+1} a_{n+2} a_{n+3} = \dfrac{3}{2} a_{10}^4$로 일정하다.

$n=1$을 대입하면

$$a_1 a_2 a_3 a_4 = \frac{3}{2} a_{10}^4$$

$a_1 a_3 = 16$, $a_2 = 4$, $a_{10} = a_2 = 4$이므로

$$64 a_4 = \frac{3}{2} \times 4^4$$

$$2^6 a_4 = 3 \times 2^7$$

$$a_4 = 6 \text{이다.}$$

따라서 $a_n a_{n+1} a_{n+2} a_{n+3} = 3 \times 2^7$로 일정하다.

또 $a_1 a_3 = 16$, $a_2 = 4$, $a_4 = 6$을 b_n의 일반항에 대입하면

$$b_{4m-3} = b_1 \left(\frac{3}{2}\right)^{m-1}$$

$$b_{4m-2} = b_2 \left(\frac{3}{2}\right)^{m-1} = \frac{a_1 b_1}{a_{10}} \left(\frac{3}{2}\right)^{m-1} = \frac{a_1 b_1}{4} \left(\frac{3}{2}\right)^{m-1}$$

$$b_{4m-1} = b_3 \left(\frac{3}{2}\right)^{m-1} = \frac{a_2 a_1 b_1}{a_{10}^2} \left(\frac{3}{2}\right)^{m-1} = \frac{a_1 b_1}{4} \left(\frac{3}{2}\right)^{m-1}$$

$$b_{4m} = b_4 \left(\frac{3}{2}\right)^{m-1} = \frac{a_3 a_2 a_1 b_1}{a_{10}^3} \left(\frac{3}{2}\right)^{m-1} = b_1 \left(\frac{3}{2}\right)^{m-1}$$

이므로

$$\sum_{n=1}^{40} \left(\log_2 \frac{a_n}{\sqrt[4]{3}} + b_n \right)$$
$$=$$
$$\sum_{n=1}^{40} \log_2 \frac{a_n}{\sqrt[4]{3}} + \sum_{m=1}^{10} b_{4m} + \sum_{m=1}^{10} b_{4m-1} + \sum_{m=1}^{10} b_{4m-2} + \sum_{m=1}^{10} b_{4m-3}$$

$$= \log_2 \left(\frac{a_1}{\sqrt[4]{3}} \cdot \frac{a_2}{\sqrt[4]{3}} \cdot \frac{a_3}{\sqrt[4]{3}} \cdots \frac{a_{40}}{\sqrt[4]{3}} \right)$$

$$+ \sum_{m=1}^{10} b_{4m} + \sum_{m=1}^{10} b_{4m-1} + \sum_{m=1}^{10} b_{4m-2} + \sum_{m=1}^{10} b_{4m-3}$$

$b_{4m-3} = b_{4m}$, $b_{4m-2} = b_{4m-1}$이므로

$$= \log_2 \left\{ \frac{a_1 a_2 a_3 a_4 \cdots a_{40}}{(\sqrt[4]{3})^{40}} \right\} + 2 \sum_{m=1}^{10} b_{4m} + 2 \sum_{m=1}^{10} b_{4m-1}$$

$$= \log_2 \left\{ \frac{(a_1 a_2 a_3 a_4)^{10}}{3^{10}} \right\} + 2 b_1 \sum_{m=1}^{10} \left(\frac{3}{2}\right)^{m-1} + \frac{a_1 b_1}{2} \sum_{m=1}^{10} \left(\frac{3}{2}\right)^{m-1}$$

$$= \log_2 \left(\frac{3^{10} \cdot 2^{70}}{3^{10}} \right) + \left(2 b_1 + \frac{a_1 b_1}{2} \right) \sum_{m=1}^{10} \left(\frac{3}{2}\right)^{m-1}$$

$$= \log_2 2^{70} + b_1\left(2 + \frac{a_1}{2}\right)\left\{\frac{\left(\frac{3}{2}\right)^{10} - 1}{\frac{3}{2} - 1}\right\}$$

$$= 70 + 2b_1\left(2 + \frac{a_1}{2}\right)\left\{\left(\frac{3}{2}\right)^{10} - 1\right\}$$

$$50 + 20\left(\frac{3}{2}\right)^{10} = 70 + 2b_1\left(2 + \frac{a_1}{2}\right)\left\{\left(\frac{3}{2}\right)^{10} - 1\right\}$$

$$-20 + 20\left(\frac{3}{2}\right)^{10} = b_1(4 + a_1)\left\{\left(\frac{3}{2}\right)^{10} - 1\right\}$$

$$20\left\{\left(\frac{3}{2}\right)^{10} - 1\right\} = b_1(4 + a_1)\left\{\left(\frac{3}{2}\right)^{10} - 1\right\}$$

$20 = b_1(4 + a_1)$이다.

수열 $\{a_n\}$은 모든 항이 자연수이므로 $a_1 a_3 = 16$에서

(a_1, a_3)은 $(1, 16)$, $(2, 8)$, $(4, 4)$, $(8, 2)$, $(16, 1)$이 가능하다.

$a_1 = 1$이라면 $5b_1 = 20$, $b_1 = 4$

$a_1 = 2$라면 $6b_1 = 20$, $b_1 = \dfrac{10}{3}$

$a_1 = 4$라면 $8b_1 = 20$, $b_1 = \dfrac{5}{2}$

$a_1 = 8$이라면 $12b_1 = 20$, $b_1 = \dfrac{5}{3}$

$a_1 = 16$이라면 $20b_1 = 20$, $b_1 = 1$

이므로 모든 b_1의 합은 $\dfrac{25}{2}$이다.

$p = 2$, $q = 25$이므로 $p + q = 27$이다.

82 정답 ③

$a_p = 0$이면

$a_{p+1} = -3$, $a_{p+2} = -2$, $a_{p+3} = -1$, $a_{p+4} = 0$으로

$a_p = a_{p+4} = a_{p+8} = \cdots = 0$이다.

$b_q = 0$이면

$b_{q+1} = -1$, $b_{q+2} = 2$, $b_{q+3} = 1$, $b_{q+4} = 0$으로

$b_q = b_{q+4} = b_{q+8} = \cdots = 0$이다.

$a_m \times b_m = 0$을 만족시키는 12이하의 자연수 m의 개수가

6이기 위해서는 $p \neq q$이고 $a_1 - b_1$의 값이 최대가 되기 위해서는

a_1의 값이 최대, b_1의 값이 최소이어야 한다.

따라서 다음 두 경우를 생각할 수 있다.

(i) $a_4 = a_8 = a_{12} = 0$, $b_3 = b_7 = b_{11} = 0$

n	1	2	3	4		7	8		11	12
a_n	9	6	3	0	$\cdots$	$\cdots$	0	$\cdots$	$\cdots$	0
b_n	-6	-3	0	$\cdots$	$\cdots$	0	$\cdots$	$\cdots$	0	

$a_1 - 2b_1 = 9 + 12 = 21$

(ii) $a_3 = a_7 = a_{11} = 0$, $b_4 = b_8 = b_{12} = 0$

n	1	2	3	4	5	7	8	9	11	12
a_n	6	3	0	$\cdots$	$\cdots$	0	$\cdots$	$\cdots$	0	
b_n	-9	-6	-3	0	$\cdots$	$\cdots$	0	$\cdots$		0

$a_1 - 2b_1 = 6 + 18 = 24$

(i), (ii)에서 $a_1 - 2b_1$의 최댓값은 24이다.

83 정답 ①

[출제자 : 오세준T]

조건 (가)에서 $a_1 = 20$이므로

$|a_3| = 12$, $|a_5| = 8$, $|a_7| = 6$, $|a_9| = 5$ $\cdots\cdots$ ㉠

$a_4 + a_7 = 2$이고 $|a_7| = 6$이므로

$a_7 = 6$, $a_4 = -4$ 또는 $a_7 = -6$, $a_4 = 8$ $\cdots\cdots$ ㉡

조건 (나)에서

$a_1 a_5 \leq a_2 a_6 \leq a_3 a_7 \leq a_4 a_8 \leq a_5 a_9$이고

㉠에서 $|a_3 a_7| = 72$, $|a_5 a_9| = 40$이므로

$a_3 a_7 = -72$이고 $a_5 a_9 = 40$ 또는 -40이다.

또한 $a_1 |a_5| = 160$이고 $a_1 a_5 \leq a_3 a_7$이므로

$a_1 = 20$, $a_5 = -8$이다.

㉡에서 $a_7 = 6$이면 $a_3 = -12$이고 $a_7 = -6$이면 $a_3 = 12$이다.

정리하면

$a_1 = 20$, $a_5 = -8$, $a_7 = 6$, $a_3 = -12$, $a_9 = \pm 5$ $\cdots\cdots$ ㉢

또는

$a_1 = 20$, $a_5 = -8$, $a_7 = -6$, $a_3 = 12$, $a_9 = \pm 5$ $\cdots\cdots$ ㉣

이제 a_2, a_6, a_8을 구하면

(i) $a_7 = 6$, $a_4 = -4$일 때

㉡, ㉢와 조건 (가)에서 $a_4 = -4$이므로 $|a_2| = |a_6| = |a_8| = 4$

$|a_2 a_6| = 16$이므로 $a_2 a_6 = \pm 16$이지만

조건 (나)에서 $a_2 a_6 \geq a_3 a_7 = -72$이므로 만족하지 않고

㉢도 성립하지 않는다.

(ii) $a_7 = -6$, $a_4 = 8$일 때

㉡, ㉣와 조건 (가)에서 $a_4 = 8$이므로

$|a_2| = 12$, $|a_6| = 6$, $|a_8| = 5$

$|a_2 a_6| = 72$이므로 조건 (나)의

$-120 = a_1 a_5 \leq a_2 a_6 \leq a_3 a_7 = -72$을 만족하려면

$a_2 = 12$, $a_6 = -6$ 또는 $a_2 = -12$, $a_6 = 6$ $\cdots\cdots$ ㉤

또한 $a_4 |a_8| = 40$, $a_5 a_9 = \pm 40$이고 $a_4 a_8 \leq a_5 a_9$이므로

$a_5 = -8$, $a_9 = 5$이면 $a_4 = 8$, $a_8 = -5$ $\cdots\cdots$ ㉥

$a_5 = -8$, $a_9 = -5$이면 $a_4 = 8$, $a_8 = \pm 5$ $\cdots\cdots$ ㉦

따라서

㉣, ㉤, ㉥에서

$a_1 = 20$, $a_5 = -8$, $a_7 = -6$, $a_3 = 12$, $a_9 = 5$,

$a_4 = 8$, $a_8 = -5$이고

$a_2 = 12$, $a_6 = -6$ 이거나 $a_2 = -12$, $a_6 = 6$

ⓔ, ⓜ, ⊗에서

$a_1 = 20$, $a_5 = -8$, $a_7 = -6$, $a_3 = 12$, $a_9 = -5$,

$a_4 = 8$, $a_8 = \pm 5$이고

$a_2 = 12$, $a_6 = -6$ 이거나 $a_2 = -12$, $a_6 = 6$

$\displaystyle\sum_{k=1}^{9} a_k$의 최솟값은 ⓔ, ⓜ, ⊗에서

$a_1 = 20$, $a_5 = -8$, $a_7 = -6$, $a_3 = 12$, $a_9 = -5$,

$a_4 = 8$, $a_8 = -5$이고

$a_2 = -12$, $a_6 = 6$일 때이다.

$\displaystyle\sum_{k=1}^{9} a_k$

$= 20 + (-12) + 12 + 8 + (-8) + 6 + (-6) + (-5) + (-5)$

$= 10$

84 정답 14

$$a_{n+1} = \begin{cases} n+5+a_n \ (a_n < 0) \\ n+3-a_n \ (a_n \geq 0) \end{cases} \quad \cdots\cdots \ \text{㉠}$$

$a_4 = k \ (k > 5)$라 하자.

㉠의 양변에 $n = 3$을 대입하면 $k = \begin{cases} 8+a_3 \ (a_3 < 0) \\ 6-a_3 \ (a_3 \geq 0) \end{cases}$ 에서

$k - 8 < 0$ 또는 $6 - k \geq 0$이다.

따라서 $5 < k < 8$ 또는 $5 < k \leq 6$이다.

그러므로 $5 < k < 8$이다.

k는 정수이므로 $a_4 = 6$ 또는 $a_4 = 7$이다.

(i) $a_4 = 6$일 때,

㉠의 양변에 $n = 3$을 대입하면

$$6 = \begin{cases} 8+a_3 \ (a_3 < 0) \\ 6-a_3 \ (a_3 \geq 0) \end{cases} \text{에서 } a_3 = -2 \ \text{ 또는 } a_3 = 0\text{이다.}$$

같은 방법으로 $a_{n+1} = \begin{cases} n+5+a_n \ (a_n < 0) \\ n+3-a_n \ (a_n \geq 0) \end{cases}$ 에서

a_1	a_2	a_3	a_4	a_5	a_6	a_7	a_8
-15							
13	-9						
X	7	-2					
			6	1	7	2	8
-13							
11	-7						
		0					
-1	5						

$a_1 + a_8$의 값은 -7, 21, -5, 19, 7이 가능하다.

(ii) $a_4 = 7$일 때,

㉠의 양변에 $n = 3$을 대입하면

$$7 = \begin{cases} 8+a_3 \ (a_3 < 0) \\ 6-a_3 \ (a_3 \geq 0) \end{cases} \text{에서 } a_3 = -1 \ \text{ 또는 } a_3 = 1\text{이다.}$$

같은 방법으로 $a_{n+1} = \begin{cases} n+5+a_n \ (a_n < 0) \\ n+3-a_n \ (a_n \geq 0) \end{cases}$ 에서

a_1	a_2	a_3	a_4	a_5	a_6	a_7	a_8
-14							
12	-8						
		-1					
X	6						
			7	0	8	1	9
		X					

$a_1 + a_8$의 값은 -5, 21이 가능하다.

(i), (ii)에서 $a_1 + a_8$의 최댓값은 21이고 최솟값은 -7이다.

따라서 $21 + (-7) = 14$이다.

85 정답 ①

[그림 : 최성훈T]

$\log_2(x - a_k) < \log_4 x$에서 $x > a_k$이고 $\cdots\cdots$ ㉠

$\log_2(x - a_k) < \log_2 \sqrt{x}$에서 $x - a_k < \sqrt{x}$이다. $\cdots\cdots$ ㉡

㉠, ㉡을 동시에 만족시키는 범위는 다음 그림과 같다.

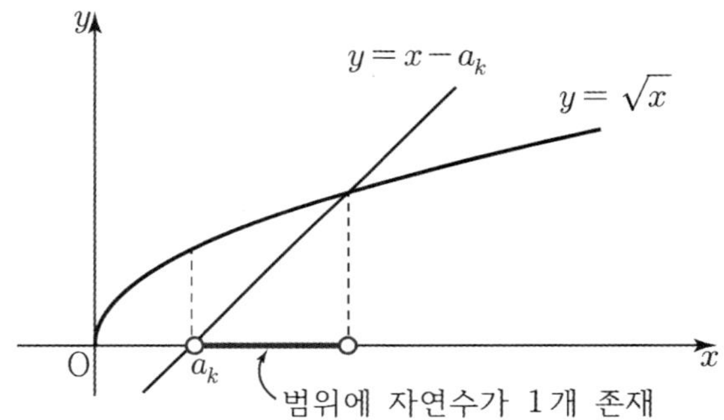

따라서 부등식 $\log_2(x - a_k) < \log_4 x$를 만족시키는 자연수 x의 개수가 1이기 위해서는 다음 그림과 같이 $a_k = 1$ 또는 $a_k = 2$이어야 한다.

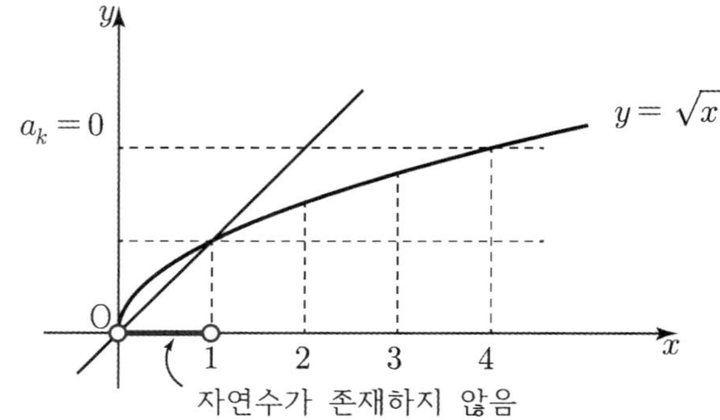

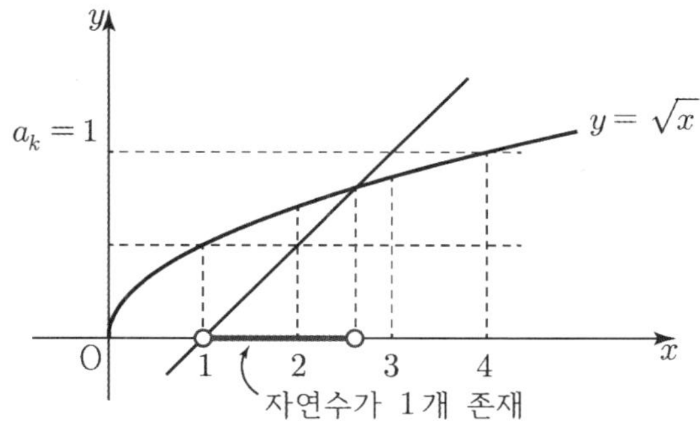

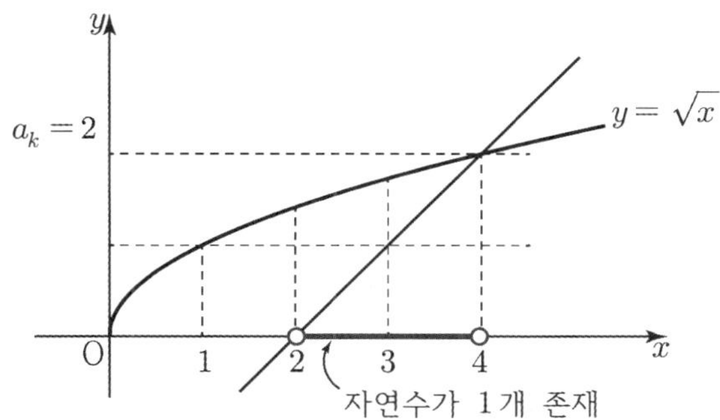

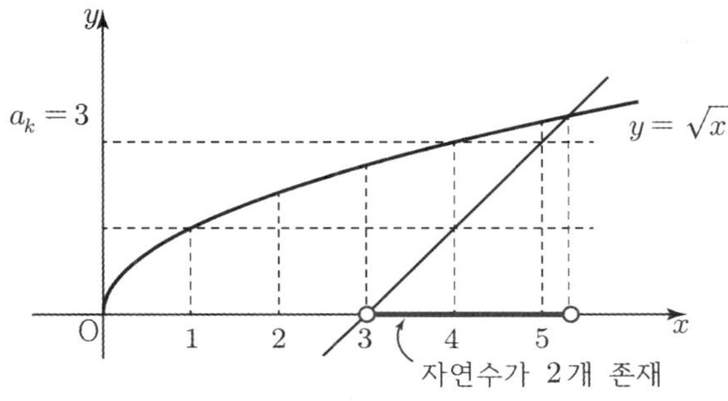

$a_k \geq 3$일 때는 부등식을 만족시키는 자연수 x의 개수가 2이상이다.

수열 $\{a_n\}$은 다음과 같다.

a_1	a_2	a_3	a_4	a_5	a_6	a_7	a_8	a_9
?	0	1	2	2	3	4	5	6

a_{10}	a_{11}	a_{12}	a_{13}	a_{14}	a_{15}	a_{16}	a_{17}	a_{18}	$\cdots$
3	4	5	6	7	8	9	1	2	$\cdots$

그러므로 $k=3$, $k=4$, $k=5$, $k=17$, $k=18$은 조건을 만족시킨다.

$3+4+5+17+18=47$이므로 모든 k의 합이 48이기 위해서는 a_1의 값도 1 또는 2이어야 한다. a_1의 최댓값은 2이고 최솟값은 1이므로 합은 3이다.

86 정답 ⑤

(가)에서 $a_{2n} = \begin{cases} -a_n \ (a_n \leq 0) \\ 3a_n \ (a_n > 0) \end{cases}$ 이다.

(나)에서 $a_4 = 9$일 때, $a_4 = 9$, $a_2 = 3$, $a_1 = 1$ 또는 $a_4 = 9$, $a_2 = 3$, $a_1 = -3$

(나)에서 $a_4 = 6$일 때, $a_4 = 6$, $a_2 = 2$, $a_1 = -2$ 이다.

① $a_4 = 9$, $a_2 = 3$, $a_1 = 1$일 때,

$a_4 + a_5 = 0$에서 $a_5 = -9$이므로 $a_{10} = 9$, $a_8 = 27$, $a_{16} = 81$, $\cdots$

	a_1	a_2	a_3	a_4	a_5	a_6	a_7	a_8	a_9	a_{10}	a_{11}	a_{12}
$1step$	1	3		9	-9			27		9		

(i) $a_6 = \alpha \ (\alpha < 0)$, $a_7 = 6$일 때,

	a_1	a_2	a_3	a_4	a_5	a_6	a_7	a_8	a_9	a_{10}	a_{11}	a_{12}
$1step$	1	3		9	-9			27		9		
$2step$			X			α	6					

a_3의 값이 정해지지 않으므로 모순이다.

(ii) $a_6 = 6$, $a_7 = \alpha \ (\alpha < 0)$일 때,

㉠ $a_3 = 2$, $a_{12} = 18$, $a_{14} = -\alpha$이고 $a_9 = x$, $a_{11} = y$, $a_{13} = z$라 하자.

	a_1	a_2	a_3	a_4	a_5	a_6	a_7	a_8	a_9	a_{10}	a_{11}	a_{12}	a_{13}	a_{14}
$1step$	1	3		9	-9			27		9				
$2step$			2			6	α					18		$-\alpha$
$3step$									x		y		z	

$\sum\limits_{n=1}^{14} a_n = 100$에서 $\sum\limits_{n=1}^{14} a_n = 66 + x + y + z = 100$

따라서 $x+y+z = 34$이다.

㉡ $a_3 = -6$, $a_{12} = 18$, $a_{14} = -\alpha$이고 $a_9 = x$, $a_{11} = y$, $a_{13} = z$라 하자.

	a_1	a_2	a_3	a_4	a_5	a_6	a_7	a_8	a_9	a_{10}	a_{11}	a_{12}	a_{13}	a_{14}
$1step$	1	3		9	-9			27		9				
$2step$			2			6	α					18		$-\alpha$
$3step$									x		y		z	

$\sum\limits_{n=1}^{14} a_n = 100$에서 $\sum\limits_{n=1}^{14} a_n = 58 + x + y + z = 100$

따라서 $x+y+z = 42$이다.

② $a_4 = 9$, $a_2 = 3$, $a_1 = -3$일 때, 같은 방법으로 $a_6 = 6$, $a_{12} = 18$, $a_{14} = -\alpha$이고 $a_9 = x$, $a_{11} = y$, $a_{13} = z$라 하자.

㉠ $a_3 = 2$

	a_1	a_2	a_3	a_4	a_5	a_6	a_7	a_8	a_9	a_{10}	a_{11}	a_{12}	a_{13}	a_{14}
1step	1	3		9	-9			27		9				
2step			2			6	α					18		$-\alpha$
3step									x		y		z	

$\displaystyle\sum_{n=1}^{14} a_n = 100$에서 $\displaystyle\sum_{n=1}^{14} a_n = 62 + x + y + z = 100$

따라서 $x + y + z = 38$이다.

㉡ $a_3 = -6$

	a_1	a_2	a_3	a_4	a_5	a_6	a_7	a_8	a_9	a_{10}	a_{11}	a_{12}	a_{13}	a_{14}
1step	-3	3		9	-9			27		9				
2step			-6			6	α					18		$-\alpha$
3step									x		y		z	

$\displaystyle\sum_{n=1}^{14} a_n = 100$에서 $\displaystyle\sum_{n=1}^{14} a_n = 54 + x + y + z = 100$

따라서 $x + y + z = 46$이다.

③ $a_4 = 6$, $a_2 = 2$, $a_1 = -2$일 때

$a_4 + a_5 = 0$에서 $a_5 = -6$이므로 $a_{10} = 6$, $a_8 = 18$, $a_{16} = 54$, $\cdots$

	a_1	a_2	a_3	a_4	a_5	a_6	a_7	a_8	a_9	a_{10}	a_{11}	a_{12}
1step	-2	2		6	-6			18		6		

(i) $a_6 = \alpha$ $(\alpha < 0)$, $a_7 = 9$일 때,

	a_1	a_2	a_3	a_4	a_5	a_6	a_7	a_8	a_9	a_{10}	a_{11}	a_{12}
1step	-2	2		6	-6			18		6		
2step			X			α	9					

a_3의 값이 정해지지 않으므로 모순이다.

(ii) $a_6 = 9$, $a_7 = \alpha$ $(\alpha < 0)$일 때,

㉠ $a_3 = 3$, $a_{12} = 27$, $a_{14} = -\alpha$이고 $a_9 = x$, $a_{11} = y$, $a_{13} = z$라 하자.

	a_1	a_2	a_3	a_4	a_5	a_6	a_7	a_8	a_9	a_{10}	a_{11}	a_{12}	a_{13}	a_{14}
1step	-2	2		6	-6			18		6				
2step			3			9	α					27		$-\alpha$
3step									x		y		z	

$\displaystyle\sum_{n=1}^{14} a_n = 100$에서 $\displaystyle\sum_{n=1}^{14} a_n = 63 + x + y + z = 100$

따라서 $x + y + z = 37$이다.

㉡ $a_3 = -9$, $a_{12} = 27$, $a_{14} = -\alpha$이고 $a_9 = x$, $a_{11} = y$, $a_{13} = z$라 하자.

	a_1	a_2	a_3	a_4	a_5	a_6	a_7	a_8	a_9	a_{10}	a_{11}	a_{12}	a_{13}	a_{14}
1step	-2	2		6	-6			18		6				
2step			-9			9	α					27		$-\alpha$
3step									x		y		z	

$\displaystyle\sum_{n=1}^{14} a_n = 100$에서 $\displaystyle\sum_{n=1}^{14} a_n = 51 + x + y + z = 100$

따라서 $x + y + z = 49$이다.

그러므로 ①, ②, ③에서 모든 $x + y + z$의 값의 합은
$34 + 42 + 38 + 46 + 37 + 49 = 246$이다.

87 정답 ④

[그림 : 서태욱T]

사분원 $O_1A_1B_1$의 넓이에서 정삼각형 $O_1A_1C_1$의 넓이를 빼면 S_1의 넓이를 구할 수 있다.

$$S_1 = \pi(2)^2 \times \frac{1}{4} - \frac{\sqrt{3}}{4} \times (2)^2 = \pi - \sqrt{3}$$

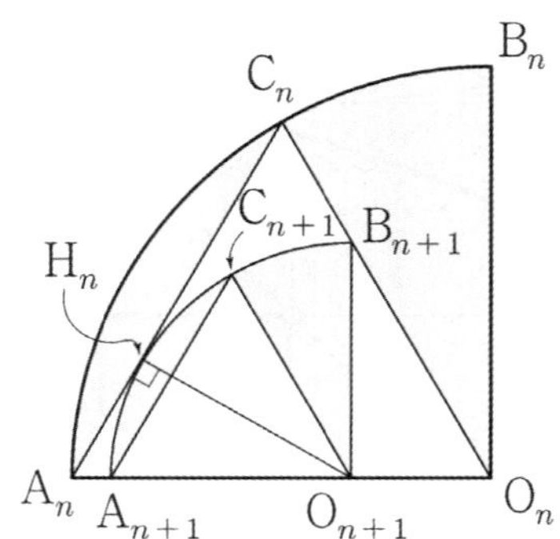

그림에서 $\overline{O_nB_n} = a_n$, $\overline{O_{n+1}B_{n+1}} = a_{n+1}$이라 하자.

$\angle B_{n+1}O_nO_{n+1} = 60°$이므로

$$\overline{O_nO_{n+1}} = \frac{1}{\tan 60°} \times a_{n+1} = \frac{a_{n+1}}{\sqrt{3}}$$

사분원 $O_{n+1}A_{n+1}B_{n+1}$과 선분 A_nC_n이 접하는 점을 H_n이라 하자.

$\angle A_nO_{n+1}H_n = 30°$이므로

$$\overline{O_{n+1}A_n} = \frac{1}{\cos 30°} \times \overline{O_{n+1}H_n} = \frac{2}{\sqrt{3}} a_{n+1}$$

$$\overline{O_nA_n} = \overline{O_nO_{n+1}} + \overline{O_{n+1}A_n}$$

$$a_n = \frac{a_{n+1}}{\sqrt{3}} + \frac{2a_{n+1}}{\sqrt{3}} = \frac{3a_{n+1}}{\sqrt{3}}$$

$$\therefore \ a_{n+1} = \frac{1}{\sqrt{3}} a_n \ \cdots \ ㉠$$

그림 R_n에서 색칠한 도형과 그림 R_{n+1}에서 색칠한 도형은 닮은 도형이고 닮음비는 두 사분원의 닮음비와 같다.

닮음비가 $1 : \dfrac{1}{\sqrt{3}}$이므로 넓이비는 $1 : \dfrac{1}{3}$이다.

따라서 $S_n = (\pi - \sqrt{3}) \times \left(\dfrac{1}{3}\right)^{n-1}$이므로 $S_5 = \dfrac{\pi - \sqrt{3}}{81}$이다.

88 정답 37

[출제자 : 오세준T]

[검토자 : 정찬도T]

$a_1 = k$, $a_2 = k+2$이므로

(i) $\sqrt{|a_1 + a_2|} = \sqrt{|2k+2|}$ 가 자연수일 때

a_1	a_2	a_3	a_4	a_5	a_6
k	$k+2$	$-k-1$	$k+2$	$-k-1$	$k+2$

$a_4 = a_6$이므로 $\sqrt{|a_1 + a_2|} = \sqrt{|2k+2|}$ 가

자연수인 100이하의 k는 1, 7, 17, 31, 49, 71, 97

$a_3 = a_5 = a_7 = \cdots = a_{2p+1}$, $a_4 = a_6 = a_8 = \cdots = a_{2p+2}(p$는

자연수)이고

k는 모두 홀수이므로 $b_k = -k-1$

따라서 $b_k = -18$인 $k = 17$이다.

(ii) $\sqrt{|a_1 + a_2|} = \sqrt{|2k+2|}$ 가 자연수가 아니고

$\sqrt{|a_2 + a_3|} = \sqrt{|k+4|}$ 가 자연수일 때

a_1	a_2	a_3	a_4	a_5	a_6
k	$k+2$	2	-1	2	-1

$a_4 = a_6$이므로 $\sqrt{|a_1 + a_2|} = \sqrt{|2k+2|}$ 가 자연수가 아니고

$\sqrt{|a_2 + a_3|} = \sqrt{|k+4|}$ 가 자연수인 100이하의 k는

5, 12, 21, 32, 45, 60, 77, 96

그러나 $a_3 = a_5 = a_7 = \cdots = a_{2p+1} = 2$,

$a_4 = a_6 = a_8 = \cdots = a_{2p+2} = -1(p$는 자연수)이므로

$b_k = -18$인 k는 존재하지 않는다.

(iii) $\sqrt{|a_1 + a_2|} = \sqrt{|2k+2|}$, $\sqrt{|a_2 + a_3|} = \sqrt{|k+4|}$ 가

모두 자연수가 아니고 $\sqrt{|a_3 + a_4|} = \sqrt{|4-k|}$ 가 자연수일 때

a_1	a_2	a_3	a_4	a_5	a_6
k	$k+2$	2	$2-k$	$k-1$	$2-k$

$a_4 = a_6$이므로

$\sqrt{|a_1 + a_2|} = \sqrt{|2k+2|}$, $\sqrt{|a_2 + a_3|} = \sqrt{|k+4|}$ 가

모두 자연수가 아니고 $\sqrt{|a_3 + a_4|} = \sqrt{|4-k|}$ 가

자연수인 100이하의 k는 3, 8, 13, 20, 29, 40, 53, 68, 85

$a_5 = a_7 = a_9 = \cdots = a_{2p+3}$, $a_4 = a_6 = a_8 = \cdots = a_{2p+2}(p$는

자연수)이고

k가 홀수이면 $b_3 = 2$, $b_k = k-1$, k가 짝수이면 $b_k = 2-k$

따라서 $b_k = -18$인 $k = 20$이다.

(iv) $\sqrt{|a_1 + a_2|} = \sqrt{|2k+2|}$, $\sqrt{|a_2 + a_3|} = \sqrt{|k+4|}$,

$\sqrt{|a_3 + a_4|} = \sqrt{|4-k|}$ 가 모두 자연수가 아니고

$\sqrt{|a_4 + a_5|} = \sqrt{|4-3k|}$ 가 자연수일 때

a_1	a_2	a_3	a_4	a_5	a_6
k	$k+2$	2	$2-k$	$2-2k$	$2k-1$

$a_4 = a_6$이므로 $2-k = 2k-1$, $k = 1$이지만

$\sqrt{|a_1 + a_2|} = \sqrt{|2k+2|}$ 가 자연수가 되므로 모순

(v) $\sqrt{|a_1 + a_2|} = \sqrt{|2k+2|}$, $\sqrt{|a_2 + a_3|} = \sqrt{|k+4|}$,

$\sqrt{|a_3 + a_4|} = \sqrt{|4-k|}$, $\sqrt{|a_4 + a_5|} = \sqrt{|4-3k|}$ 가 모두

자연수가 아닐 때

a_1	a_2	a_3	a_4	a_5	a_6
k	$k+2$	2	$2-k$	$2-2k$	$2-3k$

$a_4 = a_6$이므로 $2-k = 2-3k$, $k = 0$이므로 모순

따라서 (i), (iii)에서 $b_k = -18$인 $k = 17$, 20이므로 합은

37이다.

89 정답 ④

[출제자 : 김종렬T]

[그림 : 서태욱T]

수열 $\{a_n\}$이 등차수열이므로 수열 $\{b_n\}$도 등차수열이고

$b_n = dn + m$ (n은 자연수, m은

상수, d는 공차, $d > 0$)이다.

$$\sum_{k=1}^{n} b_{2k} = \sum_{k=1}^{n} \{2dk + m\} = 2d\sum_{k=1}^{n} k + \sum_{k=1}^{n} m$$
$$= 2d \times \frac{n(n+1)}{2} + mn$$
$$= dn^2 + (m+d)n$$

이고

$T_n = |dn^2 + (m+d)n|$은 (나)조건에 의해 아래 그림과

같으므로

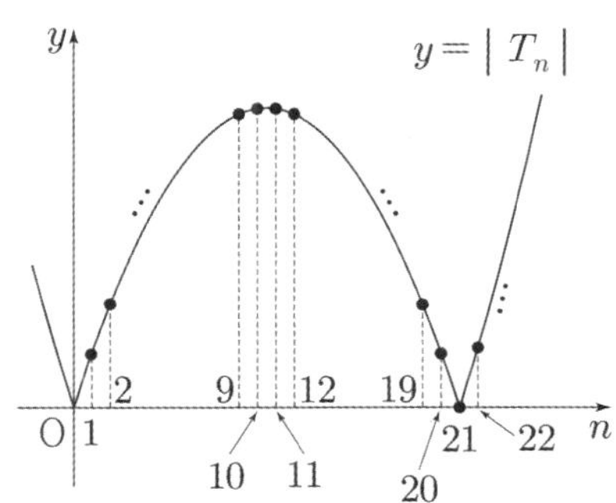

$T_n = |dn^2 + (m+d)n| = |dn(n-21)|$ 이어야 한다.

$dn^2 + (m+d)n = dn(n-21)$, $m = -22d$

$T_n = |dn(n-21)|$ 이고 $T_{25} = 150$

$\therefore d = \dfrac{3}{2}$ ((가)조건에 의해), $m = -33$

$\therefore b_n = \dfrac{3}{2}n - 33$

주어진 조건 $b_n = 2a_n - a_8$ 에 $n = 8$을 대입하면 $b_8 = a_8$

$\therefore a_8 = -21$

90 정답 ①

등차수열 $\{a_n\}$의 공차를 d라 하면 d는 정수이다.

$d=0$이면 모든 자연수 n에 대하여 $a_n=a_1$이므로 $a_1\le 0$이면

$S_n\le 0$에서 $b_n=a_n-1=a_1-1$이고 $a_1>0$이면 $S_n>0$에서

$b_n=7-a_n=7-a_1$이다.

이때 조건 (나)를 만족시키지 않으므로 $d\neq 0$이다.

$d\neq 0$이므로 서로 다른 자연수 m과 n에 대하여 $a_m\neq a_n$이다.

따라서 $a_4-1=a_8-1$, $7-a_4=7-a_8$인 경우는 존재하지

않는다.

두 수열 $\{a_n-1\}$, $\{7-a_n\}$은 모두 공차가 0이 아닌

등차수열이므로 조건 (가)를 만족시키려면

$b_4=a_4-1$, $b_8=7-a_8$

또는

$b_4=7-a_4$, $b_8=a_8-1$

이어야 한다.

따라서 $a_4-1=7-a_8$ 또는 $7-a_4=a_8-1$에서

$a_4+a_8=8$, $2a_6=8$

$\therefore\ a_6=4$

또한 $S_4\le 0$, $S_8>0$이거나 $S_4>0$, $S_8\le 0$ $\cdots\cdots$ ㉠

이어야 하고 $S_4\times S_8\le 0$이다.

$$S_4=\frac{4(2a_1+3d)}{2}=4a_1+6d=4(a_6-5d)+6d=16-14d$$

$$S_8=\frac{8(2a_1+7d)}{2}=8a_1+28d=8(a_6-5d)+28d=32-12d$$

$S_4\times S_8\le 0$을 만족시키는 정수 d의 값은 2뿐이다.

$\therefore\ d=2$

따라서

$a_6=4$이고 $d=2$인 등차수열 $\{a_n\}$과 조건에 맞는 수열 $\{b_n\}$을

표로 작성하면 다음과 같다.

n	1	2	3	4	5	6	7
a_n	-6	-4	-2	0	2	4	6
b_n	-7	-5	-3	-1	1	3	5

n	8	9	10	11	12	13	14
a_n	8	10	12	14	16	18	20
b_n	-1	-3	-5	-7	-9	-11	-13

표에서 $b_n\le b_7$이므로 조건 (나)를 만족시키는 p의 값은 7이다.

따라서 $b_{2p}=b_{14}=-13$이다.

91 정답 ②

$a_1=10$이고 $n\le k$인 모든 자연수 n에 대하여

$10\le a_n<a_{n+1}$이므로 조건 (나)를 만족시키려면

$k\le 22$이어야 한다.

조건 (나)에서 $a_{23}=a_{24}=a_{25}=1$이므로 $a_{24}=1$이다.

a_1	a_2	a_3	a_4	$\cdots$
10	13	16	19	$\cdots$

$\cdots$	a_{21}	a_{22}	a_{23}	$\cdots$
$\cdots$	5	3	1	$\cdots$

수열 $\{a_n\}$은 첫째항부터 제$(k+1)$항까지 공차가 3인

등차수열을 이루므로 $a_{k+1}=10+3k$이다.

수열 $\{a_n\}$은 제$(k+1)$항부터 제23항까지 공차가 -2인

등차수열을 이루므로

$a_{23}=a_{(k+1)+(22-k)}=10+3k-2(22-k)=5k-34=1$

에서 $k=7$

따라서 $a_8=31$

$a_{14}=a_8+6\times(-2)=31-12=19$이다.

$\therefore\ a_{2k}=19$

92 정답 3

$y=\dfrac{kx-k^2+3}{x-k}$의 그래프는

$y=\dfrac{kx-k^2+3}{x-k}=\dfrac{3}{x-k}+k$에서 $y=\dfrac{3}{x}$의 그래프를 x축으로

k만큼, y축으로 k만큼 평행이동한 그래프이다.

$kx-y-k^2+k=0$의 그래프는

$y=kx-k^2+k=k(x-k)+k$으로 $y=kx$의 그래프를 x축으로

k만큼, y축으로 k만큼 평행이동한 그래프이다.

$x-ky+k^2-k=0$의 그래프는

$y=\dfrac{1}{k}(x-k)+k$으로 $y=\dfrac{1}{k}x$의 그래프를 x축으로 k만큼,

y축으로 k만큼 평행이동한 그래프이다.

따라서

주어진 세 그래프를 x축으로 $-k$만큼, y축으로 $-k$만큼

평행이동해서 그래프 식을 간소화 하면

곡선 $y=\dfrac{3}{x}$와 두 직선 $y=kx$, $y=\dfrac{1}{k}x$의 교점을 각각 A′,

B′, C′, D′라 하고 교점의 x좌표를 각각 a', b', c', d'라 하면

네 수 d', b', a', c'가 이 순서대로 등차수열을 이룬다고 할 수

있다.

$y=\dfrac{3}{x}$와 $y=kx$의 교점의 x좌표 a', b'를 구해보자.

$(b'<0<a')$

$\dfrac{3}{x}=kx\rightarrow x^2=\dfrac{3}{k}$에서 $x=\pm\sqrt{\dfrac{3}{k}}$

따라서 $a'=\sqrt{\dfrac{3}{k}}$, $b'=-\sqrt{\dfrac{3}{k}}$이다.

$y=\dfrac{3}{x}$와 $y=\dfrac{1}{k}x$의 교점의 x좌표 c', d'를 구해보자.

$(d' < 0 < c')$

$\dfrac{3}{x} = \dfrac{1}{k}x \rightarrow x^2 = 3k$에서 $x = \pm\sqrt{3k}$

따라서 $c' = \sqrt{3k}$, $d' = -\sqrt{3k}$ 이다.

네 수 d', b', a', c'는 $-\sqrt{3k}$, $-\sqrt{\dfrac{3}{k}}$, $\sqrt{\dfrac{3}{k}}$

$\sqrt{3k}$이고 이 순서로 등차수열을 이루므로

$c' - a' = a' - b'$에서 $\sqrt{3k} - \sqrt{\dfrac{3}{k}} = \sqrt{\dfrac{3}{k}} - \left(-\sqrt{\dfrac{3}{k}}\right)$

$\sqrt{3k} = 3\sqrt{\dfrac{3}{k}}$ 이다.

양변 제곱하면 $3k = \dfrac{27}{k}$에서 $k = 3$이다.

93 정답 ①

a, b, c, d중 하나의 값이 2이므로 경우를 나누어 생각하도록 한다.

(i) $a = 2$인 경우

이 때, a, b, c, d를 다시 쓰면 2, b, c, 4가 된다.

2, b, c는 등차수열을 이루므로 $b = \dfrac{2+c}{2}$ 가 된다.

그리고 b, c, 4는 등비수열을 이루므로 $c^2 = 4b$가 된다.

두 식을 연립하여 b를 소거하면 $c^2 = 2(2+c)$, $c^2 - 2c - 4 = 0$.

근의 공식을 적용하면 $c = 1 \pm \sqrt{5}$.

그런데 c는 양의 실수이므로 $c = 1 + \sqrt{5}$ 이다.

$b = \dfrac{2+c}{2}$이므로 구한 c값을 대입하면 $b = \dfrac{3+\sqrt{5}}{2}$

$\therefore\ b = \dfrac{3+\sqrt{5}}{2}$, $c = 1 + \sqrt{5}$

따라서 $b + c = \dfrac{5 + 3\sqrt{5}}{2}$

(ii) $b = 2$인 경우

이 때, a, b, c, d를 다시 쓰면 a, 2, c, $2a$가 된다.

a, 2, c는 등차수열을 이루므로 $2 = \dfrac{a+c}{2}$ 가 된다. a에 대하여

정리하면 $a = 4 - c$.

그리고 2, c, $2a$는 등비수열을 이루므로 $c^2 = 4a$가 된다.

두 식을 연립하여 a를 소거하면 $c^2 = 4(4-c)$, $c^2 + 4c - 16 = 0$.

근의 공식을 적용하면 $c = -2 \pm 2\sqrt{5}$.

그런데 c는 양의 실수이므로 $c = -2 + 2\sqrt{5}$ 이다.

$\therefore\ b = 2$, $c = -2 + 2\sqrt{5}$

따라서 $b + c = 2\sqrt{5}$

(iii) $c = 2$인 경우

이 때, a, b, c, d를 다시 쓰면 a, b, 2, $2a$가 된다.

a, b, 2는 등차수열을 이루므로 $b = \dfrac{a+2}{2}$ 가 된다. a에 대하여

정리하면 $a = 2b - 2$.

그리고 b, 2, $2a$는 등비수열을 이루므로 $4 = 2ab$가 된다.

두 식을 연립하여 a를 소거하면 $4 = 2b(2b-2)$, $b^2 - b - 1 = 0$.

근의 공식을 적용하면 $b = \dfrac{1 \pm \sqrt{5}}{2}$. 그

런데 b는 양의 실수이므로 $b = \dfrac{1+\sqrt{5}}{2}$이다.

$\therefore\ b = \dfrac{1+\sqrt{5}}{2}$, $c = 2$

따라서 $b + c = \dfrac{5+\sqrt{5}}{2}$

(iv) $d = 2$인 경우

이 때, a, b, c, d를 다시 쓰면 1, b, c, 2가 된다.

1, b, c는 등차수열을 이루므로 $b = \dfrac{1+c}{2}$ 가 된다.

그리고 b, c, 2는 등비수열을 이루므로 $c^2 = 2b$가 된다.

두 식을 연립하여 b를 소거하면 $c^2 = 1 + c$, $c^2 - c - 1 = 0$.

근의 공식을 적용하면 $c = \dfrac{1 \pm \sqrt{5}}{2}$.

그런데 c는 양의 실수이므로 $c = \dfrac{1+\sqrt{5}}{2}$이다.

$b = \dfrac{1+c}{2}$이므로 구한 c값을 대입하면 $b = \dfrac{3+\sqrt{5}}{4}$

$\therefore\ b = \dfrac{3+\sqrt{5}}{4}$, $c = \dfrac{1+\sqrt{5}}{2}$

따라서 $b + c = \dfrac{5+3\sqrt{5}}{4}$

(i)~(iv)에 의하여 $\dfrac{3-\sqrt{5}}{2}$는 $b+c$의 값이 될 수 없다.

따라서 정답은 ①이다.

94 정답 346

조건 (나)에서

$a_{n+1} > 3$이면 $a_n = a_{n+1} - 3$ 또는 $a_n = 2^{a_{n+1}}$

$a_n = 2^{a_{n+1}}$에서 모든 항이 100이하의 자연수이므로 $a_{n+1} \le 6$

따라서

$a_{n+1} \le 3$이면 $a_n = a_{n+1} + 11$

$3 < a_{n+1} \le 6$이면 $a_n = a_{n+1} - 3$ 또는 $a_n = 2^{a_{n+1}}$

$a_{n+1} > 6$이면 $a_n = a_{n+1} - 3$

정리하면

<table>
<tr><td>a_{14}</td><td colspan="6">11</td></tr>
<tr><td>a_{13}</td><td colspan="6">8</td></tr>
<tr><td>a_{12}</td><td colspan="6">5</td></tr>
<tr><td>a_{11}</td><td colspan="4">2</td><td colspan="2">32</td></tr>
<tr><td>a_{10}</td><td colspan="4">13</td><td colspan="2">29</td></tr>
<tr><td>a_9</td><td colspan="4">10</td><td colspan="2">26</td></tr>
<tr><td>a_8</td><td colspan="4">7</td><td colspan="2">23</td></tr>
<tr><td>a_7</td><td colspan="4">4</td><td colspan="2">20</td></tr>
<tr><td>a_6</td><td colspan="2">1</td><td colspan="2">16</td><td colspan="2">17</td></tr>
<tr><td>a_5</td><td colspan="2">12</td><td colspan="2">13</td><td colspan="2">14</td></tr>
<tr><td>a_4</td><td colspan="2">9</td><td colspan="2">10</td><td colspan="2">11</td></tr>
<tr><td>a_3</td><td colspan="2">6</td><td colspan="2">7</td><td colspan="2">8</td></tr>
<tr><td>a_2</td><td>3</td><td>64</td><td colspan="2">4</td><td colspan="2">5</td></tr>
<tr><td>a_1</td><td>14</td><td>61</td><td>1</td><td>16</td><td>2</td><td>32</td></tr>
</table>

위 표에서 최솟값은

$$m = a_{14} + a_{13} + \cdots + a_1$$
$$= 1 + 2 + 3 + \cdots + 13 + 14$$
$$= \sum_{n=1}^{14} k$$
$$= \frac{14 \times 15}{2}$$
$$= 105$$

<table>
<tr><td>a_{14}</td><td colspan="6">11</td></tr>
<tr><td>a_{13}</td><td colspan="6">8</td></tr>
<tr><td>a_{12}</td><td colspan="6">5</td></tr>
<tr><td>a_{11}</td><td colspan="4">2</td><td colspan="2">32</td></tr>
<tr><td>a_{10}</td><td colspan="4">13</td><td colspan="2">29</td></tr>
<tr><td>a_9</td><td colspan="4">10</td><td colspan="2">26</td></tr>
<tr><td>a_8</td><td colspan="4">7</td><td colspan="2">23</td></tr>
<tr><td>a_7</td><td colspan="4">4</td><td colspan="2">20</td></tr>
<tr><td>a_6</td><td colspan="2">1</td><td colspan="2">16</td><td colspan="2">17</td></tr>
<tr><td>a_5</td><td colspan="2">12</td><td colspan="2">13</td><td colspan="2">14</td></tr>
<tr><td>a_4</td><td colspan="2">9</td><td colspan="2">10</td><td colspan="2">11</td></tr>
<tr><td>a_3</td><td colspan="2">6</td><td colspan="2">7</td><td colspan="2">8</td></tr>
<tr><td>a_2</td><td>3</td><td>64</td><td colspan="2">4</td><td colspan="2">5</td></tr>
<tr><td>a_1</td><td>14</td><td>61</td><td>1</td><td>16</td><td>2</td><td>32</td></tr>
</table>

위 표에서 최댓값은

$$M = 11 + 8 + 5 + 32 + \cdots + 8 + 5 + 32$$
$$= 24 + \sum_{k=2}^{11} (3k-1) + 32$$
$$= 56 + \sum_{k=1}^{11} (3k-1) - 2$$
$$= 56 + \left(3 \times \frac{11 \times 12}{2} - 11 \right) - 2$$
$$= 56 + 187 - 2 = 241$$

따라서 $M + m = 241 + 105 = 346$

95　정답 ①

주어진 식

$(a_{n+1} - a_n)^2 + 2k(a_{n+1} - a_n) + k^2 - 4n^2 = 0$을 인수분해하면

$(a_{n+1} - a_n + k + 2n)(a_{n+1} - a_n + k - 2n) = 0$

$a_{n+1} = a_n - 2n - k$ 또는 $a_{n+1} = a_n + 2n - k$이다.

$a_1 = k$이므로 $a_2 = a_1 - 2 - k = -2$ 또는

$a_2 = a_1 + 2 - k = 2$이다.

$a_3 = a_2 - 4 - k$ 또는 $a_3 = a_2 + 4 - k$가 되는데,

$a_2 = -2$이면 $a_3 = -6 - k$ 또는 $a_3 = 2 - k$

$a_2 = 2$이면 $a_3 = -2 - k$ 또는 $a_3 = 6 - k$이다.

$a_1 = |a_3|$이므로

$a_3 = -6 - k$라면 $k = |-6-k|$인 자연수 k가 존재하지 않는다.

$a_3 = 2 - k$라면 $k = |2-k|$를 만족하는 자연수 $k = 1$

$a_3 = -2 - k$라면 $k = |-2-k|$인 자연수 k가 존재하지 않는다.

$a_3 = 6 - k$라면 $k = |6-k|$를 만족하는 자연수 $k = 3$

따라서

$k = 1$이라면 $a_{n+1} = a_n - 2n - 1$ 또는 $a_{n+1} = a_n + 2n - 1$

$k = 3$이라면 $a_{n+1} = a_n - 2n - 3$ 또는 $a_{n+1} = a_n + 2n - 3$이

가능하다.

$\displaystyle\sum_{n=1}^{20} (a_{n+1} - a_n)$의 최솟값이 되기 위해서는

$a_{n+1} - a_n = -2n - 3$일 때 이므로

$$\sum_{n=1}^{20} (-2n - 3) = -2 \cdot \frac{20 \cdot 21}{2} - 60 = -480$$이다.

96　정답 ④

[검토자 : 정찬도T]

(가)에서

$a_n > 0$일 때,

$$a_{n+1} = \frac{a_n{}^2 - a_n \times a_n}{2} - (a_n + a_n) + \frac{a_n + a_n}{2a_n}$$
$$= 0 - 2a_n + \frac{1}{2}$$
$$= -2a_n + 1$$

$a_n < 0$일 때,

$$a_{n+1} = \frac{a_n{}^2 - (-a_n) \times a_n}{2} - \{(-a_n) + a_n\} + \frac{(-a_n) + a_n}{2a_n}$$
$$= a_n{}^2 - 0 + 0$$
$$= a_n{}^2$$

이다.

즉, $a_{n+1} = \begin{cases} a_n^2 & (a_n < 0) \\ -2a_n + 1 & (a_n > 0) \end{cases}$ 이다.

(나)에서

$a_1 < 0$, $a_2 > 0$일 때, $\dfrac{\sqrt{a_2}}{\sqrt{a_1}} = -\sqrt{\dfrac{a_2}{a_1}}$ 이므로 $\dfrac{\sqrt{a_2}}{\sqrt{a_1}} = \sqrt{\dfrac{a_2}{a_1}}$ 을

만족시키는 경우는

$a_1 < 0$, $a_2 < 0$ …… ① 또는 $a_1 > 0$, $a_2 > 0$ …… ② 또는

$a_1 > 0$, $a_2 < 0$ 이다.

$a_1 > 0$, $a_2 < 0$일 때, $\sqrt{-a_1}\sqrt{a_2} = -\sqrt{-a_1 a_2}$ 이므로

$\sqrt{-a_1}\sqrt{a_2} = \sqrt{-a_1 a_2}$ 을 만족시키는 경우는

$a_1 < 0$, $a_2 < 0$ …… ① 또는 $a_1 > 0$, $a_2 > 0$ …… ② 또는

$a_1 < 0$, $a_2 > 0$ 이다.

따라서 (나)를 만족시키기 조건은 $a_1 < 0$, $a_2 < 0$ …… ①

또는 $a_1 > 0$, $a_2 > 0$ …… ②이다.

① $a_1 < 0$, $a_2 < 0$일 때,

$a_1 < 0$이면 $a_2 = a_1^2 > 0$이므로 모순이다.

② $a_1 > 0$, $a_2 > 0$일 때,

$a_1 > 0$이면 $a_2 = -2a_1 + 1 > 0$이다.

$\therefore\ 0 < a_1 < \dfrac{1}{2}$

$a_3 = -2a_2 + 1 = 4a_1 - 1$

$-1 < a_3 < 1\ (a_3 \ne 0)$

(i) $0 < a_3 < 1$일 때, 즉, $\dfrac{1}{4} < a_1 < \dfrac{1}{2}$

a_3	a_4	a_5
a_3	$-2a_3 + 1$	$(-2a_3+1)^2\ (a_4 < 0)\ \rightarrow\ \text{㉠}$
		$4a_3 - 1\ (a_4 > 0)\ \rightarrow\ \text{㉡}$

㉠ $a_4 = -2a_3 + 1 < 0\ \rightarrow\ a_3 > \dfrac{1}{2}\ \rightarrow\ 4a_1 - 1 > \dfrac{1}{2}$

$\therefore\ \dfrac{3}{8} < a_1 < \dfrac{1}{2}$

$a_3 + a_5 = $ 에서 $a_3 + (-2a_3+1)^2 = 0\ \rightarrow\ 4a_3^2 - 3a_3 + 1 = 0$

$D = 9 - 16 < 0$에서 실수 a_3의 값이 존재하지 않는다. (모순)

※ $a_3 > 3$이고 $a_4 < 0$이면 $a_5 > 0$이므로 $a_3 + a_5 > 0$이 된다.

㉡ $a_4 = -2a_3 + 1 > 0\ \rightarrow\ a_3 < \dfrac{1}{2}\ \rightarrow\ 4a_1 - 1 < \dfrac{1}{2}$

$\therefore\ \dfrac{1}{4} < a_1 < \dfrac{3}{8}$

$a_3 + a_5 = 0$에서 $a_3 + 4a_3 - 1 = 0\ \rightarrow\ a_3 = \dfrac{1}{5}$

$4a_1 - 1 = \dfrac{1}{5}$에서 $a_1 = \dfrac{3}{10}$

(ii) $-1 < a_3 < 0$일 때, 즉, $0 < a_1 < \dfrac{1}{4}$

a_3	a_4	a_5
a_3	a_3^2	$-2a_3^2 + 1$

$a_3 + a_5 = 0$에서 $a_3 - 2a_3^2 + 1 = 0\ \rightarrow\ 2a_3^2 - a_3 - 1 = 0$

$(2a_3 + 1)(a_3 - 1) = 0$

$a_3 = -\dfrac{1}{2}\ (\because a_3 < 0)$

$4a_1 - 1 = -\dfrac{1}{2}$

$a_1 = \dfrac{1}{8}$

(i), (ii)에서 모든 a_1의 합은 $\dfrac{3}{10} + \dfrac{1}{8} = \dfrac{12+5}{40} = \dfrac{17}{40}$

97 정답 23

(가)에서 $n = 6$일 대입하면

$a_7 = \begin{cases} 2a_6 & (a_6 < 10) \\ a_6 - 2 & (a_6 \ge 10) \end{cases}$ 에서

(i) $a_6 < 10$일 때, $a_7 = 2a_6$이다.

㉠ $a_6 < 5$일 때, $a_7 < 10$이므로 $a_8 = 2a_7 = 4a_6$이다.

(나)에서 $4a_6 = a_6 + 12$이므로 $a_6 = 4$이다.

a_6	a_5	a_4	a_3	a_2	a_1
4	2	1	$\dfrac{1}{2}$	$\dfrac{1}{4}$	$\dfrac{1}{8}$

a_7	a_8	a_9	a_{10}	a_{11}	a_{12}	a_{13}	$\cdots$
8	16	14	12	10	8	16	$\cdots$

$a_7 = a_{12} = a_{17} = a_{22} = \cdots = 8$

$a_8 = a_{13} = a_{18} = a_{23} = \cdots = 16$

$a_9 = a_{14} = a_{19} = a_{24} = \cdots = 14$

$a_{10} = a_{15} = a_{20} = a_{25} = \cdots = 12$

$a_{11} = a_{16} = a_{21} = a_{26} = \cdots = 10$

$\displaystyle\sum_{n=1}^{4} a_n a_{31-3n}$

$= a_1 a_{28} + a_2 a_{25} + a_3 a_{22} + a_4 a_{19}$

$= \dfrac{1}{8} \times 16 + \dfrac{1}{4} \times 12 + \dfrac{1}{2} \times 8 + 1 \times 14$

$= 2 + 3 + 4 + 14 = 23$

㉡ $5 \le a_6 < 10$일 때, $a_7 \ge 10$이므로

$a_8 = a_7 - 2 = 2a_6 - 2$이다.

(나)에서 $2a_6 - 2 = a_6 + 12$이므로 $a_6 = 14$ (모순)

(ii) $a_6 \geq 10$일 때, $a_7 = a_6 - 2$이다.

㉠ $10 \leq a_6 < 12$일 때, $8 \leq a_7 < 10$이므로

$a_8 = 2a_7 = 2a_6 - 4$이다.

(나)에서 $2a_6 - 4 = a_6 + 12$이므로 $a_6 = 16$ (모순)

㉡ $a_6 \geq 12$일 때, $a_7 \geq 10$이므로 $a_8 = a_7 - 2 = a_6 - 4$이다.

(나)에서 $a_6 - 4 = a_6 + 12$이므로 모순이다.

(i), (ii)에서

$$\sum_{n=1}^{4} a_n a_{31-3n} = 23$$이다.

98 정답 782

$a_1 > 1$이므로

$a_2 = |2a_1 - 1| + 3 = 2a_1 + 2$

$a_3 = -\dfrac{1}{2} a_2 = -a_1 - 1$

$a_3 < -2$이므로

$a_4 = |2a_3 - 1| + 3 = |-2a_1 - 3| + 3 = 2a_1 + 6$

$a_5 = -\dfrac{1}{2} a_4 = -a_1 - 3$

$a_5 < -4$이므로

$a_6 = |2a_5 - 1| + 3 = |-2a_1 - 7| + 3 = 2a_1 + 10$

$a_7 = -\dfrac{1}{2} a_6 = -a_1 - 5$

$$\vdots$$

따라서 2이상의 모든 자연수 m에 대하여

$$a_m = \begin{cases} 2a_1 + 2m - 2 & (m \text{이 짝수인 경우}) \\ -a_1 - m + 2 & (m \text{이 홀수인 경우}) \end{cases}$$

이다.

$a_{13} = -a_1 - 11 > -16$

$-a_1 > -5$에서 $a_1 < 5$이다.

따라서 $1 < a_1 < 5 \cdots$ ㉠

모든 자연수 n에 대하여 $a_{2n} + a_{2n+1} = a_1 + 2n - 1$이다.

$$\sum_{k=1}^{50} a_k = a_1 + \left(\sum_{k=2}^{49} a_k \right) + a_{50}$$

$$= a_1 + \sum_{n=1}^{24} \left(a_{2n} + a_{2n+1} \right) + 2a_1 + 98$$

$$= 3a_1 + 98 + \sum_{n=1}^{24} \left(a_1 + 2n - 1 \right)$$

$$= 3a_1 + 98 + 24a_1 + \frac{24(1+47)}{2}$$

$$= 27a_1 + 674$$

㉠에서 a_1의 최댓값이 4이므로

$$\sum_{k=1}^{50} a_k \leq 4 \times 27 + 674 = 108 + 674 = 782$$

99 정답 ①

(i) m이 7의 배수일 때,

a_1	a_2	a_3	a_4	a_5	a_6	$\cdots$
0	$3m$	$6m$	$9m$	$12m$	$15m$	$\cdots$

$m = 7a$ (a는 자연수)라 하면

$a_n = 21an - 21a$

$21a(n-1) = 567$

$n - 1 = \dfrac{27}{a}$

a는 27의 약수이면 된다.

a의 값은 1, 3, 9, 27이고

m의 값은 7, 21, 63, 189이다.

따라서 m의 값의 합은 $7 + 21 + 63 + 189 = 280$이다.

(i) m이 7의 배수가 아닐 때,

a_1	a_2	a_3	a_4	a_5	a_6	a_7	a_8
0	m	$2m$	$3m$	$4m$	$5m$	$6m$	$7m$

a_9	a_{10}	a_{11}	a_{12}	a_{13}	a_{14}	a_{15}	$\cdots$
$10m$	$11m$	$12m$	$13m$	$14m$	$17m$	$18m$	$\cdots$

따라서 m이 7의 배수가 아닐 때, $\{a_n\}$에는 7의 배수인 항이

$7m$, $14m$, $21m$, $28m$, $\cdots$ 등이 나타난다.

$567 = 3^4 \times 7$이므로

$7m = 7 \times m = 3^4 \times 7 \Rightarrow m = 81$

$21m = 3 \times 7 \times m = 3^4 \times 7 \Rightarrow m = 27$

$63m = 3^2 \times 7 \times m = 3^4 \times 7 \Rightarrow m = 9$

$189m = 3^3 \times 7 \times m = 3^4 \times 7 \Rightarrow m = 3$

$567m = 3^4 \times 7 \times m = 3^4 \times 7 \Rightarrow m = 1$

따라서 가능한 m의 값의 합은 $1 + 3 + 9 + 27 + 81 = 121$이다.

(i), (ii)에서

$280 + 121 = 401$

이다.

100 정답 ⑤

$a_5 = 2$이므로

$a_6 = 2 \times 2 - 4 = 0$

$a_7 = 0 + 2 = 2$

$a_8 = 2 \times 2 - 4 = 0$

$$\vdots$$

따라서
$$\sum_{k=5}^{100} a_k = 2 + 0 + 2 + 0 + \cdots + 2 + 0$$
$$= 2 \times 48 = 96$$

한편,

<table>
<thead>
<tr><th>a_1</th><th>a_2</th><th>a_3</th><th>a_4</th><th>a_5</th></tr>
</thead>
<tbody>
<tr><td>$\dfrac{31}{8}$</td><td rowspan="2">$\dfrac{15}{4}$</td><td rowspan="3">$\dfrac{7}{2}$</td><td rowspan="4">3</td><td rowspan="12">2</td></tr>
<tr><td>$\dfrac{7}{4}$ (X)</td></tr>
<tr><td></td><td>$\dfrac{3}{2}$ (X)</td></tr>
<tr><td></td><td></td><td>1 (X)</td></tr>
<tr><td>$\dfrac{7}{2}$</td><td rowspan="2">3</td><td rowspan="4">2</td><td rowspan="8">0</td></tr>
<tr><td>1 (X)</td></tr>
<tr><td>2</td><td rowspan="2">0</td></tr>
<tr><td>-2</td></tr>
<tr><td>$\dfrac{5}{2}$</td><td rowspan="2">1</td><td rowspan="4">-2</td></tr>
<tr><td>-1</td></tr>
<tr><td>0 (X)</td><td rowspan="2">-4</td></tr>
<tr><td>-6</td></tr>
</tbody>
</table>

표에서 a_1으로 가능한 값을 크기순으로 나열하면

$a_1 = -6$, $a_1 = -2$, $a_1 = -1$, $a_1 = 2$, $a_1 = \dfrac{5}{2}$, $a_1 = \dfrac{7}{2}$,

$a_1 = \dfrac{31}{8}$

이다.

α_2는 $a_1 = -1$일 때이므로

$$\alpha_2 = \sum_{k=1}^{100} a_k$$
$$= \sum_{k=1}^{4} a_k + \sum_{k=5}^{100} a_k$$
$$= (-1) + 1 + (-2) + 0 + 96$$
$$= 94$$

$m = 7$이므로

$\alpha_{m-1} = \alpha_6$이고 α_6은 $a_1 = \dfrac{7}{2}$일 때다.

$$\alpha_6 = \sum_{k=1}^{100} a_k$$
$$= \sum_{k=1}^{4} a_k + \sum_{k=5}^{100} a_k$$
$$= \left(\dfrac{7}{2}\right) + 3 + 2 + 0 + 96$$
$$= \dfrac{7}{2} + 101 = \dfrac{209}{2}$$

그러므로

$$\alpha_2 + \alpha_6 = 94 + \dfrac{209}{2} = \dfrac{397}{2}$$

101 정답 510

$\log_{a_n}(S_n + 2) - \log_{\frac{S_n+2}{2}} 2 = 1$에서 $S_n + 2 = T_n$이라 하면

$$\frac{\log_2 T_n}{\log_2 a_n} - \frac{1}{\log_2 T_n - 1} = 1$$

$$\log_2 T_n (\log_2 T_n - 1) - \log_2 a_n = \log_2 a_n (\log_2 T_n - 1)$$

$$(\log_2 T_n)^2 - \log_2 T_n - \log_2 a_n = \log_2 a_n \times \log_2 T_n - \log_2 a_n$$

$$\log_2 T_n - 1 = \log_2 a_n \ (\because T_n > 1)$$

$$\log_2 (S_n + 2) = \log_2 2a_n$$

따라서 $S_n + 2 = 2a_n$

양변에 $n = 1$을 대입하면 $S_1 = a_1$이므로

$a_1 + 2 = 2a_1$

$\therefore a_1 = 2$

$n \geq 2$일 때 $S_n - S_{n-1} = a_n$이므로

$$S_n = 2a_n - 2$$
$$S_{n-1} = 2a_{n-1} - 2$$
$$a_n = 2a_n - 2a_{n-1}$$
$$a_n = 2a_{n-1} \ (n \geq 2)$$

수열 $\{a_n\}$은 $a_1 = 2$, 공비가 2인 등비수열이다.

$$a_n = 2^n$$
$$S_n = 2^{n+1} - 2$$
$$S_8 = 2^9 - 2 = 510$$

[다른 풀이]-유승희T

$$\log_{a_n}(S_n + 2) = \log_{\frac{S_n+2}{2}} 2 + 1$$
$$= \log_{\frac{S_n+2}{2}} 2 + \log_{\frac{S_n+2}{2}} \frac{S_n+2}{2}$$
$$= \log_{\frac{S_n+2}{2}} (S_n + 2)$$

$S_n + 2 > 1$이므로 $a_n = \dfrac{S_n + 2}{2}$

$\therefore S_n = 2a_n - 2$

102 정답 ③

$p > q$인 두 실수 p와 q에 대하여

a_m	a_{m+1}	a_{m+2}	a_{m+3}
p	q	p	q

라 하자.

$a_m > a_{m+1}$이므로

$a_{m+2} = 2a_m - 3a_{m+1}$에서 $p = 2p - 3q$

$\therefore p = 3q$

a_m	a_{m+1}	a_{m+2}	a_{m+3}
$3q$	q	$3q$	q

$a_{m+1} < a_{m+2}$이므로 $a_{m+3} = a_{m+2} - 4(m+1)$에서

$q = 3q - 4(m+1)$에서 $q = 2(m+1)$

따라서 $a_{m+1} = 2(m+1)$

a_m	a_{m+1}	a_{m+2}	a_{m+3}
$6(m+1)$	$2(m+1)$	$6(m+1)$	$2(m+1)$

m이 2이상의 자연수이므로 a_{m-1}이 존재하므로

$$a_{m+1} = \begin{cases} 2a_{m-1} - 3a_m & (a_{m-1} \geq a_m) \\ a_m - 4(m-1) & (a_{m-1} < a_m) \end{cases} \text{에서}$$

(i) $a_{m-1} < a_m$일 때,

$a_{m+1} = a_m - 4(m-1)$에서

$2(m+1) \neq 6(m+1) - 4(m-1)$이므로 모순

(ii) $a_{m-1} \geq a_m$일 때,

$a_{m+1} = 2a_{m-1} - 3a_m$에서

$2a_{m-1} = 2(m+1) + 18(m+1)$

$a_{m-1} = 10(m+1)$이다.

a_{m-1}	a_m	a_{m+1}	a_{m+2}	a_{m+3}
$10(m+1)$	$6(m+1)$	$2(m+1)$	$6(m+1)$	$2(m+1)$

$m=2$일 때, $a_1 = 30$로 $70 < a_1 < 80$에 모순이다.

$m > 3$일 때, a_{m-2}가 존재하므로

$$a_m = \begin{cases} 2a_{m-2} - 3a_{m-1} & (a_{m-2} \geq a_{m-1}) \\ a_{m-1} - 4(m-2) & (a_{m-2} < a_{m-1}) \end{cases}$$

(i) $a_{m-2} < a_{m-1}$일 때,

$a_m = a_{m-1} - 4(m-2)$에서

$6(m+1) \neq 10(m+1) - 4(m-2)$이므로 모순

(ii) $a_{m-2} \geq a_{m-1}$일 때,

$a_m = 2a_{m-2} - 3a_{m-1}$에서

$2a_{m-2} = 6(m+1) + 30(m+1)$

$a_{m-2} = 18(m+1)$이다.

a_{m-2}	a_{m-1}	a_m	a_{m+1}	a_{m+2}	a_{m+3}
$18(m+1)$	$10(m+1)$	$6(m+1)$	$2(m+1)$	$6(m+1)$	$2(m+1)$

$m=3$일 때, $a_1 = 18 \times 4 = 72$

따라서 $m=3$이다.

a_1	a_2	a_3	a_4	a_5	a_6
72	40	24	8	24	8

$$\sum_{n=1}^{6} a_n = 72 + 40 + 24 + 8 + 24 + 8$$
$$= 176$$

103 정답 80

$a_1 = 1$, $a_3 = 12$이고 $a_2 = p$라 하면

$a_{n+2} = \displaystyle\sum_{k=a_n}^{a_{n+1}} (2k-5)$의 $n=1$을 대입하면

$$a_3 = \sum_{k=a_1}^{a_2} (2k-5) = \sum_{k=1}^{p} (2k-5) = \frac{p(-3+2p-5)}{2} = p(p-4)$$
$$= 12$$

$p^2 - 4p - 12 = 0$

$(p-6)(p+2) = 0$

$\therefore a_2 = 6$

$a_{n+2} = \displaystyle\sum_{k=a_n}^{a_{n+1}} (2k-5)$의 $n=2$을 대입하면

$$a_4 = \sum_{k=a_2}^{a_3} (2k-5) = \sum_{k=6}^{12} (2k-5) = \frac{7(7+19)}{2} = 91$$

$n=3$을 대입하면

$$a_5 = \sum_{k=a_3}^{a_4} (2k-5) = \sum_{k=12}^{91} (2k-5) = \frac{80(19+177)}{2} = 7840$$

$$\frac{a_5}{a_2+a_4+1} = \frac{7840}{6+91+1} = \frac{7840}{98} = 80$$

104 정답 20

수열 $\{a_n\}$을 나열하면 다음과 같다.

n	1	2	3	4	5	6
a_n	a	$a+d$	$a+2d$	$a+3d$	$a+4d$	$a+5d$
$(-1)^n a_n$	$-a$	$a+d$	$-a-2d$	$a+3d$	$-a-4d$	$a+5d$
S_n	$-a$	d	$-a-d$	$2d$	$-a-2d$	$3d$
T_n	a	$2a+d$	$3a+3d$	$4a+6d$	$5a+10d$	$\cdots$

7	8	9	10	11
$a+6d$	$a+7d$	$a+8d$	$a+9d$	$a+10d$
$-a-6d$	$a+7d$	$-a-8d$	$a+9d$	$-a-10d$
$-a-3d$	$4d$	$-a-4d$	$5d$	$-a-5d$
$\cdots$	$\cdots$	$\cdots$	$\cdots$	$\cdots$

이 때, (가)조건에 의해 $7d = -21$이므로, $d = -3$임을 알 수 있다.

한편, (나)조건에서 $T_4 < T_5$, $T_5 > T_6$이 성립하려면 $\{T_n\}$의 첫째항은 양수이며 $n = 5$일 때까지 a_n은 양의 값이 나와야 하므로,

$a_1 > a_2 > a_3 > a_4 > a_5 > 0$이 되어야 한다.

이 때, 위의 표처럼

$S_5 \times T_5 = (-a+6) \times (5a-30) = -320$이므로

$a = -2, 14$인데,

조건 (나)가 성립하려면 $a = 14$이어야 한다.

따라서 $a_n = 14 + (n-1)(-3) = -3n+17$ 이며,

수열 $\{T_n\}$의 최솟값은

$T_{10} = 5$, $S_{13} = 6d + (-a-12d) = -a-6d = -14+18 = 4$

따라서 $S_{13} \times m = 20$임을 알 수 있다.

[다른 풀이] $-$이태형T

(가)

$S_{14} = -a_1 + a_2 - a_3 + a_4 - \cdots - a_{13} + a_{14} = 7d$

$\therefore \ d = -3$

(나)

$T_4 < T_5$, $T_5 > T_6$ 이 성립하려면 등차수열 $\{a_n\}$은 $a_1 > 0$, $a_5 > 0$, $a_6 < 0$을 만족시켜야 한다.

$S_5 \times T_5 = (-a_1+6)\left\{\dfrac{5(2a_1-12)}{2}\right\} = -320$

$\therefore \ a_1 = 14$

$\therefore \ a_n = -3n+17$

$S_{13} = -a_1 + a_2 - a_3 + a_4 - \cdots - a_{13}$

$= 6d - (a_1+12d) = -a_1 - 6d = 4$

$T_n = \dfrac{n(-3n+31)}{2}$ 이므로 $n = 5$일 때 최솟값 5를 가진다.

$\therefore \ S_{13} \times m = 4 \cdot 5 = 20$

105 정답 10

등비수열 $\{a_n\}$의 공비를 r $(r \neq 1)$이라 하면

$a_n = a_1 r^{n-1}$이다.

(나)에서 변변 곱하면 $b_{2n} b_{2n+1} = b_{2n-1} b_{2n} \times \left(a_1^2 r^{4n-2}\right) \div \left(a_1^2 r^{4n}\right)$ 이고

$\dfrac{b_{2n+1}}{b_{2n-1}} = \dfrac{1}{r^2}$

따라서 수열 $\{b_{2n-1}\}$은 첫째항이 b_1이고 공비가 $\dfrac{1}{r^2}$ 인 등비수열이다.

따라서 $b_{15} = b_1 \left(\dfrac{1}{r^2}\right)^7 = \dfrac{2a_1}{r^{14}} = 10\sqrt{2}$

(다)에서 $b_{15} = a_{15} = a_1 r^{14} = 10\sqrt{2}$ 이므로

$\dfrac{2a_1}{r^{14}} = 10\sqrt{2}$, $a_1 r^{14} = 10\sqrt{2}$

$2a_1^2 = 200$

$a_1^2 = 100$

$\therefore \ a_1 = 10$

106 정답 3

(가), (나)의 양변을 변끼리 더하면

$a_{4n-2} + a_{4n-1} + a_{4n} + a_{4n+1} = 2a_n$이다.

$n = 1, 2, 3, 4, \cdots$을 대입하면

$a_2 + a_3 + a_4 + a_5 = 2a_1 \cdots \text{㉠}$

$a_6 + a_7 + a_8 + a_9 = 2a_2$

$a_{10} + a_{11} + a_{12} + a_{13} = 2a_3$

$a_{14} + a_{15} + a_{16} + a_{17} = 2a_4$

$a_{18} + a_{19} + a_{20} + a_{21} = 2a_5$

에서 $a_6 + \cdots + a_{21} = 2(a_2+a_3+a_4+a_5) = 2^2 a_1 \cdots \text{㉡}$

같은 방법으로

$a_{22} + \cdots + a_{85} = 2(a_6 + \cdots + a_{21}) = 2^3 a_1 \cdots \text{㉢}$

$a_{86} + \cdots + a_{341} = 2(a_{22} + \cdots + a_{85}) = 2^4 a_1 \cdots \text{㉣}$

따라서 ㉠~㉣에서

$\displaystyle\sum_{n=1}^{341} a_n = a_1 + (a_2 + a_3 + a_4 + a_5) + (a_6 + \cdots + a_{21})$

$\qquad + (a_{22} + \cdots + a_{85}) + (a_{86} + \cdots + a_{341})$

$= a_1(1 + 2 + 2^2 + 2^3 + 2^4)$

$= a_1 \times \dfrac{2^5 - 1}{2-1} = 31a_1 = 93$

$\therefore \ a_1 = 3$이다.

107 정답 2

(가)의 식의 n에 $n+1$을 대입하면

$a_{n+2} = 2a_{n+1} + b_{n+1}$

$\qquad = 2(2a_n + b_n) + a_n - 2b_n = 5a_n$

(나)의 식의 n에 $n+1$을 대입하면

$b_{n+2} = a_{n+1} - 2b_{n+1}$

$\qquad = 2a_n + b_n - 2(a_n - 2b_n) = 5b_n$

따라서

$a_{n+2} - b_{n+2} = 5(a_n - b_n)$이다.

$c_n = a_n - b_n$이라 하면 $c_{n+2} = 5c_n$이다.

$\displaystyle\sum_{n=1}^{10} (a_n - b_n)$

$= \displaystyle\sum_{n=1}^{10} c_n$

$$= c_1 + c_2 + \sum_{n=1}^{8} c_{n+2}$$

$$= c_1 + c_2 + 5 \sum_{n=1}^{8} c_n$$

$$= c_1 + c_2 + 5 \left(c_1 + c_2 + \sum_{n=1}^{6} c_{n+2} \right)$$

$$= 6(c_1 + c_2) + 5 \sum_{n=1}^{6} c_{n+2}$$

$$= 6(c_1 + c_2) + 5 \left(5 \sum_{n=1}^{6} c_n \right)$$

$$= 6(c_1 + c_2) + 25(c_1 + c_2) + 5 \left(5 \sum_{n=1}^{4} c_{n+2} \right)$$

$$= 31(c_1 + c_2) + 25 \sum_{n=1}^{4} c_{n+2}$$

$$= 31(c_1 + c_2) + 25 \sum_{n=1}^{4} 5 c_n$$

$$= 31(c_1 + c_2) + 125(c_1 + c_2 + c_3 + c_4)$$

$$= 156(c_1 + c_2) + 125(c_3 + c_4)$$

$$= 156(c_1 + c_2) + 125 \times 5(c_1 + c_2)$$

$$= 781(c_1 + c_2)$$

$$= 781(a_1 - b_1 + a_2 - b_2)$$

$$= 1562$$

따라서 $a_1 + a_2 - b_1 - b_2 = 2$

[다른 풀이]

$a_1 - b_1 = \alpha$, $a_2 - b_2 = \beta$라 하면

$$\sum_{n=1}^{10} (a_n - b_n)$$

$$= (a_1 - b_1) + (a_2 - b_2) + (a_3 - b_3) + \cdots + (a_{10} - b_{10})$$

$$= \alpha + \beta + 5\alpha + 5\beta + \cdots + 5^5 \alpha + 5^5 \beta$$

$$= \frac{\alpha(5^5 - 1)}{5 - 1} + \frac{\beta(5^5 - 1)}{5 - 1}$$

$$= 781(\alpha + \beta) = 1562$$

$$\therefore \ \alpha + \beta = 2$$

[팁]

(가), (나)에 $n = 9$를 대입한 뒤 변변 빼면

$$a_{10} - b_{10} = a_9 + 3b_9$$

$$= 2a_8 + b_8 + 3a_8 - 6b_8$$

$$= 5a_8 - 5b_8 = 5(a_8 - b_8)$$

마찬가지로

n에 $n + 1$을 대입한 뒤 변변 빼면

$$a_{n+2} - b_{n+2} = 2a_{n+1} + b_{n+1} - (a_{n+1} - 2b_{n+1})$$

$$= a_{n+1} + 3b_{n+1}$$

$$= 2a_n + b_n + 3a_n - 6b_n$$

$$= 5(a_n - b_n)$$

임을 추론 할 수 있다.

108 정답 385

꼭짓점의 x, y좌표가 자연수이므로 제1사분면에서만
생각해보자.

(i) $n = 3$일 때

$f(x) = \dfrac{1}{3 - x}$이므로 점근선은 $x = 3$이고 $(2, 1)$을 지난다.

따라서 $f^{-1}(x)$는 점근선이 $y = 3$이고 $(1, 2)$를 지난다.

다음 그림과 같이 한 변의 길이가 1인 정사각형의 개수가 $1^2 = 1$

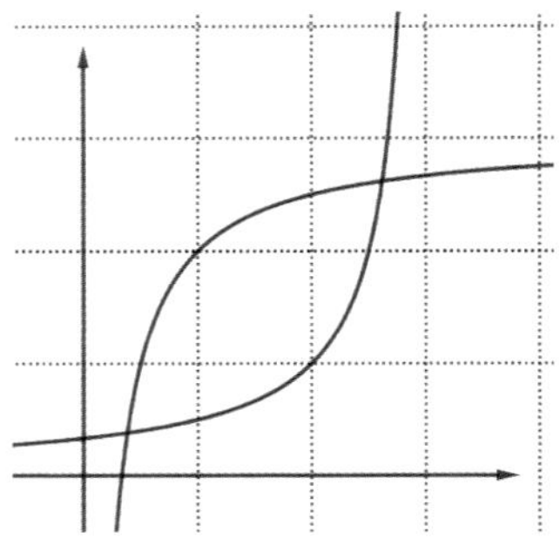

(ii) $n = 4$일 때

$f(x) = \dfrac{1}{4 - x}$이므로 점근선은 $x = 4$이고 $(3, 1)$을 지난다.

따라서 $f^{-1}(x)$는 점근선이 $y = 4$이고 $(1, 3)$을 지난다.

다음 그림과 같이 한 변의 길이가 1인 정사각형의 개수가 $2^2 = 4$

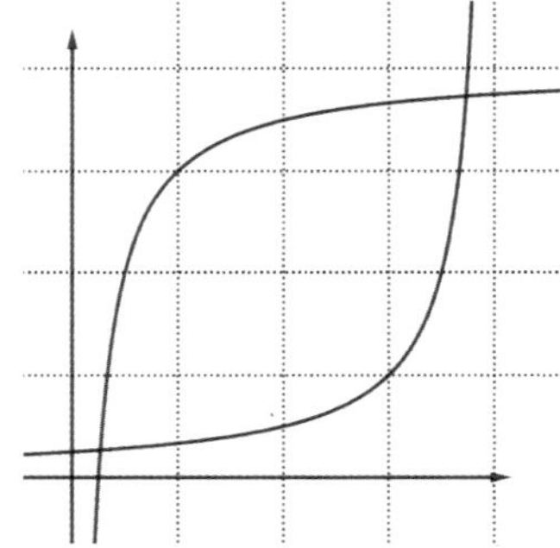

(iii) $n = 5$일 때

$f(x) = \dfrac{1}{5 - x}$이므로 점근선은 $x = 5$이고 $(4, 1)$을 지난다.

따라서 $f^{-1}(x)$는 점근선이 $y = 5$이고 $(1, 4)$를 지난다.

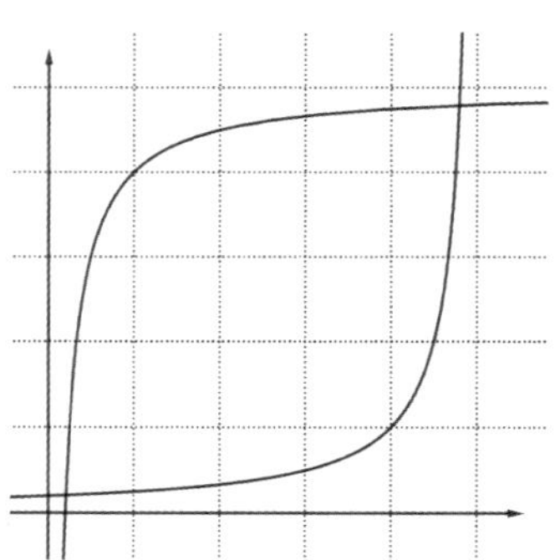

다음 그림과 같이 한 변의 길이가 1인 정사각형의 개수가

$3^2 = 9$ 따라서 $n = k$일 때

$f(x) = \dfrac{1}{k-x}$ 이므로 점근선은 $x = k$이고 $(k-1, 1)$을 지난다.

따라서 $f^{-1}(x)$는 점근선이 $y = k$이고 $(1, k-1)$을 지난다.

한 변의 길이가 1인 정사각형의 개수가 $(k-2)^2$이다.

$\therefore a_k = (k-2)^2$

$$\sum_{n=3}^{12} a_n$$

$$= \sum_{n=3}^{12} (n-2)^2 = \sum_{n=1}^{10} n^2 = \frac{10 \times 11 \times 21}{6} = 385$$

109 정답 134

등차수열 $\{b_n\}$의 항의 개수가 홀수 개 이므로 수열의 모든 항의

합은 (중간항×항의개수)임을 알 수 있다.

이때, $120 = 3 \times 5 \times 8$이므로 항의 개수가 될 수 있는 n의 값은

3, 5, 15이 가능하다. 따라서 $n_1 = 3$, $n_2 = 5$, $n_3 = 15$

따라서 $t = 3 \cdots$ⓐ

(i) $n = n_1 = 3$일 때, 중간항이 $b_2 = 40$이므로

b_1, $b_2 = b_1 + d = 40$, $b_3 = b_2 + d$ 이다.

$b_1 = 40 - d$에서 $b_1 \leq k$이므로 $40 - d \leq k$이고 $d \leq k$에서

$k \geq 20$이다.

즉, $k \geq 20$일 때만 생각하면 된다.

㉠ $k = 20$일 때,

$b_1 = 40 - d$, $b_1 \leq 20$, $d \leq 20$

$(b_1, d) = (20, 20)$일 때, $\{b_n\} : 20, 40, 60$으로 $D_{20} = 1$

㉡ $k = 21$일 때,

$b_1 = 40 - d$, $b_1 \leq 21$, $d \leq 21$

$(b_1, d) = (19, 21)$일 때, $\{b_n\} : 19, 40, 61$

$(b_1, d) = (20, 20)$일 때, $\{b_n\} : 20, 40, 60$

$(b_1, d) = (21, 19)$일 때, $\{b_n\} : 21, 40, 59$

으로 $D_{21} = 3$

㉢ $k = 22$일 때,

$b_1 = 40 - d$, $b_1 \leq 22$, $d \leq 22$

$(b_1, d) = (18, 22)$일 때, $\{b_n\} : 18, 40, 62$

$(b_1, d) = (19, 21)$일 때, $\{b_n\} : 19, 40, 61$

$(b_1, d) = (20, 20)$일 때, $\{b_n\} : 20, 40, 60$

$(b_1, d) = (21, 19)$일 때, $\{b_n\} : 21, 40, 59$

$(b_1, d) = (22, 18)$일 때, $\{b_n\} : 22, 40, 58$

으로 $D_{22} = 5$

같은 방법으로 $D_{23} = 7$, $D_{24} = 9$, $\cdots$을 알 수 있다.

D_k는 첫째항이 $D_{20} = 1$이고 공차가 2인 등차수열을 나타낸다.

즉, $D_k - D_{k-1} = 2$을 만족한다.

$\Rightarrow D_{19+n} = 2n - 1 \ (n = 1, 2, 3, \cdots, 20)$

$n = 21$이면 $k = 40$으로 $D_{40} = 41$이지만

$b_1 = 40 - d$, $b_1 \leq 40$, $d \leq 40$

$d = 40$일 때, $b_1 = 0$인 경우도 포함되므로 조건에

모순이다.

이때, $D_k - D_{k-1} = 2$을 만족하는 $k = 21$부터 이므로

가능한 모든 D_k의 합은

$$\sum_{n=2}^{20} D_{19+n} = \sum_{n=1}^{20} D_{19+n} - D_1 = \sum_{n=1}^{20} (2n-1) - 1$$

$$= \frac{20 \times (1+39)}{2} - 1 = 399 \cdots \text{ⓑ}$$

(ii) $n = n_2 = 5$일 때, 중간항이 $b_3 = 24$이므로

b_1, $b_2 = b_1 + d$, $b_3 = 24$, $b_4 = b_3 + d$, $b_5 = b_4 + d$에서

$24 = b_1 + 2d$이므로 $b_1 = 24 - 2d$을 만족하는 순서쌍을

구해보면,

$(b_1, d) = (22, 1), (20, 2), (18, 3), (16, 4), \cdots, (2, 11)$ 이다.

예를 들어

$b_1 = 22$, $d = 1$일 때, $\{b_n\} : 22, 23, 24, 25, 26$

$b_1 = 20$, $d = 2$일 때, $\{b_n\} : 20, 22, 24, 26, 28$

$\cdots \quad \cdots \quad \cdots$

$b_1 = 4$, $d = 10$일 때, $\{b_n\} : 4, 14, 24, 34, 44$

$b_1 = 2$, $d = 11$일 때, $\{b_n\} : 2, 13, 24, 35, 46$

으로 {[랑데뷰팁] 직접 모두 구해보기 바란다.}

$n = 5$일 때

$22 \leq k \leq 40$인 k에 대하여 $D_k = 11$

$D_{21} = D_{20} = 10$

$D_{19} = D_{18} = 9$

$D_{17} = D_{16} = 8$

$D_{15} = D_{14} = 7$

$D_{13} = D_{12} = 6$

$D_{11} = 5 \leftarrow (b_1, d) = (10, 7), (6, 9), (8, 8), (4, 10),$

$(2, 11)$

$D_{10} = 4 \leftarrow (b_1, d) = (10, 7), (6, 9), (8, 8), (4, 10)$

$D_9 = 2 \leftarrow (b_1, d) = (6, 9), (8, 8)$

$D_8 = 1 \leftarrow (b_1, d) = (8, 8)$

$D_k - D_{k-1} = 2$을 만족하는 $k = 10$이 유일하다.

$D_{10} = 4 \cdots \text{ⓒ}$

(iii) $n = n_3 = 15$일 때, 중간항이 $b_8 = 8$이므로

$\{b_n\} : 1, \ \ . \ \ . \ \ . \ \ . \ \ . \ \ . \ \ 8, \ \ . \ \ . \ \ . \ \ . \ \ . \ \ . \ \ 15$

따라서 $a_1 = 1$, $d = 1$로 유일하므로

$n = 15$일 때는 $10 \leq k \leq 40$의 모든 k에 대하여 $\{b_n\}$의

개수는 1이다.

$D_k - D_{k-1} = 2$을 만족하는 k는 존재하지 않는다.

따라서 ⓐ, ⓑ, ⓒ에서

$t = 3$, $s = 399 + 4 = 403$

따라서 $\dfrac{s-1}{3} = \dfrac{402}{3} = 134$

110 정답 256

(i) $a_1 = 3k$일 때,

a_1	a_2	a_3	a_4	a_5	a_6	$\cdots$
$3k$	$3k+5$	$3k+3$	$3k+8$	$3k+6$	$3k+11$	$\cdots$

수열 $\{a_n\}$은 증가하는 수열이므로 양수항이 되기 직진까지의 합이 최소이다.

따라서 (나)에서 첫째항부터 제n항까지의 합의 최솟값이 존재하기 위해서는 $a_1 < 0$이고 마지막 음수항은 홀수항이다.

따라서 홀수항은 첫째항이 $3k$이고 공차가 3인 등차수열이므로 마지막항은 -3이다. 항의 개수는 $-k$이므로

홀수항의 합은 $\dfrac{-k(3k-3)}{2} = \dfrac{-3k^2+3k}{2}$

짝수항은 첫째항이 $3k+5$이고 공차가 3인 등차수열이므로 마지막항은 -1이다. 항의 개수는 $-k-1$이므로

짝수항의 합은 $\dfrac{(-k-1)(3k+5-1)}{2} = \dfrac{-3k^2-7k-4}{2}$

따라서 $\dfrac{-6k^2-4k-4}{2} = -3k^2-2k-2 \cdots \text{㉠}$

$-3k^2 - 2k - 2 = -114$

$3k^2 + 2k - 112 = 0$

$k = \dfrac{-1 \pm \sqrt{337}}{3}$ (모순)

(ii) $a_1 = 3k-1$일 때,

a_1	a_2	a_3	a_4	a_5	a_5	$\cdots$
$3k-1$	$3k-3$	$3k+2$	$3k$	$3k+5$	$3k+3$	$\cdots$

제4항이후는 (i)의 $a_1 = 3k$인 경우와 같으므로 합은 ㉠에서

$(3k-1) + (3k-3) + (3k+2) + (-3k^2-2k-2)$

$= -3k^2 + 7k - 4 \cdots \text{㉡}$

$-3k^2 + 7k - 4 = -114$

$3k^2 - 7k - 110 = 0$

$(k+5)(3k-22) = 0$

$\therefore k = -5$

(iii) $a_1 = 3k-2$일 때,

a_1	a_2	a_3	a_4	a_5	a_6	$\cdots$
$3k-2$	$3k-4$	$3k-6$	$3k-1$	$3k-3$	$3k+2$	$\cdots$

제4항이후는 (ii)의 $a_1 = 3k-1$인 경우와 같으므로 합은 ㉡에서

$-3k^2 + 7k - 4$

$(3k-2) + (3k-4) + (3k-6) + (-3k^2+7k-4)$

$= -3k^2 + 16k - 16 = -114$

$3k^2 - 16k - 98 = 0$

$k = \dfrac{8 \pm \sqrt{358}}{3}$ (모순)

(i), (ii), (iii)에서 $k = -5$이고 $a_1 = 3k-1 = -16$일 때, 조건을 만족한다.

따라서 $(a_1)^2 = 256$

> **[랑데뷰팁]**
>
> 끝항이 -3, 그 전항이 -1이므로 역 추적해서 구해도 된다.

111 정답 ④

a_1이 자연수이고 2이상의 모든 자연수 n에 대하여 $(n-1)a_1$도 자연수이므로

$$a_{n+1} = \begin{cases} (n-1)a_1 & (a_n < 0) \\ a_n - 3 & (a_n \geq 0) \end{cases}$$

에서 수열 $\{a_n\}$의 모든 항은 -3이상인 정수이다.

$a_7 < 0$이면 $a_8 = 7a_1 > 0$이므로 $a_8 < 0$에 모순이다.

따라서 $a_7 \geq 0$이고 $a_8 = a_7 - 3 < 0$이므로

$0 \leq a_7 < 3$이다.

즉, a_7의 값은 0, 1, 2가 가능하다.

(i) $a_7 = 0$일 때,

a_7은 자연수가 아니므로 $a_6 = 3$

a_6은 4의 배수가 아니므로 $a_5 = 6$

a_5는 3의 배수이므로

① $a_5 = 3a_1$일 때,

$a_1 = 2$, $a_2 = -1$, $a_3 = 2$, $a_4 = -1$, $a_5 = 3 \times a_1 = 6$

로 만족한다.

$\therefore a_1 = 2$

② $a_5 = a_4 - 3$일 때, $a_4 = 9$

a_4가 2의 배수가 아니므로 $a_3 = 12$

$a_3 = 12$, $a_2 = 15$, $a_1 = 18$

$\therefore a_1 = 18$

(ii) $a_7 = 1$일 때,

a_7은 5의 배수가 아니므로 $a_6 = 4$

① a_6은 4의 배수이므로

㉠ $a_6 = 4a_1$일 때로 보면 $a_1 = 1$이고

$a_2 = -2$, $a_3 = 1 \times a_1 = 1$, $a_4 = -2$, $a_5 = 3 \times a_1 = 3$,

$a_6 = 0 \neq 4$으로 모순

㉡ $a_6 = a_5 - 3$으로 볼 때, $a_5 = 7$

a_5는 3의 배수가 아니므로 $a_4 = 10$

② a_4는 2의 배수이므로

㉠ $a_4 = 2 \times a_1$에서 $a_1 = 5$

$a_2 = 2$, $a_3 = -1$, $a_4 = 2 \times a_1 = 10$

$\therefore \ a_1 = 5$

㉡ $a_4 = a_3 - 3$으로 볼 때, $a_3 = 13$

$a_2 = 16$, $a_1 = 19$

$\therefore \ a_1 = 19$

(iii) $a_7 = 2$일 때,

a_7은 5의 배수가 아니므로 $a_6 = 5$

a_6은 4의 배수가 아니므로 $a_5 = 8$

a_5는 3의 배수가 아니므로 $a_4 = 11$

a_4는 2의 배수가 아니므로 $a_3 = 14$

$a_2 = 17$, $a_1 = 20$

$\therefore \ a_1 = 20$

(i), (ii), (iii)에서 가능한 a_1의 값의 합은

$2 + 18 + 5 + 19 + 20 = 64$

112 정답 ⑤

$S_n = \dfrac{n\{2a_1 + (n-1)d\}}{2} = \dfrac{d}{2}n^2 + \dfrac{2a_1 - d}{2}n$으로 등차수열의

합 S_n은 상수항이 0인 n에 관한 2차식으로 나타난다.

S_n이 최댓값을 가지려면 $d < 0$이다.

또한 S_n을 이차함수로 생각할 때, 조건 (가)을 만족하기

위해서는

$S_n = \dfrac{d}{2}\left(n - \dfrac{41}{2}\right)^2 + q$

$\rightarrow (1, 40), \ (2, 39), \ \cdots, \ (20, 21), \ \cdots, \ (39, 2), \ (40, 1)$

또는 $S_n = \dfrac{d}{2}(n - 21)^2 + q$ 꼴이다.

$\rightarrow (1, 41), \ (2, 40), \ \cdots, \ (20, 22), \ \cdots, \ (40, 2), \ (41, 1)$

따라서

$S_n = \dfrac{d}{2}n^2 + \dfrac{2a_1 - d}{2}n$

$\qquad = \dfrac{d}{2}\left(n^2 + \dfrac{2a_1 - d}{d}n\right)$

$\qquad = \dfrac{d}{2}\left(n + \dfrac{2a_1 - d}{2d}\right)^2 + q$

따라서 $\dfrac{2a_1 - d}{2d} = -\dfrac{41}{2}$, $\dfrac{2a_1 - d}{2d} = -21$을 만족한다.

(i) $\dfrac{2a_1 - d}{2d} = -\dfrac{41}{2}$일 때,

$4a_1 - 2d = -82d \rightarrow 4a_1 = -80d \rightarrow a_1 = -20d$

$d \neq -1$이므로 (나)조건에 모순이다.

(ii) $\dfrac{2a_1 - d}{2d} = -21$일 때,

$2a_1 - d = -42d \rightarrow 2a_1 = -41d$

따라서 $a_1 = 41$, $d = -2$일 때 (나)조건을 만족한다.

따라서

$S_n = \dfrac{n\{82 + (n-1) \times (-2)\}}{2}$

$\qquad = n(-n + 42)$

$\qquad = -n^2 + 42n$

$\qquad = -(n - 21)^2 + 441$

$S_n \leq 441$으로 S_n의 최댓값은 441이다.

113 정답 11

[출제자 : 정일권T]

$a_5 = 16$일 때,

$|a_4| \leq 4$ 이면

$2^{|a_4|} = 16 \ \Rightarrow \ 2^{|a_4|} = 2^4 \ \Rightarrow \ a_4 = 4$ 또는 $a_4 = -4$

$|a_4| > 4$ 이면

$-4 + |a_4| = 16 \ \Rightarrow \ |a_4| = 20 \ \Rightarrow \ a_4 = 20$ 또는 $a_4 = -20$

그러므로 $a_4 = 4$ 또는 $a_4 = -4$ 또는 $a_4 = 20$ 또는 $a_4 = -20$

(i) $a_4 = 4$일 때,

$|a_3| \leq 4$ 이면

$2^{|a_3|} = 4 \ \Rightarrow \ 2^{|a_3|} = 2^2 \ \Rightarrow \ a_3 = 2$ 또는 $a_3 = -2$

$|a_3| > 4$ 이면

$-4 + |a_3| = 4 \ \Rightarrow \ |a_3| = 8 \ \Rightarrow \ a_3 = 8$ 또는 $a_3 = -8$

(ii) $a_4 = -4$일 때,

만족하는 a_3의 값이 존재하지 않는다.

(iii) $a_4 = 20$일 때,

$|a_3| \leq 4$ 이면

$2^{|a_3|} = 20 \ \Rightarrow \ $ 만족하는 정수가 존재하지 않는다.

$|a_3| > 4$ 이면

$-4 + |a_3| = 20 \ \Rightarrow \ |a_3| = 24 \ \Rightarrow \ a_3 = 24$ 또는 $a_3 = -24$

(ii) $a_4 = -20$일 때,

만족하는 a_3의 값이 존재하지 않는다.

따라서 $a_3 = 2$ 또는 $a_3 = -2$ 또는 $a_3 = 8$ 또는 $a_3 = -8$ 또는

$a_3 = 24$ 또는 $a_3 = -24$

같은 방법으로 만족하는 수열의 항을 나열하면 다음과 같다.

a_5	a_4	a_3	a_2	a_1
16	4	2	1	0
			1	5
			1	-5
			-1	$\times$
			6	10
			6	-10
			-6	$\times$
		-2	$\times$	
		8	3	7
			3	-7
			-3	$\times$
			12	16
			12	-16
			-12	$\times$
		-8	$\times$	
	-4	$\times$		
	20	24	28	32
			28	-32
			-28	$\times$
		-24	$\times$	
	-20	$\times$		

따라서 a_1의 서로 다른 값의 개수는 11이다.

114 정답 22

[출제자 : 서태욱T]

조건 (나)에서 a_k가 홀수인지 짝수인지의 여부가 중요하므로
공차 d가 홀수인 경우와 짝수인 경우로 나누어 생각해보자.

(i) $d = 2n - 1$ (n은 자연수)인 경우

	a_m	a_{m+1}	a_{m+2}	a_{m+3}
①	홀수	짝수	홀수	짝수
②	짝수	홀수	짝수	홀수

①의 경우 :
$$\sum_{k=m}^{m+3} \left\{ (-1)^{a_k} \times a_k \right\} = -a_m + a_{m+1} - a_{m+2} + a_{m+3} = 0$$
$\Rightarrow a_m + a_{m+2} = a_{m+1} + a_{m+3}$
$\Rightarrow a_{m+1} = a_{m+2}$ ($\because$ 등차중항 성질)
$\Rightarrow d = 0$
그런데 이는 d가 홀수라는 가정에 모순이다.
②의 경우 :
①과 같은 이유로 모순이 발생한다.

(ii) $d = 2n$ (n은 자연수)인 경우

	a_m	a_{m+1}	a_{m+2}	a_{m+3}
①	홀수	홀수	홀수	홀수
②	짝수	짝수	짝수	짝수

①의 경우 :
$$\sum_{k=m}^{m+3} \left\{ (-1)^{a_k} \times a_k \right\} = -a_m - a_{m+1} - a_{m+2} - a_{m+3} = 0$$
$\Rightarrow a_m + a_{m+1} + a_{m+2} + a_{m+3} = 0$
②의 경우 : $a_1 = -45$이므로 가능하지 않다.
즉, $a_m + a_{m+1} + a_{m+2} + a_{m+3} = 0$이고
$a_m + a_{m+3} = a_{m+1} + a_{m+2}$이므로
$a_{m+1} + a_{m+2} = 0$이다.   ⋯⋯ ㉠
$\Rightarrow a_1 + md + a_1 + (m+1)d = 0$
$\Rightarrow 2a_1 + (2m+1)d = 0$
$\Rightarrow (2m+1)d = 90$
따라서 (i), (ii)에 의해 공차는 짝수이고 $(2m+1)d = 90$이다.
$\Rightarrow (2m+1)d = 2 \times 3^2 \times 5$
$2m+1$이 홀수, d가 짝수이므로
순서쌍 $(2m+1,\ d)$는
$(3,\ 30),\ (5,\ 18),\ (9,\ 10),\ (15,\ 6),\ (45,\ 2)$이다.
따라서 순서쌍 $(m,\ d)$는
$(1,\ 30),\ (2,\ 18),\ (4,\ 10),\ (7,\ 12),\ (22,\ 4)$
이때 $a_1 = -45$이고 ㉠에 의하여 수열 $\{a_n\}$은 $m+1$째 항까지
음수이고 $m+2$째 항부터는 양수이다.
따라서 $\displaystyle \sum_{k=1}^{m} \frac{a_k}{|a_k|} = \sum_{k=1}^{m} \frac{a_k}{-a_k} = -m$이다.
이 값은 $m = 22$일 때 최솟값 -22를 갖는다.
$\alpha = -22$이므로
$|\alpha| = 22$

115 정답 24

$a_m < 0,\ a_{m-1} \geq 0,\ a_{m-2} > 0$이므로
$a_m = a_{m-1} - d,\ a_{m-1} = a_{m-2} - d$이다.
(가)에서
$a_{m-2} + a_{m-1} + a_m$
$= (a_{m-1} + d) + a_{m-1} + (a_{m-1} - d) = 3a_{m-1} = 0$
따라서 $a_{m-1} = 0$
따라서 $a_m = -d$
(나)에서 좌변은 $a_1 - d$이고
$a_{m+1} = 2a_m + 3d = -2d + 3d = d > 0$
$a_{m+2} = a_{m+1} - d = d - d = 0$
이므로 우변은 $6(d+0) = 6d$
따라서 $a_1 - d = 6d$
$\therefore\ a_1 = 7d$
(다)에서 $\displaystyle \sum_{k=1}^{m} a_k = \sum_{k=1}^{m-1} a_k + a_m$이므로
$\{a_n\}$은 a_1부터 a_{m-1}까지는 공차가 $-d$인 등차수열이다.
$$\sum_{k=1}^{m-1} a_k = \frac{(m-1)(a_1 + a_{m-1})}{2} = \frac{(m-1)a_1}{2} = \frac{7d(m-1)}{2},$$
$a_m = -d$

$$\sum_{k=1}^{m} a_k = \frac{7d(m-1)}{2} - d = 81$$

$$7d(m-1) - 2d = 162$$

$$\therefore d(7m-9) = 162$$

$$(m-1)(a_1+1) = 90$$

$$\Rightarrow (m-1)(9d-18) = 90$$

$$\Rightarrow (m-1)(d-2) = 10$$

d가 자연수 이므로

d	$7m-9$	
2	81	$m = \dfrac{90}{7}$ (모순)
3	54	$m = 9$
6	27	$m = \dfrac{36}{7}$ (모순)
9	18	$\dfrac{27}{7}$ (모순)

따라서 $d=3$, $m=9$

$a_1 + a_{m-2} = 7d + d = 8d = 24$

116 정답 ④

(나)에서

$n=2$을 대입하면 $a_6 = a_7 = \begin{cases} -2a_2 - 1 = 2 \ (a_2 \le 0) \\ a_2 - 2 = 2 \quad\ (a_2 > 0) \end{cases}$

에서 $a_2 = -\dfrac{3}{2}$ 또는 $a_2 = 4$이다.

모든 항이 정수이므로 $a_2 = 4$이다.

(나)에서

$n=1$을 대입하면 $a_2 = a_3 = \begin{cases} -2a_1 - 1 = 4 \ (a_2 \le 0) \\ a_1 - 2 = 4 \quad\ (a_2 > 0) \end{cases}$

에서 $a_1 = -\dfrac{5}{2}$ 또는 $a_1 = 6$이다.

모든 항이 정수이므로 $a_1 = 6$

따라서

$a_1 = 6$

$n=1$을 (나), (다)에 대입하면

$a_2 = a_3 = 4$, $a_4 = a_5 = 2$

$$\Rightarrow \sum_{n=1}^{5} a_n = 18$$

$n=2$, $n=3$을 (나), (다)에 대입하면

$a_6 = a_7 = a_{10} = a_{11} = 2$, $a_8 = a_9 = a_{12} = a_{13} = 0$

$$\Rightarrow \sum_{n=1}^{13} a_n = 18 + 8 + 0 = 26$$

$n=4$, $n=5$을 (나), (다)에 대입하면

$a_{14} = a_{15} = a_{18} = a_{19} = 0$, $a_{16} = a_{17} = a_{20} = a_{21} = -2$

$$\Rightarrow \sum_{n=1}^{21} a_n = 26 + 0 - 8 = 18$$

$n=6$, $n=7$을 (나), (다)에 대입하면

$a_{22} = a_{23} = a_{26} = a_{27} = 0$, $a_{24} = a_{25} = a_{28} = a_{29} = -2$

$$\Rightarrow \sum_{n=1}^{29} a_n = 18 + 0 - 8 = 10$$

$n=8$, $n=9$을 (나), (다)에 대입하면

$a_{30} = a_{31} = a_{34} = a_{35} = -1$, $a_{32} = a_{33} = a_{36} = a_{37} = -2$

$$\sum_{n=1}^{29} a_n + a_{30} + a_{31} + a_{32} + a_{33} + a_{34} + a_{35} + a_{36}$$

$$= 10 + (-1) + \cdots + (-1) + (-2) = 0$$

따라서 $\displaystyle\sum_{n=1}^{36} a_n = 0$

그러므로 m의 최솟값은 36이다.

117 정답 (1) 30 (2) 9

(1)

(i)

$a_{3n+1} = a_n + 1$에서 $a_1 = 1$이므로

$a_{3n} = a_n$에서 $n = 3^m$일 때, $a_n = 1$이므로

$n = 3^m + 1$일 때, $a_n = 2$이다.

그러므로

k가 $3+1$, 3^2+1, 3^3+1, 3^4+1 일 때, $a_k = 2$이다.

즉, $a_4 = a_{10} = a_{28} = a_{82} = 2 \ \cdots ㉠$

따라서 4개

(ii)

$a_{3n+1} = a_n + 1$에서 $a_2 = 1$이므로

$a_{3n} = a_n$에서 $n = 2 \times 3^m$일 때, $a_n = 1$이므로

$n = 2 \times 3^m + 1$일 때, $a_n = 2$이다.

그러므로

k가 $2 \times 3 + 1$, $2 \times 3^2 + 1$, $2 \times 3^3 + 1$ 일 때, $a_k = 2$이다.

즉, $a_7 = a_{19} = a_{55} = 2 \ \cdots ㉡$

따라서 3개

(iii)

$a_{3n+2} = 2a_n$에서 $a_1 = 1$이므로

$a_{3n} = a_n$에서 $n = 3^m$일 때, $a_n = 1$이므로

$n = 3^m + 2$일 때, $a_n = 2$이다.

그러므로

k가 $3+2$, 3^2+2, 3^3+2, 3^4+2 일 때, $a_k = 2$이다.

즉, $a_5 = a_{11} = a_{29} = a_{83} = 2 \ \cdots ㉢$

따라서 4개

(iv)

$a_{3n+2} = 2a_n$에서 $a_2 = 1$이므로

$a_{3n} = a_n$에서 $n = 2 \times 3^m$일 때, $a_n = 1$이므로

$n = 2 \times 3^m + 2$일 때, $a_n = 2$이다.

그러므로

k가 $2 \times 3 + 2$, $2 \times 3^2 + 2$, $2 \times 3^3 + 2$ 일 때, $a_k = 2$이다.

즉, $a_8 = a_{20} = a_{56} = 2$ ⋯⋯ ㉣ ⇨3개

(v)

$a_{3n} = a_n$이므로

㉠에서

$a_4 = 2$이므로 $a_{12} = 2$, $a_{36} = 2$ ⇨2개

$a_{10} = 2$이므로 $a_{30} = 2$, $a_{90} = 2$ ⇨2개

$a_{28} = 2$이므로 $a_{84} = 2$ ⇨1개

따라서 5개

㉡에서

$a_7 = 2$이므로 $a_{21} = 2$, $a_{63} = 2$ ⇨2개

$a_{19} = 2$이므로 $a_{57} = 2$ ⇨1개

따라서 3개

㉢에서

$a_5 = 2$이므로 $a_{15} = 2$, $a_{45} = 2$ ⇨2개

$a_{11} = 2$이므로 $a_{33} = 2$, $a_{99} = 2$ ⇨2개

$a_{29} = 2$이므로 $a_{87} = 2$ ⇨1개

따라서 5개

㉣에서

$a_8 = 2$이므로 $a_{24} = 2$, $a_{72} = 2$ ⇨2개

$a_{20} = 2$이므로 $a_{60} = 2$ ⇨1개

따라서 3개

그러므로 16개

(i)~(v)에서

$4 + 3 + 4 + 3 + 16 = 30$

[다른 풀이]–오세준T

$$\begin{cases} a_{3n} = a_n & \cdots\cdots ㉠ \\ a_{3n+1} = a_n + 1 & \cdots\cdots ㉡ \\ a_{3n+2} = 2a_n & \cdots\cdots ㉢ \end{cases}$$

라고 하면

(i) $a_1 = 1$이므로 ㉠에 의해

$a_1 = a_3 = a_9 = a_{27} = a_{81} = 1$

㉡, ㉢에서 $a_n = 1$이면 $a_{3n+1} = 2$, $a_{3n+2} = 2$이므로

$a_1 = 1$에서 $a_4 = a_5 = 2$이고 ㉠에 의해 $a_4 = a_{12} = a_{36} = 2$,

$a_5 = a_{15} = a_{45} = 2$이므로 6개

$a_3 = 1$에서 $a_{10} = a_{11} = 2$이고 ㉠에 의해 $a_{10} = a_{30} = a_{90} = 2$,

$a_{11} = a_{33} = a_{99} = 2$이므로 6개

$a_9 = 1$에서 $a_{28} = a_{29} = 2$이고 ㉠에 의해 $a_{28} = a_{84} = 2$,

$a_{29} = a_{87} = 2$이므로 4개

$a_{27} = 1$에서 $a_{82} = a_{83} = 2$이므로 2개

따라서 $6 + 6 + 4 + 2 = 18$

(ii) $a_2 = 1$이므로 ㉠에 의해

$a_2 = a_6 = a_{18} = a_{54} = 1$

㉡, ㉢에서 $a_n = 1$이면 $a_{3n+1} = 2$, $a_{3n+2} = 2$이므로

$a_2 = 1$에서 $a_7 = a_8 = 2$이고 ㉠에 의해 $a_7 = a_{21} = a_{63} = 2$,

$a_8 = a_{24} = a_{72} = 2$이므로 6개

$a_6 = 1$에서 $a_{19} = a_{20} = 2$이고 ㉠에 의해 $a_{19} = a_{57} = 2$,

$a_{20} = a_{60} = 2$이므로 4개

$a_{18} = 1$에서 $a_{55} = a_{56} = 2$이므로 2개

따라서 $6 + 4 + 2 = 12$

(i), (ii)에서 $18 + 12 = 30$

(2)

$a_1 = 1$, $a_2 = 2$ 에서 $3 \leq n \leq 8$일 때, $0 \leq a_n \leq 3$

$9 \leq n \leq 26$일 때, $-1 \leq a_n \leq 5$

$27 \leq n \leq 80$일 때, $-3 \leq a_n \leq 9$

따라서 80이하의 자연수 n에 대하여 a_n의 최댓값은 9이다.

실제로 $a_{62} = 9$이다.

$a_6 = a_2 + 1 = 3$

$a_{20} = 2a_6 - 1 = 5$

$a_{62} = 2a_{20} - 1 = 9$

제62항이 최댓값이 된다.

118 정답 21

(나)에서 $a_4 \neq a_5$이고 $a_4 = a_6$이다.

(가)에서 $n \geq 2$에서 $a_n \leq 2$이다.

$a_5 = 2 - |a_4 + 1|$

$a_6 = 2 - |a_5 + 1| = 2 - |3 - |a_4 + 1||$

$|3 - |a_4 + 1|| = 2 - a_6$이다.

$a_4 = a_6 = x$라 하면

$|3 - |x + 1|| = 2 - x \cdots ㉠$

(i) $x < -4$이면

㉠의 $|4 + x| = 2 - x$에서

$-4 - x = 2 - x$이므로 모순

(ii) $-4 \leq x < -1$이면

㉠의 $|4 + x| = 2 - x$에서

$4 + x = 2 - x$에서 $x = -1$이므로 모순

(iii) $-1 \leq x \leq 2$이면

㉠의 $|2 - x| = 2 - x$에서

$2 - x = 2 - x$이므로 $x = -1$, 0, 1, 2

가 가능하다.

(1) $a_4 = -1$, $a_6 = -1$이면

$a_6 = 2 - |a_5 + 1| = -1$에서 $a_5 = 2$ 또는 $a_5 = -4$

$a_5 = 2$이면 $a_5 = 2 - |a_4 + 1| = 2$에서 $a_4 = -1$로 가능

$a_5 = -4$이면 $a_5 = 2 - |a_4 + 1| = -4$에서

모순$(a_4 = -1)$

$a_4 = 2 - |a_3 + 1| = -1$에서 $a_3 = 2$ 또는 $a_3 = -4$

$a_3 = 2$이면 $a_3 = a_5 = 2$로 모순

$a_3 = -4$이면 $a_3 = 2 - |a_2 + 1| = -4$에서

$a_2 = -7$ $(a_n \le 2)$

$a_2 = -7$이면 $a_2 = 2 - |a_1 + 1| = -7$에서

$a_1 = 8$ $(a_1 > 0)$

$a_1 = 8$, $a_2 = -7$, $a_3 = -4$, $a_4 = -1$, $a_5 = 2$, $a_6 = -1$로

조건을 만족한다.

(2) $a_4 = 0$, $a_6 = 0$이면

$a_6 = 2 - |a_5 + 1| = 0$에서 $a_5 = 1$ 또는 $a_5 = -3$

$a_5 = 1$이면 $a_5 = 2 - |a_4 + 1| = 1$에서 $a_4 = 0$로 가능

$a_5 = -3$이면 $a_5 = 2 - |a_4 + 1| = -3$에서

모순$(a_4 = -1)$

$a_4 = 2 - |a_3 + 1| = 0$에서 $a_3 = 1$ 또는 $a_3 = -3$

$a_3 = 1$이면 $a_3 = a_5 = 1$로 모순

$a_3 = -3$이면 $a_3 = 2 - |a_2 + 1| = -3$에서

$a_2 = -6$ $(a_n \le 2)$

$a_2 = -6$이면 $a_2 = 2 - |a_1 + 1| = -6$에서

$a_1 = 7$ $(a_1 > 0)$

$a_1 = 7$, $a_2 = -6$, $a_3 = -3$, $a_4 = 0$, $a_5 = 1$, $a_6 = 0$로 조건을

만족한다.

(3) $a_4 = 1$, $a_6 = 1$이면

$a_6 = 2 - |a_5 + 1| = 1$에서 $a_5 = 0$ 또는 $a_5 = -2$

$a_5 = 0$이면 $a_5 = 2 - |a_4 + 1| = 0$에서 $a_4 = 1$로 가능

$a_5 = -2$이면 $a_5 = 2 - |a_4 + 1| = -2$에서

모순 $(a_4 = 1)$

$a_4 = 2 - |a_3 + 1| = 1$에서 $a_3 = 0$ 또는 -2

$a_3 = 0$이면 $a_3 = a_5 = 0$로 모순

$a_3 = -2$이면 $a_3 = 2 - |a_2 + 1| = -2$에서

$a_2 = -5$ $(a_n \le 2)$

$a_2 = -5$이면 $a_2 = 2 - |a_1 + 1| = -5$에서

$a_1 = 6$ $(a_1 > 0)$

$a_1 = 6$, $a_2 = -5$, $a_3 = -2$, $a_4 = 1$, $a_5 = 0$, $a_6 = 1$로 조건을

만족한다.

(4) $a_4 = 2$, $a_6 = 2$이면

$a_6 = 2 - |a_5 + 1| = 2$에서 $a_5 = -1$

$a_5 = -1$이면 $a_5 = 2 - |a_4 + 1| = -1$에서 $a_4 = 2$로 가능

$a_4 = 2 - |a_3 + 1| = 2$에서 $a_3 = -1$

$a_3 = -1$이면 $a_3 = a_5 = -1$로 모순

(1)~(4)에서 a_1의 값으로 가능한 수는 6, 7, 8이다.

따라서 $6 + 7 + 8 = 21$

119 정답 9

(가)에서 $n = 2$을 대입하면 $S_3 = a_1$이므로

$a_1 + a_2 + a_3 = a_1$

따라서 $a_3 = -a_2$

$a_2 = x$라 두면 $a_3 = -x$이다.

(나)에서 $a_1 a_2 = a_1 x$, $a_2 a_3 = -x^2$에서 $\dfrac{a_2 a_3}{a_1 a_2} = -\dfrac{x}{a_1}$으로 수열

$\{a_n a_{n+1}\}$은 공비가 $-\dfrac{x}{a_1}$인 등비수열이다. 즉, $r = -\dfrac{x}{a_1}$이다.

$\cdots \text{㉠}$

$b_n = a_n a_{n+1}$이라 할 때,

$b_1 = a_1 x$,

$b_n = a_1 x \times \left(-\dfrac{x}{a_1}\right)^{n-1} = (-1)^{n-1}\left(\dfrac{x^n}{a_1^{n-2}}\right)$

$a_{n+1} = \dfrac{b_n}{a_n}$이므로

$a_{n+1} = (-1)^{n-1}\left(\dfrac{x^n}{a_1^{n-2}}\right) \times \dfrac{1}{a_n}$

$a_3 = -x$이므로 $a_4 = \left(\dfrac{x^3}{a_1}\right) \times \dfrac{1}{-x} = -\dfrac{x^2}{a_1}$

$a_4 = -\dfrac{x^2}{a_1}$이므로 $S_5 = a_1$에서 $a_5 = \dfrac{x^2}{a_1}$

$a_5 = \dfrac{x^2}{a_1}$이므로 $a_6 = \left(\dfrac{x^5}{a_1^3}\right) \times \left(\dfrac{a_1}{x^2}\right) = \dfrac{x^3}{a_1^2}$

$a_6 = -\dfrac{x^3}{a_1^2}$이므로 $S_7 = a_1$에서 $a_7 = -\dfrac{x^3}{a_1^2}$

$a_7 = -\dfrac{x^3}{a_1^2}$이므로 $a_8 = (-1)^6\left(\dfrac{x^7}{a_1^5}\right) \times \left(-\dfrac{a_1^2}{x^3}\right) = -\dfrac{x^4}{a_1^3}$

$$S_8 = S_7 + a_8 = a_1 + a_8 = -80a_1$$

에서 $a_8 = -81a_1$

$$a_8 = -\frac{x^4}{a_1^3} = -81a_1$$

$$x^4 = (3a_1)^4$$

$x = \pm 3a_1$ 이다.

㉠에서 $r = -\dfrac{x}{a_1} = \pm 3$

따라서 $r^2 = 9$ 이다.

[다른 풀이]

$a_1 = 1$로 두고 풀어도 일반성을 잃지 않는다.

$a_1 = 1$, $a_2 = x$, $a_3 = -x$ 라 두면

$a_1 a_2 = x$, $a_2 a_3 = -x^2$ 이므로 $r = -x$ 이다.

따라서 $a_3 a_4 = x^3$ 이므로 $a_4 = -x^2$

$\cdots$

그러므로 $a_8 = -x^4$ 이다.

$S_8 = 1 + a_8 = 1 - x^4 = -80$ 에서

$$x^4 = 81$$

$\therefore \ x = \pm 3$ 이다.

따라서 $r = \pm 3$ 이므로 $r^2 = 9$ 이다.

120 정답 512

주어진 부등식에서 자연수 k 의 범위는

$$\frac{1}{m+2} < \frac{a_m}{k} \le \frac{1}{m}$$

$$m \le \frac{k}{a_m} < m+2$$

$ma_m \le k < (m+2)a_m$ 이므로 k 의 개수 a_{m+1} 은

$$a_{m+1} = (m+2)a_m - ma_m = 2a_m$$

$a_1 = 1$ 이고 $a_{m+1} = 2a_m$ 이므로 $a_m = 2^{m-1}$ 이다.

$a_{10} = 2^9 = 512$ 이다.

121 정답 27

조건 (가), (나)에서

$$a_1 + a_2 + a_3 + a_4 = 22,$$

$$a_{n-3} + a_{n-2} + a_{n-1} + a_n = 12n - 26$$

$\therefore \ a_1 + a_2 + a_3 + a_4 + a_{n-3} + a_{n-2} + a_{n-1} + a_n = 12n - 4$

이때, 수열 $\{a_n\}$ 이 등차수열이므로

$$a_1 + a_n = a_2 + a_{n-1} = a_3 + a_{n-2} = a_4 + a_{n-3}$$ 에서

$$4(a_1 + a_n) = 12n - 4$$

$\therefore \ a_1 + a_n = 3n - 1$

따라서 $\{a_n\}$ 의 첫째항을 a_1 공차를 d 라 하면

$a_1 + a_1 + (n-1)d = 3n - 1$ 이 성립한다.

$dn + 2a_1 - d = 3n - 1$ 에서 $d = 3$, $a_1 = 1$

(다)에서 $S_{20} = S_n - S_{20} + 100$

$\therefore 2S_{20} = S_n + 100$

$$2 \times \frac{20(2 + 19 \cdot 3)}{2} = \frac{n\{2 + (n-1)3\}}{2} + 100$$

$$40 \times 59 = n(3n - 1) + 200$$

$$3n^2 - n - 2160 = 0$$

$$(n - 27)(3n + 80) = 0$$

$$\therefore n = 27$$

122 정답 9

n개의 실수 $a_1, a_2, a_3, \cdots, a_n$은 $-2, -1, 1$ 중 하나의
값을 가지므로 -2의 개수를 x, -1의 개수를 y, 1의 개수를
z라 두면

$$\sum_{k=1}^{n} |a_k| = 13 \ \rightarrow \ 2x + y + z = 13$$

$$\sum_{k=1}^{n} a_k^2 = 19 \ \rightarrow \ 4x + y + z = 19$$

이므로 $2x = 6$에서 $x = 3$이다.

또한 $y + z = 7$이고 음수를 뽑을 확률이 $\dfrac{1}{2}$에서

$$\frac{x+y}{x+y+z} = \frac{1}{2} \ \rightarrow \ \frac{3+y}{10} = \frac{1}{2}$$ 이므로 $y = 2$이다.

$$\therefore \ z = 5$$

$$\sum_{k=1}^{n} a_k = (-2) \times 3 + (-1) \times 2 + (1) \times 5 = -3$$

$b = -3$이므로 $b^2 = 9$

123 정답 110

n이 홀수이므로 $n = 2m + 1$ (m은 음이 아닌 정수)로 놓으면
b의 값은 $0, 1, 2, \cdots, m$ 중 하나이다.

$b = k$일 때, $0 \le a \le 2k \le c \le 2m + 1$을 만족시키는
정수 a, c의 순서쌍 (a, c)의 개수를 N_k라 하자.

a의 값은 0부터 $2k$까지 $(2k+1)$개이고, c의 값은 $2k$부터
$2m+1$까지 $(2m+2-2k)$개이므로

$$N_k = (2k+1)(2m+2-2k)$$
$$= 2(2k+1)(m+1-k)$$
$$= 2\{-2k^2 + (2m+1)k + m + 1\}$$

이므로 구하는 순서쌍의 개수 a_n은

$$a_n = \sum_{k=0}^{m} N_k$$

$$= 2\sum_{k=0}^{m} \{-2k^2 + (2m+1)k + m + 1\}$$

$$= -4\sum_{k=0}^{m} k^2 + 2(2m+1)\sum_{k=0}^{m} k + 2(m+1)\sum_{k=0}^{m} 1$$

$$= -4 \times \frac{m(m+1)(2m+1)}{6} + 2(2m+1) \times \frac{m(m+1)}{2}$$
$$+ 2(m+1)(m+1)$$
$$= -\frac{2}{3}m(m+1)(2m+1) + m(m+1)(2m+1) + 2(m+1)^2$$
$$= \frac{1}{3}m(m+1)(2m+1) + 2(m+1)^2$$
$$= \frac{1}{3}(m+1)\{m(2m+1) + 6(m+1)\}$$
$$= \frac{1}{3}(m+1)(2m^2 + 7m + 6)$$
$$= \frac{1}{3}(m+1)(m+2)(2m+3)$$
$$= \frac{(n+1)(n+2)(n+3)}{12} \quad \left(\because m = \frac{n-1}{2} \right)$$
$$\therefore \ a_n = \frac{(n+1)(n+2)(n+3)}{12}$$

$$\sum_{i=1}^{9} \frac{a_{2i-1}}{2i+1}$$
$$= \sum_{i=1}^{9} \frac{2i(2i+1)(2i+2)}{12(2i+1)}$$
$$= \sum_{i=1}^{9} \frac{i(i+1)}{3}$$
$$= \frac{1}{3} \times \frac{9 \times 10 \times 11}{3} \quad \left(\because \sum_{k=1}^{n} k(k+1) = \frac{n(n+1)(n+2)}{3} \right)$$
$$= 110$$

124 정답 ③

$a_n = 2$이면 (가)에서 $a_{n+1} = \frac{1}{2} \times 2 + 1 = 2$이다.

(나)에 의해 $a_6 = a_7 = a_8 = \cdots = 2$이다.

따라서 $a_5 = \begin{cases} 3 \\ 2 \end{cases}$ 에서 $a_5 \neq 2$이므로 $a_5 = 3$

$\sum\limits_{k=1}^{6}$	$\{a_n\}$										
	a_1	a_2	a_3	a_4	a_5	a_6	a_7	a_8	a_9	a_{10}	$\cdots$
69	33	17	9	5	3	2	2	2	2	2	$\cdots$
68	32										
66	31	16									
65	30										
62	29	15	8								
61	28										
	27	14									
	26										
	25	13	7	4							
	24										
	23	12									
	22										
	21	11	6								
	20										
	19	10									
	18										

125 정답 ③

$a_4 = -1$ 임을 이용하여 다음 〈표〉와 같이 a_1을 생각해보자.

$\sin, \cos$의 부호관계를 주의하여 a_1의 가능한 값은 다음과 같다.

a_1	a_2	a_3	a_4
6	-3	2	-1
7			
-5			
8	4		
-7			
9			
-10	5		
-12	-6	3	
-3	2	-1	
4			
5			
-6	3		
2	-1		
3			
-1			

이에 a_1의 값을 작은 수부터 차례로 나열한 값은

$\alpha_1, \alpha_2, \alpha_3, \cdots, \alpha_{15}$ 이며,

$\displaystyle\sum_{k=1}^{6} a_k = 65$에서 $a_6 = 2$이므로

$a_1 = 30$

$a_2 = 16$

$a_3 = 9$

$a_4 = 5$

$a_5 = 3$

$a_6 = 2$

이다.

$\therefore \ a_2 + a_4 = 16 + 5 = 21$

α_1	α_2	α_3	α_4	α_5	α_6	α_7	α_8
-12	-10	-7	-6	-5	-3	-1	2

α_9	α_{10}	α_{11}	α_{12}	α_{13}	α_{14}	α_{15}
3	4	5	6	7	8	9

$m=15$, $\alpha_2=-10$, $\alpha_{14}=8$ 이므로

$m+\alpha_2+\alpha_{m-1}=13$임을

알 수 있다.